航空工程材料及应用

主　编　文　韬　李　敏
副主编　汪　莹　刘逸众　聂明明
　　　　杨　琴　邓　岚

内 容 提 要

本文共两大部分内容，分为八章，第一部分为航空工程材料科学基础，包括飞机金属结构性能、飞机金属材料微观结构和组织以及飞机金属结构的热处理；第二部分为航空工程材料应用，包括飞机结构中黑色金属材料的应用、飞机结构中有色金属材料的应用、飞机结构中非金属材料的应用、飞机结构中复合材料的应用以及飞机结构腐蚀与防护。本书通过航空领域典型事故案例进行教学导入，并配备了国家专业教学资源库课程已经开发的教学视频、动画、虚拟仿真等丰富的教学资源，提升学习者的学习热情。

本书可作为高等院校飞行器维修技术、航空发动机维修技术、通用航空器维修技术、复合材料智能制造技术、飞行器数字化制造技术等专业课程教学的教材，也可作为相关行业人员的参考用书。

版权专有　侵权必究

图书在版编目（CIP）数据

航空工程材料及应用 / 文韬, 李敏主编. -- 北京：北京理工大学出版社，2022.1
ISBN 978-7-5763-0881-5

Ⅰ.①航… Ⅱ.①文… ②李… Ⅲ.①航空材料 Ⅳ.①V25

中国版本图书馆CIP数据核字（2022）第019322号

出版发行 / 北京理工大学出版社有限责任公司
社　　址 / 北京市海淀区中关村南大街5号
邮　　编 / 100081
电　　话 / （010）68914775（总编室）
　　　　　（010）82562903（教材售后服务热线）
　　　　　（010）68944723（其他图书服务热线）
网　　址 / http://www.bitpress.com.cn
经　　销 / 全国各地新华书店
印　　刷 / 河北鑫彩博图印刷有限公司
开　　本 / 787毫米×1092毫米　1/16
印　　张 / 16.5　　　　　　　　　　　　　　　责任编辑 / 阎少华
字　　数 / 361千字　　　　　　　　　　　　　　文案编辑 / 阎少华
版　　次 / 2022年1月第1版　2022年1月第1次印刷　责任校对 / 周瑞红
定　　价 / 75.00元　　　　　　　　　　　　　　责任印制 / 边心超

图书出现印装质量问题，请拨打售后服务热线，本社负责调换

前 言

"一代材料，一代飞行器"是航空工业发展的生动写照，也是航空工程材料带动相关领域发展的真实描述。航空工程材料是材料科学领域的一个重要分支，是航空现代化和科技发展的物质基础和先导。

对于从事飞行器维修、航空发动机维修等的工程技术人员而言，材料的性能与结构、热处理方法及各类航空工程材料的应用与腐蚀防护属于专业基础知识和基本技能。本书结合相关工作岗位需求，介绍航空工程材料科学的基础知识，讲述金属材料、非金属材料以及复合材料在飞机上的应用及金属材料腐蚀处理与防护手段。

本书主要针对高等院校飞行器维修技术、航空发动机维修技术、通用航空器维修技术、复合材料智能制造技术、飞行器数字化制造技术等专业学生的实际需求，并利用飞行器维修技术专业国家专业教学资源库中已经开发的课件、教学视频、动画、虚拟仿真等丰富的教学资源，在教材中植入二维码、AR扫描技术，制作成立体化数字教材，为翻转课堂教学模式改革提供帮助，满足学习者"线上线下"的学习需求。

本书第一、二章由汪莹编写，第三章由杨琴编写，第四章由聂明明编写，第五章和第六章由文韬编写，第七章由刘逸众编写，第八章由李敏编写。全书由李敏统稿，书中微课等视频资源由邓岚录制完成。

本书编写过程中，得到了长沙航空职业技术学院航空机电设备维修学院领导和复合材料工程技术教研室老师以及西安航空学院周影影的大力支持，他们提出了许多宝贵的修改意见，在此表示由衷的敬意和衷心的感谢。

本书在编写过程中参阅了大量参考文献、图表资料，恕未能在书中一一注明，再次对原作者表示感谢。最后，由于编写时间过于仓促，资料有限，编者水平也有限，书中难免会存在不足之处，敬请读者批评指正。

国家职业教育飞行器维修技术专业教学资源库《航空工程材料》课程网址：http://zyk.cavtc.cn/?q=node/56368。

编 者

目录 Contents

01 第一章 飞机金属结构性能 / 1

- 第一节 金属的力学性能……………………………………………2
  - 【情境导入】………………………………………………………2
  - 【知识学习】………………………………………………………2
    - 一、弹性和刚度………………………………………………2
    - 二、强度和塑性………………………………………………7
    - 三、硬度………………………………………………………9
    - 四、韧性………………………………………………………11
    - 五、疲劳强度…………………………………………………14
  - 【情境案例分析】…………………………………………………15

- 第二节 金属的工艺性能……………………………………………16
  - 【情境导入】………………………………………………………16
  - 【知识学习】………………………………………………………16
    - 一、铸造性能…………………………………………………16
    - 二、锻压性能…………………………………………………17
    - 三、焊接性能…………………………………………………18
    - 四、切削加工性能……………………………………………18
  - 【情境案例分析】…………………………………………………19

02 第二章 飞机金属材料微观结构和组织 / 23

- 第一节 金属的晶体结构……………………………………………23
  - 【情境导入】………………………………………………………23
  - 【知识学习】………………………………………………………24
    - 一、晶体结构…………………………………………………24
    - 二、晶体缺陷…………………………………………………28
  - 【情境案例分析】…………………………………………………32

- 第二节 纯金属的结晶………………………………………………32
  - 【情境导入】………………………………………………………32
  - 【知识学习】………………………………………………………33
    - 一、结晶过程…………………………………………………33
    - 二、晶粒大小对金属力学性能的影响………………………35
    - 三、纯铁的同素异构转变……………………………………36

　　　　【情境案例分析】……………………………………………………………37

■ 第三节　金属的塑性变形……………………………………………………37
　　【情境导入】……………………………………………………………………37
　　【知识学习】……………………………………………………………………37
　　　　一、单晶体的塑性变形……………………………………………………38
　　　　二、多晶体的塑性变形……………………………………………………40
　　　　三、塑性变形对金属材料组织和性能的影响……………………………41
　　【情境案例分析】………………………………………………………………43

■ 第四节　回复与再结晶………………………………………………………43
　　【情境导入】……………………………………………………………………43
　　【知识学习】……………………………………………………………………44
　　　　一、回复……………………………………………………………………44
　　　　二、再结晶…………………………………………………………………45
　　　　三、晶粒长大………………………………………………………………45
　　　　四、金属的热变形…………………………………………………………45
　　【情境案例分析】………………………………………………………………46

03

第三章　飞机金属结构的热处理／50

■ 第一节　合金的相结构及二元合金相图……………………………………51
　　【情境导入】……………………………………………………………………51
　　【知识学习】……………………………………………………………………51
　　　　一、合金的相结构…………………………………………………………51
　　　　二、二元合金相图…………………………………………………………54
　　【情境案例分析】………………………………………………………………62

■ 第二节　铁碳合金……………………………………………………………62
　　【情境导入】……………………………………………………………………62
　　【知识学习】……………………………………………………………………62
　　　　一、铁碳合金基本相………………………………………………………63
　　　　二、铁碳合金相图及其应用………………………………………………64
　　【情境案例分析】………………………………………………………………72

■ 第三节　钢的热处理…………………………………………………………73
　　【情境导入】……………………………………………………………………73
　　【知识学习】……………………………………………………………………73
　　　　一、钢的热处理原理………………………………………………………74
　　　　二、钢的退火与正火………………………………………………………84
　　　　三、钢的淬火与回火………………………………………………………86
　　　　四、钢的表面热处理………………………………………………………92
　　【情境案例分析】………………………………………………………………95

04 第四章 飞机结构中黑色金属材料的应用 / 101

第一节 碳素钢 ······102
【情境导入】······102
【知识学习】······102
一、含碳量对钢的组织和性能的影响······102
二、杂质元素对碳钢性能的影响······103
三、碳钢的分类、牌号、性能及应用······103
【情境案例分析】······105

第二节 合金钢 ······106
【情境导入】······106
【知识学习】······106
一、合金元素的作用······106
二、合金钢的分类和编号······111
三、合金结构钢······112
四、合金工具钢······119
五、特殊性能钢······124
【情境案例分析】······128

第三节 高温合金 ······128
【情境导入】······128
【知识学习】······129
一、高温性能指标······129
二、高温合金······130
三、高温合金在航空发动机上的典型应用······132
【情境案例分析】······135

05 第五章 飞机结构中有色金属材料的应用 / 140

第一节 铝及铝合金 ······141
【情境导入】······141
【知识学习】······141
一、铝合金的分类及牌号······141
二、工业纯铝······142
三、变形铝合金······142
四、铸造铝合金······145
五、铝合金在飞机上的应用······146
【情境案例分析】······148

第二节 钛及钛合金 ······148
【情境导入】······148
【知识学习】······148
一、工业纯钛的基本特性······148

二、钛合金 ··· 149
　　三、钛合金在飞机上的应用 ·· 151
　【情境案例分析】 ·· 152

■ 第三节　镁及镁合金 ·· 153
　【情境导入】 ·· 153
　【知识学习】 ·· 153
　　一、镁及镁合金的基本特性 ··· 153
　　二、变形镁合金 ·· 154
　　三、铸造镁合金 ·· 155
　　四、镁合金在飞机上的应用 ··· 155
　【情境案例分析】 ·· 156

■ 第四节　铜及铜合金 ·· 156
　【情境导入】 ·· 156
　【知识学习】 ·· 157
　　一、纯铜的特点 ·· 157
　　二、铜合金的特点和应用 ·· 157
　【情境案例分析】 ·· 158

06　第六章　飞机结构中非金属材料的应用 / 162

■ 第一节　陶瓷材料与纺织材料 ·································· 162
　【情境导入】 ·· 162
　【知识学习】 ·· 163
　　一、陶瓷材料 ··· 163
　　二、纺织材料 ··· 165
　【情境案例分析】 ·· 166

■ 第二节　绝缘材料与绝热材料 ·································· 166
　【情境导入】 ·· 166
　【知识学习】 ·· 167
　　一、绝缘材料 ··· 167
　　二、绝热材料 ··· 168
　【情境案例分析】 ·· 169

■ 第三节　密封材料与航空涂料 ·································· 169
　【情境导入】 ·· 169
　【知识学习】 ·· 170
　　一、密封材料 ··· 170
　　二、航空涂料 ··· 173
　【情境案例分析】 ·· 176

07 第七章 飞机结构中复合材料的应用 / 180

第一节 先进复合材料 …………………………………………180
【情境导入】……………………………………………………180
【知识学习】……………………………………………………181
　一、复合材料的组成与命名 …………………………………181
　二、复合材料的分类 …………………………………………182
　三、复合材料的特点 …………………………………………184
【情境案例分析】………………………………………………186

第二节 聚合物基复合材料 …………………………………187
【情境导入】……………………………………………………187
【知识学习】……………………………………………………187
　一、增强纤维 …………………………………………………187
　二、树脂基体 …………………………………………………190
　三、树脂基复合材料在航空中的应用 ………………………193
【情境案例分析】………………………………………………197

第三节 非聚合物基复合材料 ………………………………198
【情境导入】……………………………………………………198
【知识学习】……………………………………………………198
　一、金属基复合材料 …………………………………………198
　二、陶瓷基复合材料 …………………………………………203
　三、碳/碳复合材料 …………………………………………204
【情境案例分析】………………………………………………205

08 第八章 飞机结构腐蚀与防护 / 211

第一节 腐蚀理论基础 ………………………………………212
【情境导入】……………………………………………………212
【知识学习】……………………………………………………212
　一、金属腐蚀的定义 …………………………………………212
　二、金属腐蚀的机理 …………………………………………212
【情境案例分析】………………………………………………215

第二节 飞机结构的腐蚀 ……………………………………215
【情境导入】……………………………………………………215
【知识学习】……………………………………………………216
　一、飞机常见腐蚀类型 ………………………………………216
　二、飞机腐蚀环境 ……………………………………………232
　三、飞机易腐蚀部位 …………………………………………234
【情境案例分析】………………………………………………235

第三节　飞机结构的防护 …………………………………… 236
【情境导入】…………………………………………………… 236
【知识学习】…………………………………………………… 237
  一、腐蚀防护的基本方法 ………………………………… 237
  二、飞机结构腐蚀防护方法 ……………………………… 239
  三、飞机结构腐蚀修理流程 ……………………………… 241
【情境案例分析】……………………………………………… 250

参考文献／254

第一章 01 飞机金属结构性能

【学习目标】

【知识目标】

1. 掌握金属材料力学性能指标及基本概念；
2. 掌握拉伸曲线图，清楚强度和塑性的指标及意义；
3. 掌握硬度测试方法及适用范围；
4. 了解韧性和疲劳强度的测试方法，掌握韧性和疲劳强度的指标及意义；
5. 了解材料常用的工艺性能。

【技能目标】

1. 能通过拉伸曲线图获得材料的强度、塑性指标值；
2. 能根据材料基本情况正确选择硬度测试方法；
3. 能根据力学性能和工艺性能的要求合理选用材料。

【素质目标】

1. 具备良好的个人品德、职业素质和职业道德；
2. 具备航空产品质量第一的意识；
3. 具备爱国主义精神和家国情怀。

材料的性能包含使用性能和工艺性能。使用性能是指金属材料在使用条件下所表现出来的性能，包括物理性能、化学性能和力学性能。材料物理性能包括其密度、导电率、热膨胀系数等，是材料的固有属性；化学性能包括材料的耐腐蚀性能、热稳定性等；力学性能是指材料受外力作用时所表现的性能，主要包括静强度、硬度、塑性、冲击韧性、断裂韧性、疲劳性能等。工艺性能是指制造工艺过程中材料适应加工的性能，如铸造性能、锻造性能等。

尽管大多数航空事故最终都是由疲劳损伤引起的，但金属材料的疲劳断裂是一个十分复杂的过程，疲劳断裂的方式也不是唯一的，可能是脆性的，也可能是延性的，与其各项性能有着不可分割的关系，所以有必要掌握金属性能的基础知识。

第一节　金属的力学性能

【情境导入】

飞机出现事故的原因，90%以上可以归咎于金属的疲劳。1954年1月10日，"彗星"1号执行罗马至伦敦的飞行任务在空中爆炸解体，机上35名乘客和机组人员全部丧生。事后分析，"彗星"飞机大部分事故的原因是结构设计问题，飞机蒙皮所用的金属材料，其性能和厚度不能承受高速、高压飞行的环境，在复杂、交变应力的反复作用下，发生了疲劳断裂或破裂。

2007年11月，美国空军的一架F-15战机，在训练中做大过载机动时，机头突然脱落，所幸飞行员跳伞成功逃生。这次事故造成F-15全部停飞。事后分析，是因为断裂处的一根纵梁发生了疲劳断裂，导致机头脱落。

2018年2月和2020年12月，美联航和日本航空公司波音777客机搭载的普惠发动机发生故障。经美国国家运输安全委员会调查，2018年美联航波音777客机事故就是风扇叶片疲劳断裂导致的。日本运输安全委员会对2020年事故的调查则发现两片风扇叶片损坏，其中一个有金属疲劳裂纹。

那么，什么是金属疲劳呢？

【知识学习】

一、弹性和刚度

（一）拉伸试验

评价材料力学性能最简单和最有效的方法就是测定材料的拉伸曲线，试验所用试样形状、尺寸及加工要求、试验步骤参考《金属材料　拉伸试验　第1部分：室温试验方法》（GB/T 228.1—2010）。

1. 拉伸试样

拉伸试样一般有圆形试样和矩形试样两种，如图1-1和图1-2所示。由于试样尺寸和形状对试验结果有影响，为了便于比较各种材料的机械性能，国家标准中对拉伸试样的形状和尺寸有统一规定，根据GB/T 228.1—2010，金属拉伸试样标准比例试样的尺寸见表1-1。

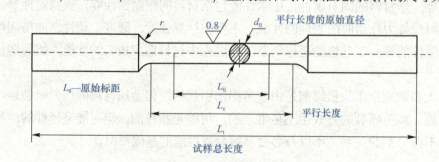

图1-1　圆形试样示意

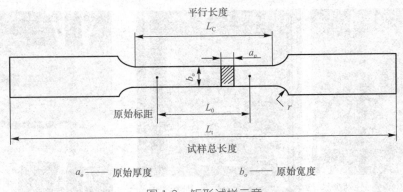

a_o——原始厚度　　　　　　b_o——原始宽度

图 1-2　矩形试样示意

表 1-1　金属拉伸试样标准比例试样的尺寸

试样	标距长度 L_0	横截面面积 A_0
圆形	短试样：$5d_0$ 长试样：$10d_0$	$1/4\pi d_0^2$
矩形	短试样：$11.3\sqrt{A}$ 长试样：$5.65\sqrt{A}$	$a_0 \times b_0$

式中　原始标距 L_0——测定试样应变或长度变化的试样部分原始长度；

平行长度 L_c——试样两头部或两夹持部分（不带头试样）之间平行部分的长度，试样为未经加工的全截面试样，则平行长度指上下夹具之间的试样长度。

在拉伸试验开始之前，需测定标距长度和横截面面积，对于圆形截面试样，在圆形标距两端及中间三处横截面上相互垂直两个方向测量直径，以各处两个方向测量的直径的算术平均值计算横截面面积；取三处测得横截面面积平均值作为试样原始横截面面积。对于矩形截面试样，在标距两端及中间三处横截面上测量宽度和厚度，取三处测得横截面面积平均值作为试样原始横截面面积。

2. 拉伸试验设备

拉伸试验采用的设备为万能材料试验机，其上配有夹持装置和引伸计，如图 1-3～图 1-5 所示。其中，夹持装置用于对不同形状、尺寸和材质的试样进行试验。引伸计用于测定微小塑性变形的长度。在拉伸试验时，夹持装置需与所用试样形状、尺寸相匹配，引伸计的两头分别夹持在试样确定的原始标距的两个端点上。

3. 拉伸试验过程

将所选试样夹持到拉伸试验机上，并在原始标距端点处夹上引伸计，在准备完毕后，开动试验机，缓慢而均匀地加载，仔细观察测力的变化和绘图装置绘出图的情况。注意捕捉屈服荷载值，将其记录下来用以计算屈服点应力

图 1-3　万能试验机实物

 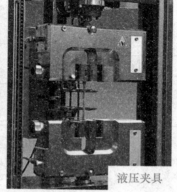 

气动夹具　　液压夹具

图 1-4　夹持装置实物　　　　图 1-5　引伸计实物

值 σ_s。过了屈服阶段，加载速度可以快一些。将要达到最大值时，可观察到颈缩现象。试件断后立即停止试验，记录最大荷载值。其原理如图 1-6 所示。

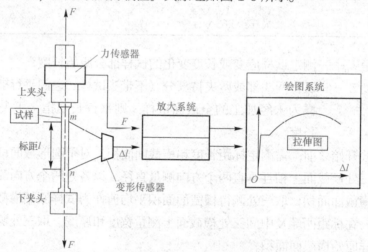

图 1-6　拉伸试验原理示意

4. 拉伸试验结果

试验件在应力的作用下经过数次循环最后断裂，图 1-7 所示为低碳钢轴向拉伸至断裂的示意。

（1）F-ΔL 曲线。在每个拉伸试验完成后，都可以根据试样工作段长度变化量随着试验力大小的变化，绘制出一条力-伸长量曲线，即 F-ΔL 曲线，如图 1-8 所示。

此曲线可以分成四个阶段，依次为 Ⅰ—弹性变形阶段、Ⅱ—屈服阶段、Ⅲ—强化阶段、Ⅳ—颈缩阶段（局部变形阶段）。

1）弹性变形阶段。变形完全是弹性的，随着荷载的增加，应变随应力成正比增加。如卸去荷载，试件

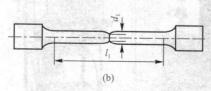

图 1-7　标准拉伸试样拉伸前后示意
(a) 拉伸前；(b) 拉伸后

将恢复原状，表现为弹性变形。且 ΔL 与 F 呈线性关系，即此时材料的力学行为符合胡克定律。

2) 屈服阶段。在此阶段伸长变形急剧增大，材料开始产生塑性变形，但抗力只在很小范围内波动。此时应变增加的速度大于应力增长速度，材料抵抗外力的能力发生"屈服"现象。

3) 强化阶段。试样经过屈服阶段后，若要使其继续伸长，由于材料在塑性变形过程中不断强化，试样中抗力不断增长，这种现象称为加工硬化。此阶段变形以塑性变形为主，弹性变形为辅。变形较弹性变形阶段较大。整个试样的横向尺寸在明显减小。

图 1-8 F-ΔL 曲线示意

4) 颈缩阶段。又称为局部变形阶段，材料变形迅速增大，而应力反而下降，此时不需要很大的力，材料也会发生急剧的伸长。试件在拉断前，于薄弱处截面显著缩小，产生颈缩现象，如图 1-9 所示，直至断裂。

(2) σ-ε 曲线（应力－应变曲线）。

σ-ε 曲线即为应力－应变曲线，为消除试件尺寸的影响，将低碳钢试样拉伸图中的纵坐标 F 和横坐标 ΔL 换算为应力 σ 和应变 ε，即

$$\sigma = F/A, \quad \varepsilon = \Delta L/L$$

式中　A——试样横截面的原面积；

　　　L——试样工作段的原长。

由此，力－伸长量曲线即转换成应力－应变曲线，如图 1-10 所示。

图 1-9　颈缩现象实物

1) 弹性极限。弹性极限 σ_e 是指金属材料受外力（拉力）到某一限度时，若除去外力，其变形（伸长）即消失而恢复原状，卸载后变形能完全消失的应力最大点即为材料的弹性极限，σ_e 描述了金属材料抵抗这一限度的外力的能力，如果继续使拉力增大，就会使这个物体产生塑性变形，直至断裂。弹性极限计算公式如下：

$$\sigma_e = F_e/S_0$$

式中　F_e——材料变形能完全消失的最大拉伸力；

　　　S_0——试样原始横截面面积。

2) 屈服极限。材料受外力到一定限度时，即使不增加负荷，它仍继续发生明显的塑性变形。这种现象叫"屈服"。发生屈服现象时的应力，称屈服点，或屈服极限，用 σ_s 表示。屈服极限计算公

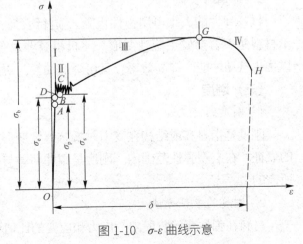

图 1-10　σ-ε 曲线示意

式如下：

$$\sigma_s = F_s/S_0$$

式中 F_s——试样屈服时所承受的拉伸力（N）；

S_0——试样原始横截面积（mm^2）。

有些材料的屈服点并不明显。工程上常规定当残余变形达到 0.2% 时的应力值，作为"条件屈服极限"，以 $\sigma_{0.2}$ 表示，如图 1-11 所示。

3）强度极限。又称抗拉强度，用 σ_b 表示，它表示金属材料在拉力作用下抵抗破坏的最大能力。试样在拉伸过程中，材料经过屈服阶段后进入强化阶段，随着横截面尺寸明显缩小，在拉断时所承受的最大力 F_b，除以试样原横截面面积 S_0 所得的应力 σ，称为抗拉强度或者强度极限 σ_b，单位为 N/mm^2（MPa）。计算公式为

$$\sigma_b = F_b/S_0$$

式中 F_b——试样拉断时所承受的最大力（N）；

S_0——试样原始横截面面积（mm^2）。

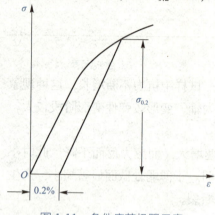

图 1-11 条件疲劳极限示意

【教学视频】
刚度与弹性

（二）弹性

任何金属材料在外力作用下，开始总会有弹性变形，而且大多数材料在正常服役条件下也都处于弹性状态。因此金属材料的弹性是材料最基本的力学性能之一。

1. 弹性的定义

材料在外力作用下发生变形，如果外力不超过某个限度，在外力卸除后恢复原状，材料的这种性能称为弹性。外力卸除后即可消失的变形，称为弹性变形。如弹簧在不超过其弹性极限内的变形都属于弹性变形。材料的弹性变形一般是原子系统在外力作用下离开平衡位置达到新的平衡状态的过程。从宏观上看，材料的弹性本构关系一般可以用胡克定理描述。

2. 弹性的表征方式

材料弹性的大小可用弹性极限 σ_e 进行表征。弹性极限 σ_e 越大，材料的弹性越好，表示材料越不容易发生塑性变形，飞机机翼要求弹性极限 σ_e 较高，具备良好的弹性，既可以优化气动性能，提高效率，又可降低油耗，更加环保。

（三）刚度

1. 刚度的定义

刚度是指材料或结构在受力时抵抗弹性变形的能力，是材料或结构弹性变形难易程度的表征。在宏观弹性范围内，刚度是零件荷载与位移成正比的比例系数，即引起单位位移所需的力。

2. 刚度的表征方法

材料在弹性变形阶段内，应力和应变的比值称为弹性模量，用 E 表示，弹性模量是表

征材料弹性特征的力学指标。材料的弹性模量越大，在相同应力条件下，材料的弹性变形变越小。因此弹性模量表征了材料对弹性变形的抗力，代表了材料的刚度。

E 实际上是 OA 线段的斜率：$E=\tan\alpha=\sigma/\varepsilon$（单位为 MPa），如图 1-12 所示，其物理意义是产生单位弹性变形时所需应力的大小。对于材料而言，弹性模量 E 越大，其刚度越大。弹性模量是材料最稳定的性质之一，它的大小主要取决于材料的本性，除随温度升高而逐渐降低外，其他的材料强化手段（如热处理、冷热加工、合金化等）对弹性模量的影响很小。

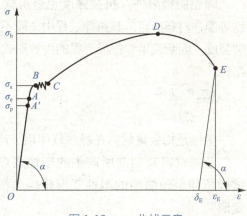

图 1-12　σ-ε 曲线示意

而结构的刚度除取决于组成材料的弹性模量外，还同其几何形状、截面尺寸等因素以及外力的作用形式有关。对于一些须严格限制变形的结构，如飞机机翼、高精度的装配件等，须通过刚度分析来控制变形。许多建筑物、船体等结构也要通过控制刚度以防止发生振动、颤振或失稳。

二、强度和塑性

强度和塑性是两个描述金属材料力学性能的重要指标，它们是一对相互矛盾的性能指标，一般来说，强度越高，塑性越低，而塑性越高，强度越低。这对相互矛盾的判据可通过拉伸试验测定。

（一）强度

1. 强度的定义

材料的强度是指金属材料在静荷载作用下，抵抗塑性变形和断裂的能力，其大小通常用单位面积上所承受的力来表示。

2. 强度的性能指标

根据加载方式不同，强度指标有许多种，如屈服强度、抗拉强度、抗压强度、抗弯强度、抗剪强度、抗扭强度等。其中以拉伸试验测得的屈服强度和抗拉强度两个指标应用最多。

（1）屈服强度。屈服强度是指金属材料在发生屈服现象时所受的最小应力值。由于金属材料在发生屈服时，其受力并非恒定，而是处于一个小范围振荡变化之中，如图 1-12 中 BC 段所示，在屈服阶段 BC 段内的最高应力和最低应力分别称为上屈服极限和下屈服极限。一般把下屈服极限称为屈服极限或屈服点。

（2）抗拉强度。在图 1-12 中，CD 段为均匀塑性变形阶段。在这一阶段，应力随应变增加而增加，产生形变强化。D 点所对应的应力为材料断裂前所承受的最大应力，称为抗拉强度，抗拉强度的物理意义是塑性材料抵抗大量均匀塑性变形的能力，反映了材料抵抗断裂破坏的能力，也是零件设计和材料评价的重要指标。

除屈服极限外，抗拉强度也是机械工程设计和选材的主要指标之一，特别是对于铸铁等脆性材料而言，其拉伸过程中一般不出现"颈缩现象"，因此，抗拉强度就是材料的断裂强度。而断裂是零件最严重的失效形式，所以，抗拉强度在选材时常作为一个极其重要的指标。

(二) 塑性

1. 塑性的定义

塑性是指金属材料在静荷载作用下产生塑性变形而不致引起破坏的能力。

金属材料断裂前所产生的塑性变形由均匀塑性变形和集中塑性变形两部分组成。试样拉伸至颈缩前的塑性变形是均匀塑性变形，颈缩后颈缩区的塑性变形是集中塑性变形。

2. 塑性的表征

试件拉断后，弹性变形消失，但塑性变形仍保留下来。工程上用试件拉断后遗留下来的变形表示材料的塑性指标。

常用的塑性指标有两个：断后伸长率和断面收缩率。

（1）断后伸长率。试样拉断后，标距的伸长与原始标距的百分比。称为断后伸长率，用 δ 表示，一般写成百分比的形式，其计算公式如下：

$$\delta = \frac{L_1 - L_0}{L_0} \times 100\%$$

式中　L_0——试样的原始标距（mm）；

　　　L_1——试样拉断后的标距（mm）。

由于试样断裂前经历了局部塑性变形，所以断后伸长率的大小同试样原长和横截面面积有关。为了进行比较，规定对于原始标距是直径 10 倍的圆截面试样和原始标距为 $11.3\sqrt{A}$ 的矩形截面试样，断后伸长率为 δ_{10}；原始标距是直径 5 倍的圆截面试样和原始标距为 $5.65\sqrt{A}$ 的矩形截面试样，断后伸长率为 δ_5。

同一材料的试样长短不同，测得的断后伸长率略有不同。由于不同长度的试样所得伸长率不同，长度越大，伸长率越小。采用长试样进行拉伸试验，所得伸长率用 δ_{10} 表示，而用短试样所得伸长率用 δ_5 表示，显然有 $\delta_5 > \delta_{10}$。

（2）断面收缩率。试样拉断后，颈缩处的横截面面积的缩减量与原始横截面面积的百分比，称为断面收缩率，用 ψ 表示，一般写成百分比的形式，其计算公式如下：

$$\psi = \frac{S_1 - S_0}{S_0} \times 100\%$$

式中　S_0——试样原始横截面面积（mm²）；

　　　S_1——颈缩处的横截面面积（mm²）。

显然，δ 与 ψ 的数值越大，材料在断裂前发生的变形越大，说明材料的塑性越好。由于有些材料在拉伸试验时会出现局部颈缩，而有些材料则不会，因此用 ψ 表示材料的塑性比用 δ 表示更接近真实情况。

三、硬度

硬度是指材料抵抗局部变形，特别是塑性变形、压痕或划痕的能力。它是衡量材料软硬的指标。硬度高，材料的耐磨性就好。硬度与强度之间有一定的内在联系，但测硬度比较简便迅速；而且硬度可以在零件的非工作面上直接测量，不会损坏零件。

【教学视频】
硬度

按测试方法的不同，硬度分为三种类型：

(1) 划痕硬度。主要用于比较不同矿物的软硬程度，方法是选一根一端硬一端软的棒，将被测材料沿棒划过，根据出现划痕的位置确定被测材料的软硬。定性地说，硬物体划出的划痕长，软物体划出的划痕短。

(2) 压入硬度。主要用于金属材料，方法是用一定的荷载将规定的压头压入被测材料，以材料表面局部塑性变形的大小比较被测材料的软硬。由于压头、荷载以及荷载持续时间的不同，压入硬度有多种，主要是布氏硬度、洛氏硬度、维氏硬度和显微硬度等几种。

(3) 回跳硬度。主要用于金属材料，方法是使一特制的小锤从一定高度自由下落冲击被测材料的试样，并以试样在冲击过程中储存（继而释放）应变能的多少（通过小锤的回跳高度测定）确定材料的硬度。

金属材料最常见到的布氏硬度、洛氏硬度和维氏硬度属于压入硬度，硬度值表示材料表面抵抗另一物体压入时所引起的塑性变形的能力；回跳法（肖氏、里氏）测量硬度，硬度值代表金属弹性变形功能的大小。

（一）布氏硬度

用直径为 D 的淬火钢球或硬质合金球做压头，以相应的试验力 F 压入试件表面，经规定的保持时间后，卸除试验力，得到一直径为 d 的压痕。用试验力除以压痕表面积，所得值即为布氏硬度值，符号用 HBS 或 HBW 表示，如图 1-13 所示。

HBS 和 HBW 的区别是压头的不同。HBS 表示压头为淬硬钢球，用于测定布氏硬度值在 450 以下的材料，如软钢、灰铸铁和有色金属等。HBW 表示压头为硬质合金，用于测定布氏硬度值在 650 以下的材料。

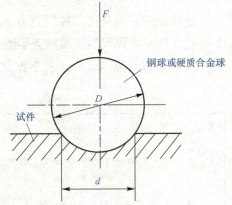
图 1-13　布氏硬度测试示意

布氏硬度值的表示方法非常直观，符号 HBS 或 HBW 之前的数字表示硬度值，符号后面的数字按顺序分别表示球体直径、荷载及荷载保持时间。如 120HBS10/1000/30 表示直径为 10 mm 的钢球在 1 000 kgf（9.807 kN）荷载作用下保持 30 s 测得的布氏硬度值为 120。

同样的试样，当其他试验条件完全相同的情况下，两种试验结果不同，HBW 值往往大于 HBS 值，而且并无定量的规律可循。

2003 年以后，我国已经等效采用国际标准，取消了钢球压头，全部采用硬质合金球头。因此 HBS 停止使用，全部用 HBW 表示布氏硬度符号。很多时候布氏硬度仅用 HB 表示，指的就是 HBW。不过在文献论文中 HBS 仍时有所见。

布氏硬度的优点是测量误差小，数据稳定；缺点是压痕大，不能用于太薄测试样件或成品零件的工作表面。布氏硬度测量法适用于铸铁、非铁合金、各种退火及调质的钢材，不宜测定太硬、太小、太薄和表面不允许有较大压痕的试样或工件。

（二）洛氏硬度

用锥顶角为 120°的金刚石圆锥或 ϕ1.588 mm 和 ϕ3.176 mm 淬火钢球作压头和荷载配合使用，在 10 kgf 初荷载和 60 kgf、100 kgf 或 150 kgf 总荷载（初荷载加主荷载）先后作用下压入试样，在总荷载作用后，以卸除初荷载而保留主荷载时的压入深度与初荷载作用下压入深度之差来表示硬度，压痕越深，硬度越低，其示意如图 1-14 所示。

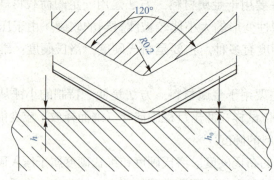

图 1-14 洛氏硬度测试示意

洛氏硬度试验采用三种试验力、三种压头，它们共有 9 种组合，对应于洛氏硬度的 9 个标尺，这 9 个标尺的应用涵盖了绝大多数常用的金属材料。常用的有 A、B 和 C 三种标尺，其中 C 标尺应用最广。表 1-2 为常用洛氏硬度试验标尺应用。

表 1-2 常用洛氏硬度试验标尺应用

硬度符号	压头类型	初始荷载 /kgf	总荷载 /kgf	测量硬度范围	应用举例
HRA	顶角为 120°的金刚石圆锥体	10	60	20~88	硬质合金、硬化薄钢板、表面薄层硬化钢
HRB	直径为 1.588 mm 的钢球	10	100	22~100	低碳钢、铜合金、铁素体可锻铸铁
HRC	顶角为 120°的金刚石圆锥体	10	150	20~70	淬火钢、高硬度铸件、珠光体可锻铸铁

试验时，根据材料硬度选择相应的压头。当测定硬度较高的材料时，选用 120°的金刚石圆锥压头；测定硬度较低的材料时，选用淬火钢球压头。硬度计上有一个表头，测量时表头上可直接读出被测件的硬度值，故比布氏法方便。而且压痕小，可以直接在成品零件上测试，但洛氏硬度测量的缺点是测量结果分散度较大。

洛氏硬度的硬度值表示也十分简便，其数值写在符号 HR 的前面，如 50 HRC 表示用 C 标尺测定的洛氏硬度为 50。应当注意，不同级别的硬度值不能直接相互比较。

(三) 维氏硬度

维氏硬度测量原理与布氏硬度相似。采用相对面夹角为 136°金刚石正四棱锥压头，以规定的试验力 F 压入材料的表面，保持规定时间后卸除试验力，用正四棱锥压痕单位表面积上所受的平均压力表示硬度值，标记符号为 HV，如图 1-15 所示。

维氏硬度值的表示方法是将表示硬度值的数字放在符号 HV 之前，符号后面的数字按顺序分别表示荷载和荷载保持时间。如 640 HV/30/20 表示采用面角为 136°金刚石正四棱锥压头钢球在 30 kgf（2.942 kN）荷载作用下保持 20 s 测得的维氏硬度值为 640。维氏硬度的荷载不是任意的，一般是 5 kgf、10 kgf、20 kgf、30 kgf、50 kgf、100 kgf 共 6 种，但当硬度值 >500 HV 时，不宜采用 50 kgf 以上的荷载，以防损坏压头。

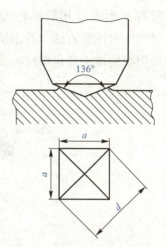

图 1-15 维氏硬度测试示意

维氏硬度保留了布氏硬度和洛氏硬度的优点，维氏硬度测量范围大，可测量硬度为 10～1 000 HV 范围的材料，且压痕小，特别适用表面强化处理后的制件或试样，如氮化、渗碳、渗钒、渗硼、三元共渗以及各种镀层试样的表层硬度测定。而由于其仅有一个标尺，因此不同材料的维氏硬度值之间可以互相比较。而维氏硬度需要通过印痕测量后才可以计算或查表得到硬度值，其效率较洛氏硬度法低，且压头加工难度大，压头材料金刚石较昂贵。

四、韧性

(一) 冲击韧性

1. 冲击韧性的定义

材料抵抗冲击荷载的能力称为材料的冲击性能。冲击荷载是指以较高的速度施加到零件上的荷载，当零件在承受冲击荷载时，瞬间冲击所引起的应力和变形比静荷载时要大得多，它反映材料内部的细微缺陷和抗冲击性能。冲击韧性用 α_k 表示，单位为 J/cm^2。影响材料冲击韧性的因素有材料的化学成分、热处理状态、冶炼方法、内在缺陷、加工工艺及环境温度等。

【教学视频】
韧性

2. 冲击韧性的测定

冲击韧性是通过冲击试验来测定的。测定冲击韧性的试验方法有多种，大多数国家所使用的常规试验为简支梁式的冲击弯曲试验，在我国，此试验一般采用《金属材料 夏比摆锤冲击试验方法》（GB/T 229—2020），在摆锤式冲击试验机上进行，图 1-16 所示为摆锤试验机实物。

图 1-16 摆锤试验机实物

冲击试验是利用能量守恒原理，将具有一定形状和尺寸的

11

带有 V 形或 U 形缺口的试样，如图 1-17 所示，在冲击荷载作用下冲断，以测定其吸收能量的一种试验方法。冲击试验对材料的缺陷很敏感，能灵敏地反映出材料的宏观缺陷、显微组织的微小变化和材料质量。

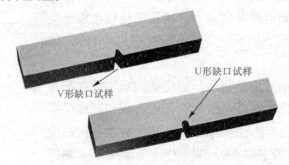

试样尺寸：10 mm×10 mm×55 mm

图 1-17　U 形和 V 形试样实物

如图 1-18 所示，试验时，将带有缺口的试件安装在试验机的支座 3 上，摆锤由规定高度 H_1 落下，在 2 处从试件缺口背面打断试件，同时推动刻度盘 4 上的指针转动，摆锤最终停止在 H_2 位置。显然，试件吸收的能量不同，摆锤所能达到的高度不同。韧性越好的材料，断裂时吸收的能量越大，摆锤达到的高度 H_2 越小。最终刻度盘 4 上的指针所指示的数值便是摆锤打断试件时消耗的能量，以 A_k 表示，其大小 $A_k=GH_1-GH_2$。而材料的冲击韧性值 α_k 以试件缺口处单位截面面积的能量表示，即 $\alpha_k=A_k/S$。式中，A_k 为摆锤冲断试样消耗的能量，S 为试样缺口处横截面面积。

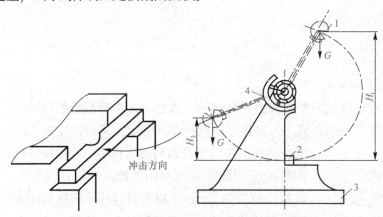

图 1-18　冲击试验示意

1—摆锤起始位置；2—摆锤停止位置；3—试验机支座；4—刻度盘

3. 冲击韧性的应用

冲击韧性不仅可用于控制材料的冶金质量和铸造、锻造、焊接及热处理等热加工工艺的质量，其实际意义更在于揭示材料的变脆倾向，用以评定材料的冷脆倾向（测定韧脆转变温度）。材料的 α_k 值随温度的降低而减小，且在某一温度范围内，α_k 值发生急剧降低，这种现象称为冷脆，此温度范围称为"韧脆转变温度 T_k"，设计时要求机件的服役温度必须高于材料的韧脆转变温度。

材料的 a_k 值不仅与材料的成分和组织有关，而且与试件形状、尺寸及试验温度等因素密切相关，所以不同试验条件下测得的值无法进行比较。

此试验是在一次冲击荷载作用下显示试件缺口处的韧性或脆性。而受冲击荷载的零件往往不是受一次冲击就被破坏的，而是承受多次冲击后才遭破坏，为此提出以小能量多次冲击试验来测定材料的抗冲击性能，即测定材料的冲击破断次数 N 与冲击能量 A_k 之间的关系曲线，把它作为选用材料的依据。

虽然试验中测定的冲击吸收功或冲击韧性值不能直接用于工程计算，但它可以作为判断材料脆化趋势的一个定性指标，还可作为检验材质热处理工艺的一个重要手段，这是因为它对材料的品质、宏观缺陷、显微组织十分敏感，而这点恰是静载试验所无法揭示的。

（二）断裂韧性

"脆断"是一种最危险的断裂，因为构件在断裂前几乎不产生明显的塑性变形，很难预先发现征兆而加以预防，而酿成重大事故。

经长期研究，人们认识到，过去把材料看作毫无缺陷的连续均匀介质是不准确的。材料内部在冶炼、轧制、热处理等各种制造过程中不可避免地会产生某种微裂纹，而且在无损检测时又没有被发现。而在使用过程中，由于应力集中、疲劳、腐蚀等原因，裂纹会进一步扩展，当裂纹尺寸达到临界尺寸时，就会发生低应力脆断的事故。

在裂纹扩展的过程中，按裂纹的力学特征可将其分为三类：

第一类为张开型裂纹，如图 1-19（a）所示。构件承受垂直于裂纹面的拉力作用，裂纹表面的相对位移沿着自身平面的法线方向，若受拉板上有一条垂直于拉力方向而贯穿板厚的裂纹，则该裂纹就是张开型裂纹。

第二类为滑开型裂纹，如图 1-19（b）所示。构件承受平行裂纹面而垂直于裂纹前缘的剪力作用，裂纹表面的相对位移在裂纹面内，并且垂直于裂纹前缘。齿轮或花键根部沿切线方向的裂纹就是滑开型裂纹。

第三类为撕开型裂纹，如图 1-19（c）所示。构件承受平行于裂纹前缘的剪力作用，裂纹表面的相对位移在裂纹面内，并平行于裂纹前缘的切线方向，如扭矩作用下圆轴的环形切槽或表面环形裂纹就是撕开型裂纹。

在一般情况下，裂纹通常属于复合型裂纹，可以同时存在三种位移分量，也可以是任意两个位移分量的组合。在工程结构中，第一类裂纹最危险，也最常见。

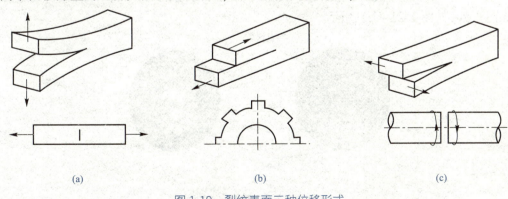

图 1-19 裂纹表面三种位移形式
(a) 张开型裂纹；(b) 滑开型裂纹；(c) 撕开型裂纹

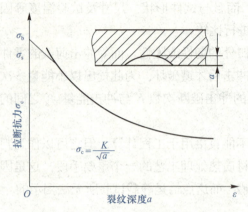

图 1-20　断裂强度与裂纹深度的关系曲线示意

【教学视频】
疲劳强度

为了研究裂纹对材料断裂强度的影响，把刻有不同深度刻痕的试件进行拉伸试验，画出如图 1-20 所示的裂纹深度 a 与实际断裂强度的关系曲线，且有公式 $K=\sigma_c\sqrt{a}$ 成立。对某种材料来说，K 是一个常数，它也是材料力学性能的指标，表示材料抵抗内部裂纹失稳扩展的能力，称为断裂韧性。

■ 五、疲劳强度

（一）疲劳

金属材料在受到交变应力或重复循环应力时，往往在工作应力小于屈服强度的情况下突然断裂，这种现象称为疲劳。

（二）疲劳断裂和断口特征

零件在循环应力作用下，在一处或几处产生局部永久性累积损伤，经一定循环次数后突然产生断裂的过程，称为疲劳断裂。"彗星"号正是由于疲劳断裂造成了机毁人亡的惨剧。

疲劳断裂一般经过疲劳裂纹产生、裂纹扩展和瞬时断裂三个阶段，这三个阶段分别对应了疲劳断口上的三个区域：裂纹源区、裂纹扩展区和瞬断区。

零件在一定特征的交变荷载作用下，首先在零件的薄弱环节如应力集中或缺陷（划伤、夹杂、显微裂纹等）处产生微细的裂纹，这种微细裂纹称为疲劳裂纹源。随着交变荷载循环次数的增加，疲劳源裂纹不断开合，同时裂纹逐步扇形扩展，形成裂纹扩展区。由于裂纹在扩展过程中反复开合，两个裂纹面相互挤压和摩擦，所以疲劳扩展区的形貌比较光亮，很像贝壳的内表面，所以也叫光滑区，这是裂纹扩展区的最明显特征。当裂纹扩展区达到一定的临界尺寸时，构件剩余截面面积较小，在交变荷载的某次拉伸力的作用下，材料应力超过抗拉强度，这时零件会发生突然的脆性断裂，最后脆断的区域称为瞬间断裂区，由于这一区域断口表面比较粗糙，所以也叫粗糙区。多数情况下，疲劳裂纹源位于构件表面，如图 1-21（a）所示。但有些情况下，裂纹源会在构件内部，同样断口也存在上述三个区域，如图 1-21（b）所示。

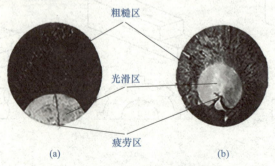

图 1-21　疲劳断裂断口实物
（a）裂纹源在构件表面；（b）裂纹源在构件内部

(三) 疲劳强度的表示方法

材料的疲劳强度是由疲劳试验测定的。由于疲劳试验的分散度较大，试验时要用较多的试样，在不同交变荷载的作用下，测定其发生断裂时的荷载循环次数 N，最后将试验结果绘成如图 1-22 所示的应力 S 与次数 N 的关系曲线，称为疲劳曲线（S-N 曲线）。从疲劳曲线上可知，试验应力 S 降低，循环次数 N 增加。当应力降至某一数值时，曲线变成水平直线，即表示材料若承受低于该水平线所对应的应力值时，便可以经受无限次循环荷载也不发生疲劳断裂，将试样承受无限次应力循环仍不断裂时的最大应力作为材料的疲劳极限，记为 σ_R。

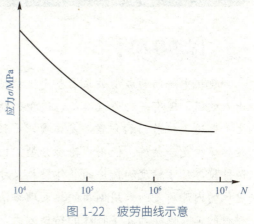

图 1-22　疲劳曲线示意

而对于航空领域常用的硬铝、镁合金等有色金属及其合金材料，即使应力循环的最大应力值很低，经一定应力循环次数后也会断裂，不存在真正意义上的疲劳极限。因此，对于这一类材料，常根据构件使用寿命的要求，取在某一规定应力循环次数下（如 10^7 次），材料所能承受的最大应力值作为名义疲劳极限，如一般低、中强度钢为 10^7 次，高强度钢为 10^8 次，铝合金、不锈钢为 10^8 次，钛合金为 10^7 次。

(四) 影响疲劳强度的因素

影响零件疲劳寿命的因素很多，因此提高构件疲劳强度的措施也是多方面的。构件的疲劳破坏总是从构件中应力最大的位置产生疲劳裂纹开始的，在一般情况下，构件中应力最大部位都在构件横截面的最外边缘，或在有应力集中的地方。因此，要合理设计构件的形状，尽量避免在构件上开出方形或带尖角的孔槽，设法避免构件外形急剧改变，尽可能地使其改变有一缓和的过渡，从而降低应力集中系数。同时，降低构件表面的粗糙度，也可减小在表面上因加工时刀具切削伤痕所造成的应力集中的影响，从而提高构件的疲劳极限。此外，在运输、装配，特别是在飞机检修过程中，应尽量避免在构件表面造成伤痕，以减小产生应力集中的可能性。还可以通过对构件中最大应力所在的表层采取表面强化工艺措施，例如通过滚压、喷丸、表面淬火、渗碳和渗氮等方法，使构件表层强度增加，这对提高构件的疲劳极限会有显著的效果。

【情境案例分析】

从案例中的事故可知，早期的金属材料强度评价方法，已不能解决在复杂受力条件下装备应用的可靠性问题，尤其是航空航天、汽车、轮船、火车、桥梁等产品。比如高速飞行的飞机，其受力情况比其他装备更为复杂，环境更为恶劣，因此，结构材料在特定工作条件下（机械力、气压、液压、温度、湿度等的交替变化）的疲劳强度至关重要。

当金属零件在反复施加的交变应力和循环应力状态下工作时，即使所受的应力低于金属材料的抗拉强度，有时甚至没有达到屈服强度，工作一定时间之后，零件会在没有事先变形的情况下突然断裂，这就是所谓的金属疲劳现象。

第二节 金属的工艺性能

【情境导入】

飞机中舱门的成型关系着整个飞机结构的完整性，同时舱门也是供人员、货物和设备出入的门。现有一种通过熔炼、造型、铸造工艺及热处理等工艺，采用砂型铸造成型方法生产制造飞机舱门的方案，具体要求：使用 SR-1 精炼变质细化剂处理铝液和氩气加熔剂旋转喷吹复合精炼；使用"轮廓分型，内芯配打"的整体制芯技术配合组型方法，保证薄铸件壁厚尺寸精度和铸件的整体结构尺寸精度；采用差压铸造，保证铸件充型完整并获得更优的内部质量；采用创新的热处理方法防止薄壁铸件极易产生的变形问题。此方法根据材料的工艺性能开发了特殊的铸造方式，实现了低成本、短周期的复杂整体薄壁框架结构轻质铝合金铸件的铸造成型方法。

那么，材料的工艺特性包括哪些性质呢？

【知识学习】

一、铸造性能

铸造是将熔融态的金属浇入铸型后，冷却凝固成为具有一定形状铸件的工艺方法。

铸造性能（又叫可铸性能）是指金属材料能用铸造的方法获得合格铸件的性能。金属材料的铸造性能主要由铸造时金属的流动性、收缩性、偏析倾向等来综合评定。

1. 流动性

流动性是指熔融金属的流动能力。流动性越好，越易于得到形状轮廓清晰、壁薄的铸件，不易产生冷隔、浇不足等铸造缺陷，如图 1-23 所示，并对防止其他类缺陷（如缩孔、夹杂、气孔等）的产生也较为有利。在设计铸件的结构形状和轮廓尺寸时，尤其在确定铸件壁厚时要充分考虑金属材质的流动性。

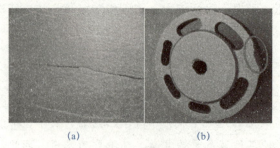

(a)　　　　　　　(b)

图 1-23　冷隔和浇不足实物

(a) 冷隔；(b) 浇不足

2. 收缩性

收缩性是指铸件在凝固和冷却过程中，其体积和尺寸减小的现象。合金的收缩特性除与化学成分有关外,还主要与铸件的结构形状、浇铸温度与浇铸速度、冷却方式等工艺条件有关。因此,设计者在选择零件的合金时,要充分考虑它的收缩特性,优先选用收缩倾向小的合金,案例中的舱门就有效地避免了冷却时的收缩现象,因此,在设计铸件结构时,也要避免采用厚大截面,或局部凸厚或热节集中的结构,以减少缩孔、缩松等铸造缺陷的产生,如图1-24所示。

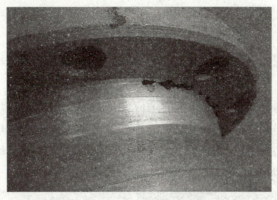

图1-24 缩孔实物

3. 偏析

铸件凝固后,在截面上各个部分及晶粒内部往往出现化学成分不均匀的现象,称为偏析,如图1-25所示,偏析可分为晶内偏析、区域偏析和比重偏析三种类型,后两者为宏观偏析,使铸件的各部分性能不一致,严重影响铸件质量,往往使铸件报废。

图1-25 偏析实物

偏析的产生主要与合金的化学成分有关。不同化学成分的合金,其结晶温度范围不同,范围越宽越容易产生区域偏析。此外,偏析倾向还与冷却凝固速度和凝固时所受压力等工艺因素有关。在确定铸件材质时应认真考虑材质的偏析特性,若必须采用易产生偏析的合金时,则应在铸件断面结构设计和选择铸造方法时充分注意,采取措施减少偏析的产生。

■ 二、锻压性能

锻压是锻造和冲压的合称,是利用锻压机械的锤头、砧块、冲头或通过模具对坯料施加压力，使之产生塑性变形，从而获得所需形状和尺寸的制件的成型加工方法。

锻压性能是指金属材料能否用锻压方法制成优良锻压件的性能，也称为可锻性能。锻压性能一般与材料的塑性及其塑性变形抗力有关。在一般情况下，材料的塑性好，变形抗力小，则锻压性也好。低碳钢的锻压性最好，中碳钢次之，高碳钢则较次。低合金钢的锻压性近似于中碳钢，高合金钢的锻压性比碳钢差。

三、焊接性能

焊接指通过加热或加压或同时加热加压，并且用或者不用填充材料使工件结合的一种工艺方法。

焊接性能是指金属材料对焊接加工的适应性，主要指在一定的焊接工艺条件下，获得优质焊接接头的难易程度，或材料在限定的施工条件下，焊接成按规定设计要求的构件，并满足预先服役要求的能力。焊接性能受材料、焊接方法、构件类型及使用要求四个因素的影响，图 1-26 所示为焊接不合格和合格试样的实物。

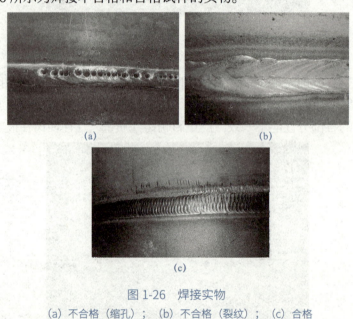

图 1-26 焊接实物
(a) 不合格（缩孔）； (b) 不合格（裂纹）； (c) 合格

四、切削加工性能

切削加工是指利用切削工具从工件上切除多余材料，获得符合预定技术要求的零件或半成品的加工方法。切削包含多种切割方式，如图 1-27 所示。

切削加工性能是指金属材料被刀具切削加工后而成为合格工件的难易程度。

切削加工性能好坏常用加工后工件的表面粗糙度、允许的切削速度以及刀具的磨损程度来衡量。它与金属材料的化学成分、力学性能、导热性及加工硬化程度等诸多因素有关。通常用硬度和韧性做切削加工性好坏的大致判断。一般来说，金属材料的硬度越高越难切削，硬度虽不高，但韧性大，切削也较困难。一般有色金属不如黑色金属切削加工性好，铸铁的切削加工性能不如钢好。

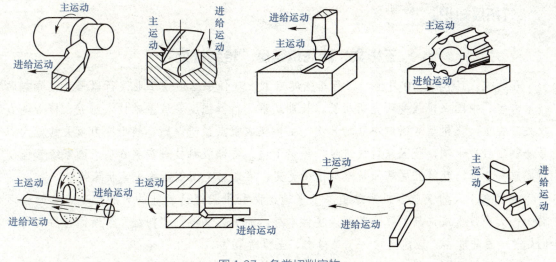

图 1-27 各类切削实物

【情境案例分析】

材料的工艺性能是指材料适应实际生产工艺要求的能力。对材料使用某种加工方法或过程，以获得优质制品的可能性或难易程度，包括铸造性能、锻造性能、焊接性能、切削加工性能等。工艺性能往往由多种因素（物理的、化学的、力学的）综合作用决定。材料的工艺性能与使用性能共同表征材料的性能，用来衡量材料性能的好坏。

【学习小结】

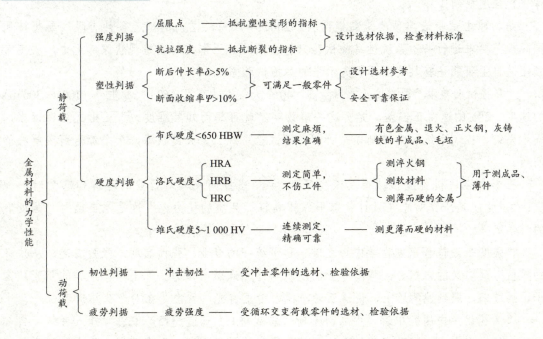

【拓展知识】

王彬文：让飞机强度"恰到好处"

王彬文，1974年10月生，飞行器强度专家，现任中国航空工业飞行器强度领域首席技术专家、中国飞机强度研究所所长。长期从事飞行器强度领域基础技术研究、核心能力攻关，在重大飞机型号研制中立功8次，主持完成重点预研课题、核心能力攻关和重大型号研制项目数十项，获国家科技进步二等奖1项、省部级科技进步奖6项、国家级管理创新成果奖2项，获第五届冯如航空科技精英奖、第二届全国创新争先奖状等荣誉。

载客233人的俄航客机紧急迫降玉米地、萨利机长遭遇迁徙的大雁群迫降哈德逊河面……大多数人或许只关注这些新闻事件本身，而王彬文他们"纠结"于新闻背后的科学问题——着陆冲击、应急坠撞、飞鸟撞击、全机落震等。

"让飞机飞起来很难，安全落下来更不容易。"王彬文举例说，起飞时跑道上的砂石，飞行过程中突遇的鸟类、冰雹，还有降落时地面对起落架的冲击……生活中很多看似不起眼的现象，在较高的相对速度下，都是结构冲击领域要解决的问题。

王彬文带领团队创新性构建了航空结构冲击动力专业体系，解决了该领域一个又一个关键技术难题。近年来，他在大型客机C919、大型水陆两栖飞机AG600研制中任强度试验联合指挥部总指挥。

"我们要确保飞机以最小的重量代价应对服役过程中可能存在的破坏挑战，这涉及安全性、可靠性、经济性和舒适性等要求，强度是破坏与维护博弈的最佳平衡。"他这样阐释飞机强度科研工作。

结构冲击试验最典型的是鸟撞试验。2007年以前，国内的试验条件有限，要想按照国际规范要求进行一次系统性鸟撞试验只能去国外。王彬文对这一现状深感无力，决定带领团队自主研制一套具有国际领先水平的鸟撞试验系统。

"鸟撞试验要求严、难度大、风险高，40个大气压的高压、60 t的冲击力、$100 \sim 300$ m/s的速度、2%的速度正偏差，光听这一串数字，就可想而知其难度。"王彬文告诉记者，气炮系统、控制系统和鸟弹制作是研制鸟撞试验系统三大关键技术，个个都是需要解决的问题。

王彬文在飞机强度领域摸爬滚打了23年，当被问及其对行业的理解和感受时，他说："强度就是研究对象在设计状态下保持其目标品质的能力。"这是他自己对"强度"的科学定义。

"强度是最符合东方哲学中庸之道、和谐统一的专业，强而有度，张弛有道，从狭义的机械力到广义的自然力，强度专业的发展始终充满着生命力。"下午，柔和的阳光从窗子中洒进来，照到他的脸上，说这话时，他眼睛里有光，就像是在对专业热情表白。

"《礼记·中庸》中讲'中立而不倚，强哉矫！'《道德经》中讲'知人者智，自知者明。胜人者有力，自胜者强'。这些都是强度的哲学阐述。"在王彬文看来，科学是一门艺术，强度专业更具韵味，从哲学意义上讲，度是万物之灵魂，对于强度而言，度是永恒之追求，过之一分显拙，欠之一分则险！从艺术与灵魂、韵与恒的角度诠释强度，是专业的最高境界，强之韵与度之恒是强度人永恒的追求。

强而有度，刚柔并济，这何尝不是他的人生写照？他就像是一位攀登者，兢兢业业地为国产飞机的研制攻下一个又一个"强度山头"。如今，他正带领着千锤百炼的高水平团队，向着下一个高峰进发。

【学习自测】

一、填空题

1. 弹性模量越大，刚度越_____。
2. 刚度越大，材料的弹性变形量越_____。
3. 塑性指标用_____和_____来表示。
4. 塑性是金属在_____作用下产生_____而不破坏的能力。
5. 低碳钢拉伸试验中，经过_____阶段后，材料开始发生塑性变形。
6. 屈服点与抗拉强度的比值越小，零件的可靠性越（高/低）_____。
7. 金属材料的力学性能包括_____、_____、_____、_____和_____。
8. 在生产上最常用的硬度有_____、_____和_____。
9. 140 HBS10/1000/30 表示用_____的钢球做压头，在_____试验力作用下保持_____，所测得的布氏硬度值为_____。

二、选择题

1. 对于经过淬火热处理的刀具，如锯条，其硬度应当采用（　　）指标表示。
   A. HB　　　　　B. HRC　　　　C. HV　　　　D. HRB
2. 硬度是衡量金属材料软硬的一个指标，它常用三种方法，其中（　　）应用最广。
   A. HB　　　　　B. HRC　　　　C. HV　　　　D. HRB
3. 下面哪一项是材料冲击韧性的定义？（　　）
   A. 抵抗弹性变形的能力　　　　B. 抵抗断裂破坏的能力
   C. 抵抗局部塑性变形的能力　　D. 抵抗冲击荷载的能力
4. 金属材料在静荷载作用下抵抗破坏的能力称为（　　）。
   A. 塑性　　　　B. 硬度　　　　C. 强度　　　　D. 刚度
5. 金属材料在静荷载作用下产生永久变形而不破坏的能力称为（　　）。
   A. 塑性　　　　B. 硬度　　　　C. 强度　　　　D. 刚度
6. 为了保证飞机的安全，当飞机达到设计允许的使用时间（如 10 000 h）后，必须强行退役，这是考虑到材料的（　　）。
   A. 塑性　　　　B. 硬度　　　　C. 强度　　　　E. 疲劳强度
7. 做疲劳试验时，试样承受的荷载为（　　）。
   A. 静荷载　　　B. 冲击荷载　　C. 交变荷载　　D. 动荷载

三、简答题

1. 金属材料的力学性能指的是什么性能？常用的力学性能包括哪些方面的内容？
2. 请分析刚度对飞机选材的影响。
3. 可否通过增加零件的尺寸来提高其弹性模量？
4. 衡量金属材料强度、塑性及韧性用哪些性能指标？各用什么符号和单位表示？
5. 什么情况下使用材料的名义屈服强度概念？它是如何定义的？
6. 伸长率和断面收缩率，哪个更能准确反映材料的塑性？为什么？
7. 强度和硬度分别是从什么角度衡量材料的性能的？
8. 什么叫作材料的冲击韧性？它是如何测量的？
9. 什么叫作疲劳断裂？导致疲劳断裂的荷载具有怎样的特征？
10. 疲劳断口一般具有几个区域？分别具有怎样的特征？这些特征又是怎样产生的？
11. 什么叫作疲劳极限？怎样提高构件的疲劳强度？

第二章 02 飞机金属材料微观结构和组织

【学习目标】

【知识目标】

1. 掌握金属材料常见的晶体结构类型;
2. 掌握晶体中常见的缺陷类型;
3. 掌握晶体塑性变形的方式和特点;
4. 了解塑性变形对材料的影响;
5. 了解回复与再结晶过程。

【技能目标】

1. 能根据材料的晶体结构类型判断塑性变形方式;
2. 能通过纯金属的结晶过程得到细小的晶粒;
3. 能对冷变形金属加热时组织变化进行控制。

【素质目标】

1. 具备敬业奉献的职业操守和扎实严谨的职业素养;
2. 具备创新精神和主观能动性;
3. 具备"航空报国、航空强国"的精神和"大国工匠"作风。

第一节 金属的晶体结构

【情境导入】

处于固态下的物质叫固体,固体又包含晶体和非晶体。飞机结构件[如起落架、发动机进气道、蒙皮(图2-1)等]常用的铝、钛等金属材料,轮胎所用橡胶,窗户所用的玻璃(图2-2),它们都是固体,但是铝、钛等金属材料属于晶体,而橡胶和玻璃属于非晶体,它们的内部原子结构和性质有什么区别呢?

图 2-1 铝合金外蒙皮

图 2-2 玻璃

【知识学习】

一、晶体结构

（一）晶体和非晶体

内部的原子（原子团或离子）在空间按一定的周期性排列形成具有一定规则几何外形的固体称为晶体，如钻石、食盐、大部分金属、水晶等，其原子结构如图 2-3 所示；而内部原子或分子的排列呈现杂乱无章的分布状态的固体称为非晶体，如玻璃、塑料、石蜡、橡胶等，其原子结构图如图 2-4 所示。

【教学视频】
金属的结构

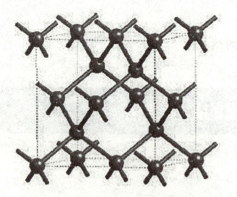
图 2-3 晶体原子排列结构

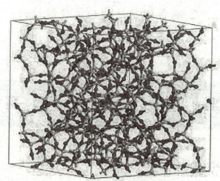
图 2-4 非晶体原子结构

晶体内部原子排列属于"长程有序 + 短程有序"，非晶体内部原子排列属于"长程无序 + 短程有序"，从而导致它们性质差异很大，表 2-1 列举了晶体和非晶体的区别，根据此表，可快速判断一种固体是属于晶体还是非晶体。

表 2-1　晶体和非晶体的区别表

区别	晶体	非晶体
熔点	有确定熔点	无确定熔点
外形	有规则几何外形	无规则的几何外形
性能	各向异性	各向同性

（二）晶格与晶胞

晶体学中有几个假设：

（1）假设在理想晶体中，原子规则排列，原子在空间周期性地重复，每个原子具有相同的环境；

（2）原子、离子等为固定不动的刚性小球；

（3）将原子、离子等抽象为几何的点，如图 2-5 所示。

金属晶体就是由这些几何小球堆积而成的，把原子简化为一个点，用假想的线把这些点连接起来，就构成了在空间有一定规律的空间格架，这种描绘几何点（原子）排列的空间格架就叫作晶格。而在晶格中体积最小，对称性最高的平行六面体，且能代表原子排列形式特征的最小几何单元，称为晶胞，晶格和晶胞如图 2-6 所示。

图 2-5　晶体内部原子排列示意

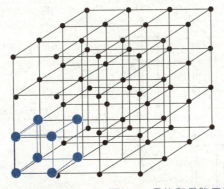

图 2-6　晶格和晶胞示意

几何点（原子）在空间排列的阵列称为空间点阵。描写晶格点阵的基本矢量大小的数叫作点阵参数，根据单个晶胞所反映出的对称性，可以选定合适的坐标系，一般以单个晶胞中某一顶点为坐标原点，相交于原点的三个棱边为 X、Y、Z 三个坐标轴，定义 X、Y 轴之间夹角为 γ，Y、Z 之间夹角为 α，Z、X 轴之间夹角为 β。单个晶胞的三个棱边长度 a、b、c 和它们之间夹角 α、β、γ 称为点阵常数或晶格参数。六个点阵常数，或者说三个点阵矢量 a、b、c 描述了单个晶胞的形状和大小，且确定了这些矢量平移形成的整个点阵，如图 2-7 所示。

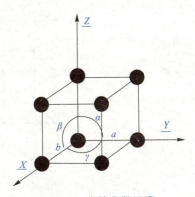

图 2-7　点阵参数示意

（三）布拉菲点阵

布拉菲点阵是晶格的一种数学抽象，其中布拉菲点阵的所有格点都是几何位置上等价、周围环境相同的点；若把原子或原子团安置在布拉菲点阵的每一个格点上，就可得到相应的晶格。虽然晶格的类型很多，但自然界中的布拉菲点阵只有14种，如图2-8所示。

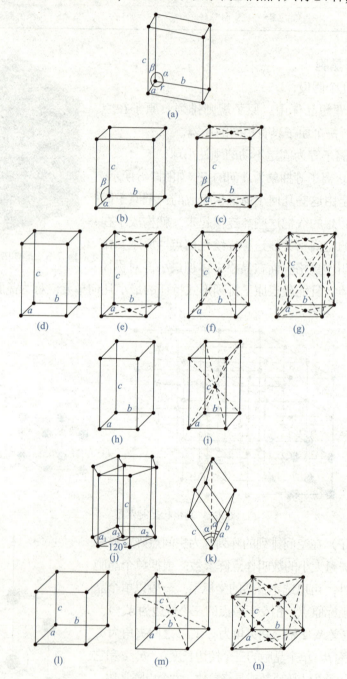

图 2-8 布拉菲点阵示意

(a) 简单三斜点阵；(b) 简单单斜点阵；(c) 底心单斜点阵；(d) 简单正交点阵；(e) 底心正交点阵；
(f) 体心正交点阵；(g) 面心正交点阵；(h) 简单正交点阵；(i) 体心正交点阵；(j) 简单六方点阵；
(k) 简单菱方点阵；(l) 简单立方点阵；(m) 体心立方点阵；(n) 面心立方点阵

这14种布拉菲点阵又可划分为七大晶系,七大晶系的点阵参数见表2-2。

表 2-2　晶系及其参数表

	$a \neq b \neq c, \alpha \neq \beta \neq \gamma \neq 90°$
	$a \neq b \neq c, \alpha=\gamma=90° \neq \beta$
	$a \neq b \neq c, \alpha=\beta=\gamma=90°$
	$a=b \neq c, \alpha=\beta=\gamma=90°$
	$a=b=c, \alpha=\beta=\gamma \neq 90°$
	$a=b \neq c, \alpha=\beta=90°, \gamma=120°$
	$a=b=c, \alpha=\beta=\gamma=90°$

(四) 金属的晶格类型

在已知的80余种金属元素中,除少数十几种金属具有复杂的晶体结构外,大多数金属都具有比较简单的晶体结构。其中最典型、最常见的金属晶体结构有三种,即体心立方晶格、面心立方晶格和密排六方晶格。

晶格中晶胞的物理尺寸叫作晶格参数,金属的晶格参数如下:

(1) 原子半径。原子半径是指晶胞中原子密度最大方向相邻两原子之间距离的一半。

(2) 晶胞中所含原子数。晶胞中所含原子数是指一个晶胞内真正包含的原子数目。

(3) 配位数。配位数是指在晶体结构中,与任一原子最近邻且等距离的原子数。

(4) 致密度。致密度是指晶胞中原子所占体积分数,即 $K=nv'/V$。式中,n 为晶胞所含原子数、v' 为单个原子体积、V 为晶胞体积。

1. 体心立方晶格参数

体心立方晶格的晶胞是一个正方体($a=b=c, \alpha=\beta=\gamma=90°$),其晶胞中含有2个完整原子,8个顶角和立方体的中心各包含1个完整原子,原子半径为 $\sqrt{3}a/4$(a 为棱边长度),配位数为8,致密度为0.618,如图2-9所示,铬(Cr)、钨(W)、α-铁(α-Fe)、钼(Mo)、钒(V)等金属都属于这种晶体结构。

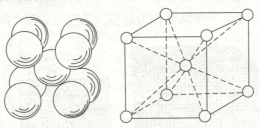

图 2-9　体心立方晶格示意

2. 面心立方晶格参数

面心立方晶格的晶胞是一个正方体($a=b=c$, $\alpha=\beta=\gamma=90°$),其晶胞中含有4个完整原子,8个顶角上包含一个完整原子,6个面的中心包含3个完整原子,原子半径为 $\sqrt{a}/2$(a 为棱边长度),配位数为12,致密度为0.74,如图2-10所示,铝(Al)、铜(Cu)、γ-

铁（γ-Fe）、金（Au）、镍（Ni）等金属都属于这种晶体结构。

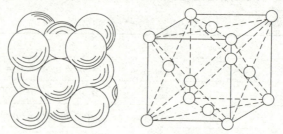

图 2-10 面心立方晶格示意

3. 密排六方晶格参数

面心立方晶格的晶胞是一个正六棱柱（$a=b \neq c$，$α=β=90°$，$γ=120°$），其晶胞中含有 6 个完整原子，其柱体的每个顶角和上、下底面中心各包含一个原子，剩余 3 个原子排布在柱体内部。原子半径为 $a/2$（a 为棱边长度），配位数为 12，致密度为 0.74，如图 2-11 所示，镁（Mg）、锌（Zn）、铍（Be）、镉（Cd）等金属都属于这种晶体结构。

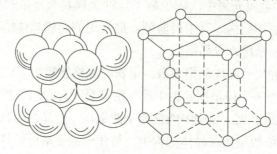

图 2-11 密排六方晶格示意

二、晶体缺陷

上述研究是将晶体当作理想晶体来看待，即晶体中原子严格地呈完全规则和完整的排列，在每个晶格结点上都有原子排列而成的晶体，如理想晶胞在三维空间重复堆砌就构成理想的单晶体，如图 2-12（a）所示，单晶体是指各部分位向完全一致的晶体。而实际晶体应是内部存在缺陷的多晶体，如图 2-12（b）所示，多晶体是许多位向不同的单晶体的聚合体，组成多晶体的一个一个单晶体称为晶粒，晶粒与晶粒之间的界面叫晶界。

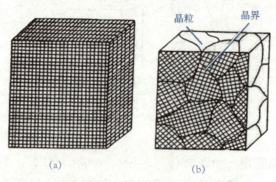

图 2-12 单晶体和多晶体示意
(a) 单晶体；(b) 多晶体

晶体中的缺陷是由于原子排列不规则而产生的，它在金属材料组织控制（如扩散、相变）和性能控制（如材料强化）中具有重要作用。

按照在三维上的尺寸，晶体的缺陷可分为三大类：点缺陷、线缺陷和面缺陷。

（一）点缺陷

点缺陷是指在三维空间各方向上尺寸都很小的缺陷，如空位、间隙原子、置换原子等。

（1）空位：晶格中某些结点未被原子占有而形成空着的位置，如图2-13（a）所示。

（2）间隙原子：在其他晶格间隙处出现多余原子而形成间隙原子，如图2-13（b）所示。

（3）置换原子：是指占据基体原子平衡位置的异类的原子，如图2-13（c）所示。

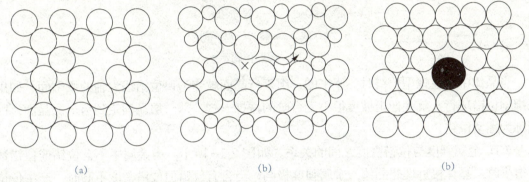

图2-13 点缺陷示意
(a) 空位； (b) 间隙原子； (c) 置换原子

（二）线缺陷

线缺陷是指在两维尺寸很小、一维尺寸大的原子不规则排列导致的缺陷。线缺陷的集中表现形式是位错，它是一列或若干列原子有规律的错排现象，由晶体中原子平面的错动引起。位错从几何结构可分为刃型位错和螺型位错两种。

（1）刃型位错。在金属晶体中，由于某种原因，晶体的一部分相对于另一部分出现一个多余的半原子面。这个多余的半原子面犹如切入晶体的刀片，一个具有一定宽度的细长晶格畸变管道，即为位错线，这种线缺陷称为刃型位错。其中，半原子面在上面的称正刃型位错，如图2-14（a）所示，半原子面在下面的称负刃型位错，如图2-14（b）所示。

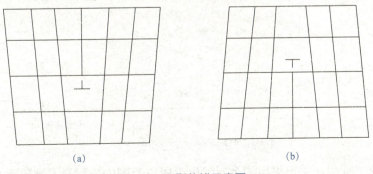

图2-14 刃型位错示意图
(a) 正刃型位错； (b) 负刃型位错

（2）螺型位错。螺型位错是一个晶体的某一部分相对于其余部分发生滑移，原子平面沿着一根轴线盘旋上升，每绕轴线一周，原子面上升一个晶面间距。在中央轴线处即为螺型位错，如图2-15所示。

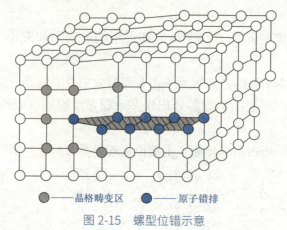

图2-15 螺型位错示意

当晶体中存在螺型位错时，原来的一组平行晶面就变为以位错线为轴的螺型面。如果绕螺型位错环行，就会像走坡度很小无台阶的楼梯一样，从一层晶面走到另一层晶面，因此称为螺型位错。

（3）金属强度与位错密度之间的关系。如图2-16所示，当金属中不含位错或位错数量很少时，晶体接近理想晶体，金属强度极高；当含有位错但位错密度不高时，产生位错要比位错开动需要更大的应力，此时减少位错能够提高材料强度。因此，在此情况下，随着位错密度增加，金属强度反而较低；而当位错密度进一步提高时，位错之间会相互钉扎缠结阻止位错的滑移，进而提高了材料的强度。此时，随着位错密度增加，金属强度也随之提高。

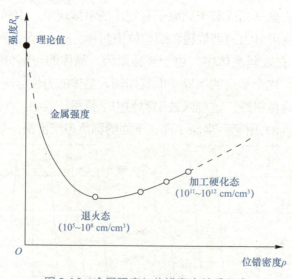

图2-16 金属强度与位错密度关系示意

根据目前工业生产中已采用的金属强化手段以及国内外材料发展研究，金属材料可通过两种途径进行强化：一是尽量消除位错等晶体缺陷，获得近乎理想的单晶材料。例如，可采用特殊方法制造出几乎不含位错的结构完整的小晶体——晶须。如直径 1.6 μm 的铁晶须 σ_b 就高达 13 400 MN/m², 而实际工业纯铁的 σ_b 仅为 300 MN/m², 提高了 40 多倍。这个强度值很接近铁的理想晶体的理论估算强度。目前这种晶体仅能制成直径几微米的晶须，如果更粗，就会因含有缺陷而使强度迅速下降。故当今用以提高金属强度的主要方法是沿着提高位错密度 ρ 的方向努力。另一个途径是有意识地增加位错密度 ρ 及其移动阻力来提高金属强度。

(三) 面缺陷

面缺陷是两维尺寸很大、第三向尺寸很小的缺陷。面缺陷的种类繁多，金属晶体中的面缺陷主要有晶界、亚晶界、相界等。

（1）晶界。多数晶体物质是由许多晶粒所组成，结构相同而位向不同晶粒之间的界面称为晶界，它是一种内界面。

晶界又可以分为大角度晶界和小角度晶界。大角度晶界是指相邻晶粒的位向差大于 10° 的晶界，如图 2-17（a）所示。小角度晶界是指相邻晶粒的位向差小于 10° 的晶界，基本上由位错构成，如图 2-17（b）所示。

实际多晶体金属中的晶界一般为大角度晶界。大角度晶界中的原子排列比较紊乱，结构比较复杂。晶界厚度一般不超过 3 个原子间距，晶界结构模型目前还不完全确定。

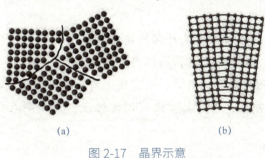

图 2-17 晶界示意
(a) 大角度晶界；(b) 小角度晶界

（2）亚晶界。在实际晶体内，每个晶粒内的原子排列并不是十分齐整的。往往能够观察到直径为 10～100 μm 的晶块，晶块彼此间位向差小于 2°，这些晶块之间的界面称为亚晶粒晶界，简称亚晶界。

（3）相界。具有不同晶体结构的两相之间的分界面称为相界。相界的结构有三类：共格界面、半共格界面和非共格界面，如图 2-18 所示。

"共格"是指界面上的原子同时位于两相晶格的节点上，即两相的晶格是彼此衔接的，界面上的原子为两者共有。形成共格相界必须满足结构和大小一致的原则，即两个晶粒在界面处的晶面应该具有相近的原子排列和原子间距，从而使两个晶粒在界面处保持一定的取向关系。

晶体缺陷在材料组织控制（如扩散、相变、塑性变形等）和性能控制（如材料强化）中具有重要作用。缺陷的出现破坏了原子之间的平衡状态，使晶格发生了扭曲，产生晶格畸变，使得金属塑性变形抗力增大，从而提高材料的强度。

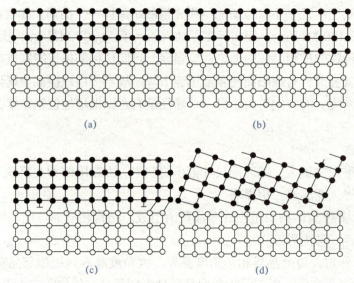

图 2-18 相界示意

(a) 具有完善共格关系的相界； (b) 具有弹性畸变的共格相界； (c) 半共格相界； (d) 非共格相界

【情境案例分析】

晶体和非晶体无论内部结构还是外部性质都有很大的区别，可以通过多种方法判断材料是晶体还是非晶体。从微观上看，晶体内部的原子都是按照一定规律、呈周期性排列的，而非晶体的原子排列则是无规则的；从宏观上看，晶体具有固定的熔点，且有规则几何外形，性质呈现各向异性；而非晶体没有固定熔点，无规则几何外形，性质呈现各向同性。

第二节 纯金属的结晶

【情境导入】

2019 年 5 月 26 日上午，北京地区出现雷雨天气，南航一架从广州飞往北京的 A380 巨型客机在降落过程中遭遇冰雹袭击，造成挡风玻璃破裂，同时飞机机鼻部分有损伤。所幸飞机平安降落在首都国际机场，机上人员平安。

实际上，飞机在飞行和降落过程中遭遇冰雹，是一种非常常见的现象，冰雹的形成既有凝华又有凝固过程。大量的热水蒸气升到高空遇冷，可直接凝华成固态的小冰晶，如图 2-19 所示，也有的先液化后凝固而形成。大量的小冰晶聚结在一起，达到一定程度后落下就形成了冰雹。

图 2-19 冰晶实物

那么,形成冰雹的小冰晶的结晶过程与纯金属的结晶过程有何异同呢?

【知识学习】

一、结晶过程

物质由液态→固态的过程称为凝固,由于液态金属凝固后一般都为晶体,所以液态金属→固态金属的过程也称为结晶。结晶的过程可从宏观和微观两方面进行分析。

【教学视频】
金属的结晶

(一)结晶的宏观过程

金属的结晶过程是采用热分析法来进行分析的。将纯金属放入坩埚中加热熔化成液态,然后插入热电偶测量温度,让液态金属缓慢而均匀地冷却,用 X-Y 记录仪将冷却过程中的温度与时间记录下来,获得冷却曲线,这种试验方法叫热分析法。图 2-20 所示为热分析试验装置示意。

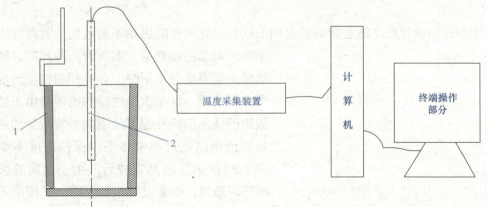

图 2-20 热分析试验装置示意
1—加热容器;2—热电偶

通过热分析法可得到一条热分析曲线,如图 2-21 所示,这条曲线就是纯金属的冷却曲线,即温度随时间变化曲线。

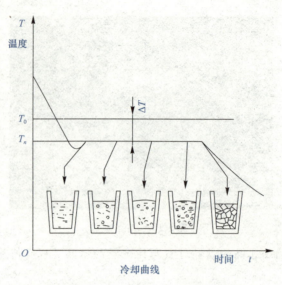

图 2-21 纯金属冷却曲线示意

1. 过冷现象

由冷却曲线可知，金属的理论结晶温度 T_0 和实际结晶温度 T_n 有一定的温度差，将这种实际结晶温度 T_n 低于理论结晶温度 T_0 的现象称为过冷现象。

过冷现象可用过冷度来进行描述，过冷度是指理论的结晶温度与实际给定的结晶现场温度的差值，即 $\Delta T = T_0 - T_n$。过冷度的大小与冷却速度密切相关，冷却速度越快，实际结晶温度就越低，过冷度就越大；反之，冷却速度越慢，过冷度就越小，实际结晶温度就更接近理论结晶温度。不同金属的过冷度也不相同。

2. 结晶潜热

1 mol 物质从一个相转变为另一个相时，吸收或放出的热量称为相变潜热。金属由固态变为液态，需要吸热；由液态变为固态需要放热。前者称为融化潜热，后者称为结晶潜热。

由冷却曲线可见，液态金属随时间的延长，它所含的热量不断散失，其温度也不断下降，但当冷却到某一温度时，冷却的时间虽然增加，但温度并不下降，在冷却曲线上出现了一个水平线段，这个水平线段的出现是由于结晶时放出的结晶潜热补偿了金属向外界散失的热量，从而使得结晶过程中体系内保持温度不变，如图 2-22 所示。结晶完成后，由于金属继续向周围环境散热，故温度又重新下降。从图中不难发现，结晶开始时间为 t_s，结晶结束时间为 t_f，即结晶过程持续时长为 $t = t_f - t_s$。

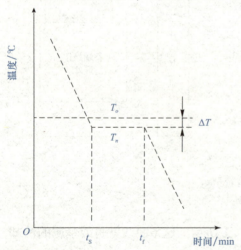

图 2-22 金属的结晶曲线示意

（二）结晶的微观过程

金属结晶时，首先从液态金属中形成一些极细小的晶体，这些极细小的晶体称为晶核，它不断吸附周围液体中的原子而长大。与此同时，在液体中又不断产生新的晶核并相继长大，直到全部液体凝固为止，最后金属便由许多外形不规则的小晶体（晶粒）组成，如图 2-23 所示。因此，液体金属的结晶过程包括晶核的形成和晶核的长大两个基本过程，而且这两个过程是同时进行的。

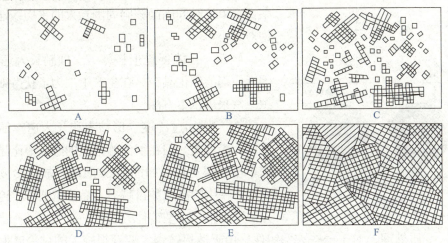

图 2-23　纯金属结晶过程示意

1. 晶核的形成

当液态金属冷至结晶温度以下时，某些近似晶体原子排列的小原子基团便成为结晶核心，这种由液态金属内部自发形成结晶核心的过程称为自发形核。但在实际金属中常有杂质存在，这些杂质固态质点的存在能够促进在其表面上形成晶核。这种依附杂质而形成的晶核称为非自发形核。自发形核和非自发形核在金属结晶时同时进行，但非自发形核比自发形核更为重要，在金属结晶过程中起优先和主导作用。

2. 晶核的长大

晶核形成后，当过冷度较大或金属液体中存在杂质时，金属晶体常以树枝状的形式生长，在晶核开始长大初期，因其内部原子规则排列的特点，故外形也是比较规则的。但随着晶核的继续长大，形成了晶体的尖角和棱边，由于尖角和棱边处的散热条件优于其他部位，并易于存在晶体缺陷等原因，晶体在顶角和棱边处优先长大，其生长方式像树枝一样，先长出干枝，称为一次晶轴，然后在一次晶轴伸长和变粗的同时，在其侧面棱角和缺陷处又长出分枝，称为二次晶轴。随着时间的延长，二次晶轴长成的同时又长出三次晶轴等，如此不断成长和分枝下去，直至液体全部消失，最后得到的晶体称为树枝状晶体（简称枝晶），每一个枝晶将成长为一个晶粒。

如果只有一个晶核形成并长大，将得到一块单晶体；如果有多个晶核形成并长大，且形成的晶粒位向不同，将得到一块多晶体。

■ 二、晶粒大小对金属力学性能的影响

结晶完成后，当条件合适时，晶粒将继续长大。试验证明，晶粒的大小对金属的力学性能有很大的影响，一般情况下，晶粒越细小，金属的强度、塑性和韧性越好。为了提高

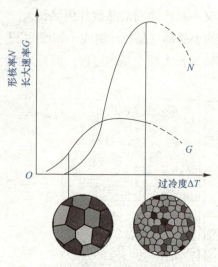

图 2-24 过冷度与形核率和长大速率关系曲线示意

金属的力学性能，得到细晶组织，因此必须了解影响晶粒大小的因素及其控制方法。

结晶后的晶粒大小主要取决于形核率 N（单位时间、单位体积内所形成的晶核数目）与晶核的长大速率 G（单位时间内晶核向周围长大的平均线速度）的相对大小。

显然，凡能促进形核率 N，抑制长大速率 G 的因素，均能细化晶粒。在生产中，为了获得细晶粒组织，常采用以下方法：

（1）增加过冷度。形核率和长大速率都随过冷度增大而增大，但在很大的范围内形核率比晶核长大速率增长得更快，如图 2-24 所示。故过冷度越大，单位体积中的晶粒数目越多，晶粒越细小。这种生产方法适用中、小型铸件的生产。

（2）变质处理。对于一些大型铸件，由于散热较慢，要获得较大的过冷度很困难，且较大的过冷度往往导致铸件开裂而造成废品。为了获得细晶粒组织，通常在浇铸前向液态金属中人为地加入一些细小的变质剂，使其大量增加非自发晶核，从而得到细晶粒组织。这种细化晶粒的方法称为变质处理。例如，向钢液中加入铝、钒、硼；向铸铁中加入硅铁；向铝液中加入钛、锆等。

（3）附加振动。采用机械振动、超声波振动、电磁振动的方法，一方面依靠外界输入能量使晶核提前形成；另一方面使枝晶折断、破碎，使晶核数目增多，从而细化晶粒。

三、纯铁的同素异构转变

金属结晶之后是晶体，每种金属都有它自己的晶体结构类型。同素异构，即同种金属有不同结构。一些金属，在固态下随温度或压力的改变，发生的晶体结构变化，即由一种晶格转变为另一种晶格的变化，称为同素异构转变。有同素异构体的金属才能发生同素异构转变。如纯铁在 1 538 ℃，结晶出来的是晶体结构类型为体心立方晶格的 δ-Fe，但随着固体金属温度的改变，纯铁的晶体结构类型也发生了改变，这个过程称为纯铁的同素异构转变。

通过分析纯铁的冷却曲线，如图 2-25 所示，可以看到：纯铁在 1 538 ℃，结晶出来的是体心立方晶格的 δ-Fe，在 1 394 ℃，δ-Fe 将转变成为面心立方晶格的 γ-Fe；在 912 ℃时，γ-Fe

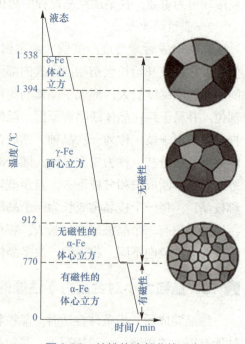

图 2-25 纯铁的冷却曲线示意

将转变成为体心立方晶格的 α-Fe。

于是，可以得到纯铁的同素异构转变如下：

$$\delta\text{-Fe} \xleftrightarrow{1\,394\,℃} \gamma\text{-Fe} \xleftrightarrow{912\,℃} \alpha\text{-Fe}$$
（体心立方晶格）　　（面心立方晶格）　　（体心立方晶格）

不仅纯铁能够发生同素异构转变，钢、铸铁同样能发生同素异构转变。正因为如此，生产中才有可能对钢和铸铁进行各种热处理来改变其组织和性能，可见，纯铁的同素异构转变现象具有极其重要的意义。

【情境案例分析】

形成冰雹的小冰晶的结晶是水汽遇冷凝华或先液化后凝固的结果，而纯金属的结晶是由液态金属转变成固态金属的过程，其本质上十分相似，都属于晶体的结晶，但两者结晶的温度并不相同。

第三节　金属的塑性变形

【情境导入】

在飞机结构制造中，在深冲或拉深一些筒形件、盒型件以及标准件时，容易出现"制耳"现象，如图 2-26 所示，导致变形不均匀、零件边缘不齐，这是为什么呢？

图 2-26　"制耳"现象实物

【教学视频】
塑性变形

【知识学习】

利用金属在外力作用下所产生的塑性变形，来获得具有定形状、尺寸和力学性能的原材料、毛坯或零件的生产方法，称为金属压力加工，又称"金属塑性加工"，如图 2-27 所示。金属压力加工的基本方式有轧制、挤压、拉拔、锻压及冲压，分别如图 2-27（a）～（e）所示。经过压力加工的金属，不仅改变了形状和尺寸，它内部的组织和性能也发生了改变。因此，研究金属材料的塑性变形方式以及塑性变形对材料组织和性能的影响是十分有实际指导意义的。

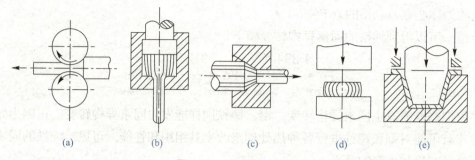

图 2-27 压力加工示意
(a) 轧制；(b) 挤压；(c) 拉拔；(d) 锻压；(e) 冲压

一、单晶体的塑性变形

金属一般是由无数单个晶粒构成的多晶体。要了解晶体的塑性变形机理，必须先了解单个晶粒或单晶体的塑性变形机制。塑性变形时变形体在外力的作用下，其大量原子群多次地、定向地从一个稳定平衡位置转移到另一个平衡位置，在宏观上便产生不能恢复的塑性变形。

在常温下，单晶体的塑性变形主要通过滑移和孪生进行。

（一）滑移

1. 滑移的定义

在切应力作用下，晶体的一部分沿着一定晶面（滑移面）和一定晶向（滑移方向）相对另一部分发生相对位移的现象叫作滑移，如图 2-28 所示。

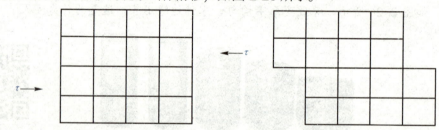

图 2-28 滑移示意

滑移后，晶体的点阵类型不改变且晶体内部各部分位向不变，晶体表面会出现一系列台阶，这些台阶叫作滑移线，数条滑移线将组成滑移带，即滑移带中包含多条滑移线，如图 2-29 所示。

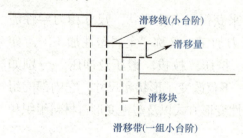

图 2-29 滑移线和滑移带示意

2. 滑移的特点

（1）滑移只能在切应力的作用下发生。

如图 2-30 所示，任何晶面上所受的力 F 都可分解为正应力 σ 和切应力 τ，正应力只能引起晶格的弹性变形及将晶粒拉断。在切应力的作用下金属晶体的晶格发生弹性扭曲后进一步造成滑移而产生塑性变形。

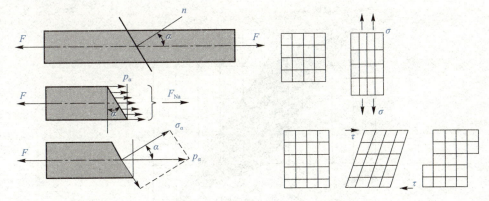

图 2-30 力的分解示意

（2）滑移是通过刃型位错在滑移面上的运动来实现的（相对位移是原子间距的整数倍）。

滑移不是晶体的一部分相对于另一部分的刚性滑移，大量研究表明：滑移是通过滑移面上位错的运动来实现的，如图 2-31 所示。

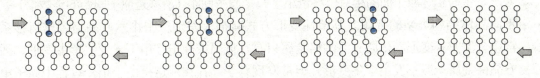

图 2-31 刃型位错的移动示意

（3）滑移常沿晶体中原子密度最大的晶面和晶向发生。原子密度最大的晶面称为原子密排面，原子密度最大的晶向称为原子密排方向。通常，原子密排面就是滑移面，原子密排方向就是滑移方向。一个滑移面和一个滑移方向组成一个滑移系。

滑移系越多，金属发生滑移的可能性越大，塑性也越好。当滑移系个数一样时，滑移方向对塑性的贡献比滑移面更大。这是因为不同晶面上的原子密度不同，密排面的原子密度最大，则该面上任一原子与相邻晶面原子的作用键数最少，故以密排面作为表面时不饱和键数最少，表面能量低，产生滑移所需切应力最小。

（4）滑移的同时伴随着晶体的转动。晶体滑移后使正应力分量和切应力分量组成力偶，使晶体在滑移的同时向外力方向发生转动。

（二）孪生

1. 孪生的定义

孪生是指晶体的一部分沿一定晶面和晶向相对于另一部分所发生的切变，发生在滑移系较少或滑移受限制的情况下。

发生切变的部分称为孪生带或孪晶，沿其发生孪生的晶面称为孪生面。孪生的结果使孪生面两侧的原子排列呈镜面对称，如图 2-32 所示。

2. 孪生的特点

对比滑移，孪生具备以下特点：

（1）孪生使晶格位向发生改变；

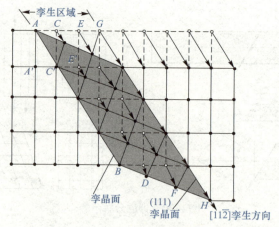

图 2-32 孪生示意

(2) 孪生所需切应力比滑移大得多，变形速度极快，接近声速；

(3) 孪生时相邻原子面的相对位移量小于一个原子间距（滑移是原子间距的整数倍）。

不同晶体结构类型的金属，其塑性变形方式有很大差别。密排六方晶格金属滑移系少，常以孪生方式变形。体心立方晶格金属只有在低温或冲击作用下才发生孪生变形。面心立方晶格金属一般不发生孪生变形，但常发现有孪晶存在，这是由于相变过程中原子重新排列时发生错排而产生的，称退火孪晶。

二、多晶体的塑性变形

多晶体金属的塑性变形与单晶体并无本质上的差别，即每个晶粒的塑性变形仍以滑移等方式进行。但由于晶界的存在和每个晶粒中的晶格位向不同，故在多晶体中的塑性变形过程要比单晶体中更加复杂，变形抗力也大得多。

（一）晶界的影响

当位错移动到晶粒边界时，由于晶界附近原子排列比较紊乱，且有杂质集中，必然受到阻碍。此时，位错在晶界处塞积，如图 2-33 所示。要使变形继续进行，则必须增加外力，因此多晶体的塑性变形抗力比同种金属的单晶体高得多。

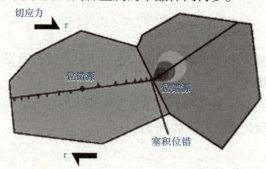

图 2-33 错位塞积示意

(二) 晶粒位向的影响

多晶体在发生塑性变形时，并不是所有的晶粒都同时进行滑移，而是随外力的作用，晶粒分期分批地进行滑移。试验证明，沿与外力 P 呈 $45°$ 方向上，切应力 τ 最大，如图2-34所示。因此晶粒的晶格取向与最大切应力 τ_{max} 方向一致时最容易产生滑移。而其他方向上取向的晶粒则随先滑移的晶粒产生转动变形后，其晶格位向与最大切应力方向趋向一致时，才能进一步产生滑移。所以，多晶体塑性变形的主要方式为每个晶粒内部的滑移，同时伴随着各晶粒间的滑移和转动。也就是说，单位面积内晶粒个数越多，需要协调产生滑移的晶粒个数也就越多，其塑性变形抗力越大。

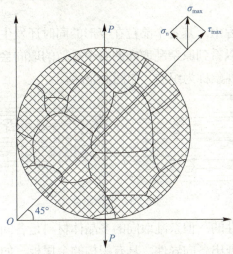

图 2-34　多晶体晶粒取向与切应力关系示意

由此发现，塑性变形抗力不仅与原子间的结合力有关，而且与金属的晶粒度有关。晶粒度越小，单位面积内晶粒个数越多，其塑性变形抗力越大。因此，晶界和晶粒位向都会影响到塑性变形。

晶粒大小实际上对塑性变形和金属的力学性能都有影响。晶粒越细，晶界总面积越大，位错障碍越多，需要变形协调的具有不同位向的晶粒越多，使金属塑性变形的抗力越高，另外，一定的变形量由更多晶粒分散承担，不会造成局部的应力集中，使在断裂前发生较大的塑性变形，强度和塑性同时增加，金属在断裂前消耗的功也大，因而其韧性也较好。工程上将这种随着金属的晶粒越细，其强度和硬度越高，且塑性和韧性也越高的现象叫作细晶强化。

■ 三、塑性变形对金属材料组织和性能的影响

(一) 塑性变形对金属材料组织的影响

1. 纤维组织

经塑性变形后，金属材料的组织发生了明显的改变，各晶粒中除了出现大量的滑移带、孪晶带以外，其晶粒形状也会发生变化，随着变形量的逐步增加，原来的等轴晶粒逐渐沿变形方向被拉长，当变形量很大时，晶粒拉长，形成纤维组织，还使晶粒破碎为亚晶粒，如图 2-35 所示。

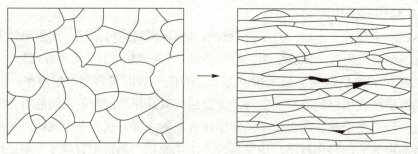

图 2-35　纤维组织示意

2. 织构

多晶体材料在变形过程中，其各个晶粒在变形的同时还发生晶向的转动，在经历了较大的单向变形后，往往可以看到原杂乱取向的各个晶粒的取向会集中于某个共同的方向，这种晶粒择优取向排列的现象称为织构，如图 2-36 所示。

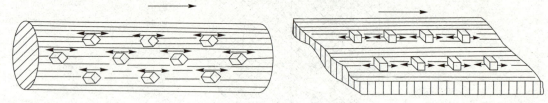

图 2-36　织构示意

虽然单晶体是各向异性的，但杂乱取向的多晶体材料是各向同性的，而织构使多晶体的各向同性遭到破坏，表现出各向异性。具有织构的金属板，如果用于冷冲圆杯，则冷冲过程中会出现"制耳"现象，为了消除这种不均匀变形，就需要增加工序，且多消耗材料，甚至会产生废品。因此在这种情况下就要求避免织构。与此相反，织构可以提高冷轧硅钢片的导磁性，在生产上需要加以利用。因此，从理论上解决如何获得和防止织构是生产的需要。

（二）塑性变形对金属材料性能的影响

1. 加工硬化

随着冷塑性变形量增加，金属的强度、硬度提高，塑性、韧性下降的现象叫作加工硬化。对于不能用热处理方法强化的材料，借助冷塑性变形来提高其力学性能就显得更为重要。例如对于工业上广泛应用的铜导线，由于要求导电性好，不允许加合金元素，加工硬化是提高强度的唯一方法。

但加工硬化对金属塑性成型也有不利的一面。它使金属的塑性下降，变形抗力升高，继续变形越来越困难，特别是对于高硬化速率金属的多道次成型更是如此。另外，由于加工硬化使金属变脆，因而在冷加工过程中需要进行多次再结晶退火，使金属软化，以便继续变形加工而不致裂开。

2. 残余内应力

在塑性变形中，外力所做的功除大部分转化为热以外，还有一小部分以畸变能的形式储存在形变材料的内部，这部分能量主要依附点缺陷、位错和层错等形式的缺陷而存在于晶体中，以残余内应力的方式表现出来。

按照残余内应力平衡范围的大小，内应力可分为三类：

（1）第一类内应力，又称宏观残余内应力。它是由工件不同部分的宏观变形不均匀引起的，其应力平衡范围包括整个工件。这类残余应力所对应的畸变能不大。

（2）第二类内应力，又称微观残余内应力。它是由晶粒或亚晶粒之间的变形不均匀产生的，其作用范围与晶粒尺寸相当，即在晶粒或亚晶粒之间保持平衡。这种内应力有时可以达到很大的数值，甚至可能造成显微裂纹并导致工件破坏。

（3）第三类内应力，又称点阵畸变。作用范围是点阵尺度，由于在形变过程中形成了大量点阵缺陷，这部分能量占整个储存能中的绝大部分。第三类内应力提高了变形晶体的能量，使之处于热力学不稳定状态，故它会自发地使变形金属恢复到自由焓最低的稳定状态，并导致塑性变形金属在加热时的回复与再结晶过程。

残余内应力的存在通常是有害的。它使金属化学不稳定性增加、耐蚀性下降，例如高压锅炉、铆钉发生的腐蚀破裂等。因此，金属在塑性变形后，通常要进行退火处理，以消除或降低内应力。

除此之外，冷变形还会使金属的导热性降低。如铜冷变形后，其导热性降低到78%。还会使金属的电阻发生变化、磁性改变、密度下降等。

【情境案例分析】

多晶体材料在塑性变形过程中，其各个晶粒在变形的同时还发生晶向的转动，不仅使晶粒拉长破碎，同时，也使得各晶粒方向趋于一致，这种晶粒的择优取向的现象称为织构。"制耳"出现的原因就是织构，织构使得塑性变形后的材料各向异性，因此在冲压和拉深时，材料变形不均匀，零件边缘不齐整，出现"制耳"现象。

第四节　回复与再结晶

【情境导入】

冷加工后的黄铜，在氨气、铵盐、汞蒸气以及海水中会发生严重的破裂，又称"季裂"，如图 2-37 所示，这是为什么呢？该如何消除这种现象呢？

图 2-37　黄铜"季裂"实物

【知识学习】

金属在经过冷塑性变形后，外力所做的功，除大部分消耗于成型中的摩擦阻力和金属变形时的发热外，还有一部分（占总功的2%～10%）作为残余内应力储存在变形金属中，这种储能主要以位错的形式存在，使金属内部内能升高，处于不稳定状态。此时，如果对金属加热，金属中的原子将获得足够的活动能力，金属便会自发地由高能量、不稳定状态向低能量、稳定状态进行转变。

随着加热温度的升高，变形金属的内部相继发生回复、再结晶、晶粒长大三个阶段的变化，如图2-38所示。

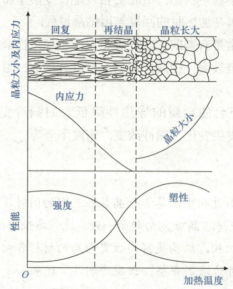

图2-38　加热温度对冷塑性变形金属组织和性能的影响示意

一、回复

当加热温度不太高时，原子活动能力有所增加，原子已能做短距离的运动，此时，晶格畸变程度大为减轻，从而使内应力有所降低，这个阶段称为回复。

回复阶段的温度：$T_{回} = (0.25 \sim 0.3) T_{熔}$，式中，$T_{回}$为回复阶段的温度，单位为K；$T_{熔}$为金属的熔点，单位为K。

在这个阶段，变形金属的晶格畸变程度减轻，内应力大部分消除，但金属的显微组织无明显变化，组织仍为经过冷塑性变形后的纤维组织，因此力学性能变化不大。在生产实际中，常利用回复现象将冷变形金属在低温加热，进行消除内应力的处理，适当提高塑性、韧性、弹性，以稳定其组织和尺寸，并保留加工硬化时留下的高硬度的性能。这种热处理方法称为去应力退火。

二、再结晶

当冷塑性变形金属加热到较高温度时，由畸变晶粒通过形核及晶核长大而形成新的无畸变的等轴晶粒的过程称为再结晶。

金属的再结晶是在一定温度范围内进行的，能进行再结晶的最低温度称为金属的再结晶温度，再结晶阶段温度 $T_回 = (0.35 \sim 0.4) T_熔$，式中，$T_回$ 为回复阶段的温度，单位为 K；$T_熔$ 为金属的熔点，单位为 K。实践证明，金属变形程度越大，再结晶温度越低。

再结晶过程以形核和晶核长大的方式进行，当变形金属被加热到一定温度时，原子的活动能力较强，会在变形晶粒的晶界或晶粒内部的亚晶界处以不同于一般结晶的特殊成核方式产生新晶核，随着原子的扩散移动，新晶核的边界不断向变形的原晶粒中推进，使新晶核不断消耗变形晶粒而长大。最终，新的等轴晶粒取代了原先变形的晶粒，完成了一次新的结晶过程。

再结晶过程是新晶粒重新形成的过程，冷变形金属的组织和性能恢复到变形前的状态，但它没有发生晶格类型的变化，只是晶体形态和大小的变化，所以它不是相变过程。

生产上常把冷塑性变形金属加热到再结晶温度以上，以消除加工硬化，利于进一步加工的这种工艺叫作再结晶退火，再结晶退火温度一般比最低再结晶温度高 100 ℃～200 ℃。

三、晶粒长大

再结晶完成后形成细小的等轴晶粒，如果继续提高温度或延长加热时间，则将引起晶粒的进一步长大，使原来细小的等轴晶组织粗化，从而导致金属的力学性能下降。因此，晶粒长大这个过程是需要避免的。

四、金属的热变形

（一）热加工与冷加工的区别

在金属学中，冷加工和热加工的界限是以再结晶温度来划分的。低于再结晶温度的加工称为冷加工，而高于再结晶温度的加工称为热加工。如铅的再结晶温度低于室温，在室温下对铅加工属于热加工；钨的再结晶温度约为 1 200 ℃，即使在 1 000 ℃拉制钨丝也属于冷加工。

（二）热加工对金属组织和性能的影响

1. 改善铸态组织

热加工可使铸态金属内部气孔焊合，使粗大的树枝晶和柱状晶破碎，从而使组织致密、成分均匀、晶粒细小，力学性能提高。

2. 细化晶粒

热加工金属的晶粒大小与其加工终了温度以及预变形程度有关。一般来说，预变形程度越大（20%～40% 为宜），加工终了温度越低，可以防止再结晶阶段后晶粒的聚集长大，加工后的晶粒越细小。但过低的加工终了温度，将导致加工硬化并增加设备负荷，因此，选择合适的工艺参数有助于获得细小的晶粒，改善工艺性能。

3. 形成带状组织

如果钢中成分偏析严重或热加工温度不当，钢内则会形成沿轧制方向平行排列、成层状分布、形同条带的带状组织。图 2-39 所示为 28CrMn 钢轧制状态下形成的带状组织示意图。带状组织是一种缺陷，它使金属各向异性，工业上常用多次正火或扩散退火对其进行消除。

图 2-39　带状组织示意

4. 形成锻造流线

热加工时，塑性杂质随着金属变形沿主要伸长方向呈带状分布，形成锻造流线，这样热锻后的金属组织就具有一定的方向性。锻造流线使金属性能呈现各向异性，沿着流线方向抗拉强度较高，而垂直于流线方向抗拉强度较低。生产中若能利用该特点，使锻件中的流线组织连续分布与其受拉力方向一致，则会显著提高零件的承载能力。例如，吊钩采用弯曲工序成型时，就能使流线方向与吊钩受力方向一致，从而可提高吊钩承受拉伸荷载的能力。又如图 2-40 为锻压成型的曲轴，此时，流线沿曲轴外形连续分布，这样的流线分布是合理的，可大大提高曲轴的力学性能。

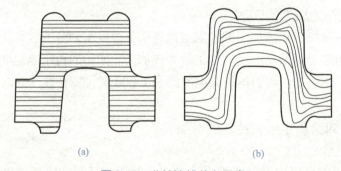

(a)　　　　　　　　　　(b)

图 2-40　曲轴流线分布示意

(a) 流线被切断；(b) 流线沿曲轴外形连续分布

【情境案例分析】

金属经塑性变形后，晶格扭曲，位错密度增高，产生内应力，强度、硬度、电阻率等升高，塑性、韧性、磁导率和耐蚀性则下降，组织处于不稳定的状态，并存在向稳定状态转变的趋势。在低温下，这种转变一般不易实现。而在加热时，由于原子的动能增大，活动能力增强，冷塑性变形后的金属组织会发生一系列的变化，最后趋于较稳定的状态。为使经冷塑性变形的金属的机械性能恢复到冷塑性变形前的状态，需要对金属加热进行退火处理。

【学习小结】

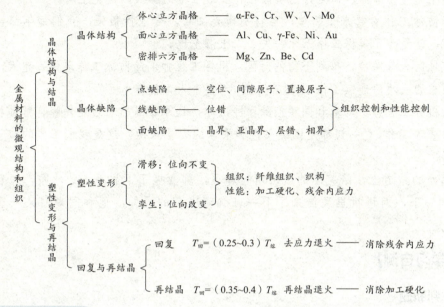

【拓展知识】

飞机坚冰的"终结者"——走近机场"除冰师"

清晨的黑龙江省大庆萨尔图机场，气温低至近零下30 ℃。6时许，天还未亮，大庆萨尔图机场管理有限公司机务队队长郭鑫就已和同事来到车库，为一天的飞机除防冰和机务工作做准备。

"除冰工作就是为飞机喷洒高温除冰液，目的就是去除飞机机翼表面的冰、雪、霜等，保障飞机的飞行安全，这一点在我们东北的机场显得尤为重要。"郭鑫说。

郭鑫告诉记者，一般来讲，气温低于10 ℃就要做好除防冰工作的准备，在大庆萨尔图机场，每年有长达半年的时间，郭鑫和队员们都要进行这项工作。

除冰液早已在前一天从储存罐装配进除冰车里。郭鑫说："除冰液并不像很多旅客想象的那样是水，而是一种特制的液体，可以有效防止飞机表面结冰。"

郭鑫检查好除冰车后，开始进行测冰点的工作。"在除防冰工作开始之前，要对除冰车里的除冰液进行采样，看冰点是否适用今天的温度。"说着，郭鑫拿出仪器，仔细观察除冰液的冰点。

7时许，萨尔图机场当日第一班航班准备起飞。飞机被推出停机坪后，停放在除冰坪。机务工程师王海龙在监护人员姜世宇的指挥下操作设备，开始为飞机喷洒除冰液，高温液体瞬间在空中凝结成冰霜，洒落到地面上。

"现在除防冰设备越来越先进了，以前除冰车是开放式的，作业一次，脸上身上全都是冰霜，就像洗了一个冷水澡一样。"郭鑫说，最难受的就是冻脚，"就算是最厚的鞋也没用，照样'打透'。"

记者发现，除冰车里还设有一个风扇，这样冷的天气，风扇有什么作用呢？郭鑫说，这个风扇不是为了降温，而是为了吹散在作业过程中的雾气，避免上霜。

"除防冰工作看起来很简单，但特别需要细心，专业性很强，我们每年都会进行培训、考试，就是为了确保工作万无一失。"王海龙说。

大庆地区天气寒冷，每到下雪的时候，机务工程师们除防冰工作要做一整天，郭鑫还记得，最长的一次，连续工作了18个小时，"整个人都被冻木了"。

作为机务工程师，郭鑫和同事们除了除防冰，还承担着航班过站保障、落地指挥、飞机状态检查等工作，"一切都是围绕飞机和乘客的安全来做，这是我们工作的核心使命，马虎不得"。

不远处的跑道上，除完冰的航班滑行起飞，郭鑫擦了下眉毛上的冰霜，短暂回到办公室暖和一下，对讲机里又传来了下一班航班准备的通知，他和同事们又一次走进寒风中。

【学习自测】

一、判断题

1. 室温下晶粒越细，金属材料的机械性能越差。（ ）
2. 一般固态金属都属于晶体。（ ）
3. 能够完整反映晶格特征的最小单元称为晶格。（ ）
4. 所有晶胞都按相同方式排列的晶体称为多晶体。（ ）
5. 金属的结晶过程是由晶核的产生及晶粒的长大两个基本过程组成的。（ ）
6. 纯铁在室温时晶格类型是面心立方晶格，用 $\gamma\text{-Fe}$ 表示。（ ）
7. 由于晶体缺陷使正常的晶格发生了扭曲，造成晶格畸变。晶格畸变使得金属能量上升，金属的强度、硬度和电阻减小。（ ）
8. 晶界处原子排列不规则，因此对金属的塑性变形起着阻碍作用，晶界越多，其作用越明显。显然，晶粒越细，晶界总面积就越小，金属的强度和硬度也就越低。（ ）
9. 金属和合金中的晶体缺陷使力学性能变坏，故必须加以消除。（ ）
10. 彻底消除冷作硬化的方法是再结晶。（ ）

二、选择题

1. 塑性变形后金属性能变化最显著的是力学性能。随着塑性变形的增加，金属的（   ）的现象称为加工硬化或形变强化。

　　A. 强度、硬度下降，而塑性、韧性提高
　　B. 强度、硬度提高，而塑性、韧性下降
　　C. 强度、硬度提高，而塑性、韧性没什么变化
　　D. 强度、硬度提高，而塑性、韧性也得到提高

2. 塑性变形不但能使金属材料的力学性能发生变化，也会影响金属材料的其他性能，如（   ）等。

　　A. 电阻率下降

B. 电阻温度系数上升

C. 化学活性增加，腐蚀速度加快

D. 导电性，磁导率升高

3. 室温下，金属的晶粒越粗大，则（　　）。
   A. 强度高、塑性低　　　　　B. 强度低、塑性低
   C. 强度低、塑性高　　　　　D. 强度高、塑性高

4. 晶体中的空位属于（　　）。
   A. 线缺陷　　　　　　　　　B. 面缺陷
   C. 点缺陷　　　　　　　　　D. 体缺陷

5. 晶体中的晶界属于（　　）。
   A. 线缺陷　　B. 面缺陷　　C. 点缺陷　　D. 体缺陷

6. 纯铁在912 ℃以下叫 α-Fe，它的晶格类型是（　　）。
   A. 体心立方晶格　　　　　B. 面心立方晶格
   C. 密排六方晶格　　　　　D. 简单立方晶格

7. 晶体中的位错属于（　　）。
   A. 线缺陷　　B. 面缺陷　　C. 点缺陷　　D. 体缺陷

8. 钢在热加工后形成纤维组织，使钢的性能发生变化，即沿纤维方向具有较高的抗拉强度，沿垂直于纤维方向具有较高的（　　）。
   A. 抗拉强度　　B. 抗弯强度　　C. 抗剪强度　　D. 抗压强度

三、简答题

1. 解释理想金属晶体与实际金属晶体之间的差异。

2. 比较固态纯铁在不同温度范围内的结构。解释"趁热打铁才能成功"的道理。比较铁、铜、镁等三种金属材料的力学性能与晶格结构，你认为金属的力学性能与金属的微观结构有什么关系？

3. 细晶粒为什么会比粗晶粒具有更好的力学性能？实际生产中采用哪些方法可以细化晶粒？

4. 点缺陷、线缺陷、面缺陷有哪些异同之处？它们对理想的金属晶体和实际的金属晶体各产生了什么影响？

5. 冷变形对组织和性能有何影响？

6. 什么是加工硬化？有何利弊？

7. 什么是细晶强化？对材料的组织性能有何影响？

8. 如何消除残余内应力？如何消除冷作硬化？

9. 金属的冷、热加工对材料性能有何影响？

第三章 03 飞机金属结构的热处理

【学习目标】

【知识目标】

1. 掌握二元合金相图中组元、相、组织等基本概念；
2. 掌握铁的同素异构、铁碳相图中基本相、基本组织的性能特点；
3. 掌握钢的热处理原理及钢加热和冷却时发生的组织转变；
4. 了解退火、正火、淬火及回火的概念、分类和作用；
5. 了解表面热处理工艺的工作原理、分类。

【技能目标】

1. 能通过合金相图识别合金的组元、相、组织；
2. 能根据相图初步分析材料性能；
3. 能根据工件性能要求初步设计热处理工序。

【素质目标】

1. 具备良好的职业综合素质；
2. 具有爱国报国的情怀。

合金的结晶过程和纯金属遵循着相同的形核和长大的结晶规律，但合金包含两个或两个上以上的组元，其结晶过程除温度影响外，还受到化学成分及组元间相互作用等因素的影响，导致合金的形成过程比纯金属复杂。合金相图是反映合金在结晶过程中各种组织的形成及变化规律的一种实用工具，通过相图，可以掌握合金组织、成分、性能之间的关系，也是金属进行热处理的依据。

热处理是指将固态金属或合金采用适当的方式进行加热、保温和冷却，以获得所需要的组织与性能的工艺，热处理的目的是消除铸造、锻造、焊接等毛坯中的组织缺陷，改善其切削加工性能或其他的性能，为后续工序做好组织准备，提高工作的力学性能和使用寿命。在航空产品中，钢、铝合金、镁合金等金属制品都要通过热处理来达到人们想要的性能，因此学习和掌握热处理的基本知识和规律，可以为以后正确地选材打下良好的基础。

第一节　合金的相结构及二元合金相图

【情境导入】

作为飞机机体结构的主要材料，铝在航空中的使用非常广泛，机身、机翼、门、地板和座椅等零件绝大部分由铝合金制成，B777 飞机中铝合金的用量为 70%，在 A380 中铝合金的用量为 60%，在 C-17 军用运输机中铝合金的用量为 70%。纯铝强度低、塑性好，为了提高其强度或综合性能，经常加入铜、镁、锌、硅等元素配成合金。最初，人们发现 Al-Cu 合金的沉淀硬化现象，揭开了高强度铝合金发展的序幕。后来发现，铝中加入镁制成的铝合金，具有极好的抗腐蚀性，可用于海洋环境，制造船体、舷梯和其他海洋设备。铝中加入锌和镁，可制造出坚固的锻造铝合金，其强度甚至可以超过某些钢。由此可知，在实际应用中，合金的性能远优于纯金属。那么纯金属加入其他元素之后，它们的结构和性能有什么样的变化规律？人们又是依据什么来研制出新的合金呢？

【知识学习】

一、合金的相结构

（一）合金的基本概念

1. 合金

合金是由两种或两种以上的金属元素或金属与非金属组成的具有金属特性的物质。

2. 组元

组成合金的最基本的、独立的物质称为组元，简称元。一般地说，组元就是组成合金的元素。例如铜和锌就是黄铜的组元。有时，稳定的化合物也可以看作组元。由两个组元组成的合金就称为二元合金，由三个组元组成的合金就称为三元合金。

3. 合金系

由若干个给定组元可以配制出一系列成分不同的合金系列，这一系列合金就构成一个合金系。

4. 相

相是指合金中成分、结构均相同的组成部分，相与相之间具有明显的界面。例如纯铁在 1 538 ℃以上时为均匀的液相；在 1 538 ℃结晶时，不断从液相中结晶出固相 δ-Fe，在整个结晶过程中为液相和固相 δ-Fe 两相并存；结晶终了时，则只存在一个固相 δ-Fe。

5. 组织

在实际生产中，不同成分以及经过不同加工处理的合金具有不同的性能，这是由其不同的相结构和组织引起的。通常把合金中相的晶体结构称为相结构，而金相显微镜下观察到的具有某种形态或形貌特征的组成部分总称为组织。所以合金中的各种相是组成合金的基本单元,而合金组织是合金中各种相的综合体。

（二）合金的相结构

根据构成合金的各组元之间相互作用的不同,固态合金的相结构可分为固溶体和金属化合物两大类。

1. 固溶体

合金在固态下,组元间仍能互相溶解而形成的均匀相,称为固溶体。形成固溶体后,晶格保持不变的组元称为溶剂,晶格消失的组元称为溶质。固溶体的晶格类型与溶剂组元相同。根据溶质原子在溶剂晶格中所占据位置不同,可将固溶体分为置换固溶体和间隙固溶体两种。

（1）置换固溶体。若溶质原子代替一部分溶剂原子而占据溶剂晶格中某些结点位置,则称为置换固液体,如图3-1（a）所示。

形成置换固溶体时,溶质原子在溶剂晶格中的溶解度主要取决于两者晶格类型、原子直径的差别和它们在周期表中的相互位置。一般来说,晶格类型相同、原子直径差别越小、在周期表中位置越靠近,则溶解度越大,甚至在任何比例下均能互溶形成无限固溶体。例如,铜和镍都是面心立方晶格,是处于同一周期的相邻的两个元素,所以可形成无限固溶体;反之,若不能满足上述条件,则溶质在溶剂中的溶解度是有限的,这种固溶体称为有限固溶体。例如,铜和锡、铅和锌等都形成有限固溶体。

（2）间隙固溶体。溶质原子在溶剂晶格中并不占据晶格结点位置,而是以间隙原子的形式存在,这种形式的固溶体称为间隙固溶体,如图3-1（b）所示。

形成间隙固溶体的条件是溶质原子半径很小而溶剂晶格间隙较大。一般来说,当溶质与溶剂原子半径的比值小于或等于0.59时,才能形成间隙固溶体。一般过渡族元素（溶剂）与尺寸较小的碳、氮、氢、硼、氧等元素易形成间隙固溶体。

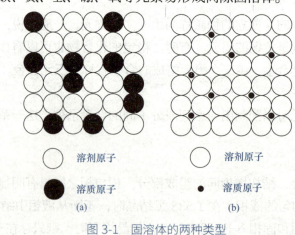

图3-1 固溶体的两种类型
(a) 置换固溶体; (b) 间隙固溶体

（3）固溶强化。由于溶质原子的溶入,固溶体的晶格产生畸变（图3-2）,变形抗力增大,使合金的强度、硬度升高。因形成固溶体使合金强度、硬度升高的现象称为固溶强化,它是强化金属材料的重要途径之一。例如,低合金高强度结构钢就是利用锰、硅等元素强化铁素体，而使钢材力学性能得到较大提高。

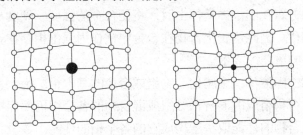

图 3-2　形成固溶体时晶格畸变

2. 金属化合物

金属化合物是合金组元间发生相互作用而生成具有金属特性的一种新相，其晶格类型和性能不同于其中任一组元。

金属化合物大致可分为正常价化合物、电子化合物及间隙化合物。

（1）正常价化合物。这类金属化合物通常由金属元素与周期表中第Ⅳ、Ⅴ、Ⅵ族的元素组成。例如 MgS、MnS、Mg_2Si 等，其分子式符合原子价规律，并且成分是固定不变的。

（2）电子化合物。这类金属化合物是按一定电子浓度组成的具有一定晶格类型的化合物。电子浓度为化合物中总价电子数与总原子数之间的比值。

在电子化合物中，当电子浓度为 3/2 时，形成体心立方晶格的电子化合物，称为 β 相；当电子浓度为 21/13 时，形成复杂立方晶格的电子化合物，称为 γ 相；当电子浓度为 7/4 时，形成密排六方晶格的电子化合物，称为 ε 相。如 Cu-Zn 合金中的 CuZn，因铜的价电子数为 1，锌的价电子数为 2，化合物的总原子数为 2，故 CuZn 的电子浓度等于 3/2，属于 β 相。同理，Cu_5Zn_8 属于 γ 相；$CuZn_3$ 属于 ε 相。

（3）间隙化合物。间隙化合物一般由原子直径较大的过渡族金属元素（铁、铬、钼、钨、钒等）与原子直径较小的非金属元素（氢、碳、氮、硼等）组成。间隙化合物的晶体结构特征是：直径较大的过渡族元素的原子占据了新的晶格正常位置，而直径较小的非金属元素的原子则有规律地嵌入晶格的空隙，因而称为间隙化合物。它们可分为以下两大类。

1) 间隙相。间隙相是过渡族金属元素与氢、碳、氮、硼等原子半径较小的非金属元素形成的金属化合物。其形成条件：非金属原子半径与金属原子半径的比值应 ≤ 0.59。间隙相是具有简单晶格结构的间隙化合物，如 VC、WC、TiC 等。图 3-3 所示是 VC 的晶格示意，其碳原子规则地嵌入由钒原子组成的面心立方晶格的空隙。

2) 具有复杂结构的间隙化合物。当非金属元素的原子与过渡族金属元素原子的半径比值大于 0.59 时，所形成的化合物一般具有复杂的晶体结构，如碳钢中的 Fe_3C（又称渗碳体），合金钢中的 $Cr_{23}C_6$、Cr_7C_3、Fe_4W_2C 等。

Fe_3C 是铁碳合金中的一种重要的间隙化合物，其碳原子与铁原子的半径之比为 0.63，其晶体结构如图 3-4 所示。

Fe_3C 中的铁原子可以被其他金属原子（铬、锰、钼、钨等）置换，形成 (Fe、Cr)$_3$C、(Fe、Mn)$_3$C 等合金渗碳体。

以上是常见的金属化合物三种类型，其熔点一般较高，具有较高硬度，但脆性较大。当它呈细小颗粒均匀分布在固溶体基体上时，将使合金的强度、硬度及耐磨性明显提高，这一现象称为弥散强化。因此金属化合物在合金中常作为强化相存在。它是许多合金钢、有色金属和硬质合金的重要组成相。

工业上用纯金属、固溶体、金属化合物组成合金的基本相，绝大多数合金的组织是由固溶体和少量金属化合物组成的混合物。组成混合物的各个相仍然保持各自的晶体结构和性能。因此，整个混合物的性能取决于构成它的各个相的性能、数量、形状、大小及分布状况等。

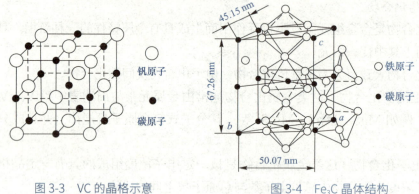

图 3-3 VC 的晶格示意　　　　　　图 3-4 Fe_3C 晶体结构

二、二元合金相图

合金的组织及其形成变化规律要比纯金属复杂得多。在讨论合金组织及其形成变化规律时，需要应用相图这一有效的工具。

合金相图又称合金平衡图或合金状态图，它是表示在平衡条件下，合金成分、温度和组织之间关系的图形。

（一）二元合金相图的建立

合金相图是通过试验方法得到的。目前，测定各种合金相图的常用方法有热分析法、磁性分析法、膨胀分析法、显微分析及 X 射线晶体结构分析法等。一般很难用单一方法精确地测绘出相图，而是多种方法互相配合，其中最基本、最常用的方法是热分析法。现以 Cu-Ni 合金为例，说明用热分析法试验测定二元合金相图的过程。

（1）配制一系列不同成分的 Cu-Ni 合金，见表 3-1。

（2）用热分析法测出所配制的各合金的冷却曲线，如图 3-5（a）所示。

（3）找出各冷却曲线上的相变点（与纯金属不同的是，合金的结晶过程是在一个温度范围内进行的）。

（4）将各个合金的相变点分别标注在温度 - 成分坐标图中相应的合金成分的垂线上。

（5）连接各相同意义的相变点，所得的线称为相界线。

这样就得到 Cu-Ni 合金相图，如图 3-5（b）所示。

表 3-1 试验用 Cu-Ni 合金的成分与转变温度

	w/%		t/°C	t/°C
	Cu	Ni		
I	100	0	1 083	1 083
II	80	20	1 175	1 130
III	60	40	1 260	1 195
IV	40	60	1 340	1 270
V	20	80	1 410	1 360
VI	0	100	1 452	1 452

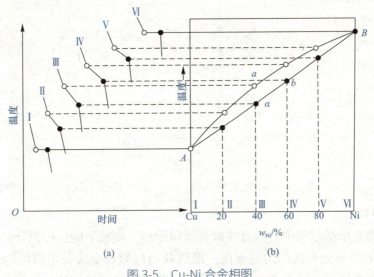

图 3-5 Cu-Ni 合金相图
(a) 冷却曲线； (b) Cu-Ni 合金相图

（二）匀晶相图

两组元在液态与固态均可彼此无限溶解的合金相图，称为匀晶相图。图 3-5 所示的 Cu-Ni 合金相图，就属于二元匀晶相图。

1. 相图分析

图 3-5 中 A 点 1 083 ℃为纯铜的熔点，B 点 1 452 ℃为纯镍的熔点。AaB 为合金开始结晶温度曲线，即液相线。AbB 为合金结晶终了温度曲线，即固相线。在液相线 AaB 以上为液相区，在固相线 AbB 以下合金全部形成均匀的单相固溶体，液相线与固相线之间为液相和固相共存的两相区。

2. 合金冷却过程分析

铜和镍二组元在固态下能以任何比例形成单相 α 固溶体。因此，无论什么成分的 Cu-Ni 合金的结晶过程都是相似的。现以 $w_{Ni}=60\%$ 的 Cu-Ni 合金为例说明其结晶过程。

由图 3-6 可见，当合金以极其缓慢的冷却速度冷至 t_1（a_1 点温度）时，开始从合金中结晶出 α 相。随着温度继续下降，α 相的量不断增加，剩余液相的量不断减少，同时液相和固相的成分也将通过原子扩散不断改变。在 t_1 温度时，液、固两相的成分分别为 a_1、b_1 两点在横坐标上的投影；当冷至 t_2 温度时，液、固两相的成分分别为 a_2、b_2 两点在横坐标上的投影；再当缓冷至 t_3 温度时，液、固两相的成分分别为 a_3、b_3 两点在横坐标上的投影。总之，合金在整个冷却过程中，随着温度的降低，液相成分沿着液相线由 a_1 变至 a_3，而固相成分沿着固相线由 b_1 变至 b_3，结晶终了时，获得与原合金成分相同的 α 固溶体。其结晶示意如图 3-7 所示。

凡是两组元在液态和固态下均能完全互相溶解的合金，如 Cu-Ni、Fe-Ni 等，均属于这类相图。

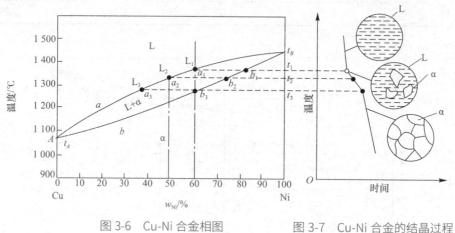

图 3-6　Cu-Ni 合金相图　　　　图 3-7　Cu-Ni 合金的结晶过程

3. 枝晶偏析

固溶体合金在结晶过程中，只有在极其缓慢冷却、使原子能进行充分扩散的条件下，固相的成分才能沿着固相线均匀地变化，最终获得与原合金成分相同的均匀 α 固溶体。但在实际生产条件下，由于合金在结晶过程中，冷却速度一般都较快，而且固态下原子扩散又很困难，致使固溶体内部的原子扩散来不及充分进行，结果先结晶的固溶体含高熔点组元（如 Cu-Ni 合金中的 Ni）较多，后结晶的固溶体含低熔点组元（如 Cu-Ni 合金中 Cu）较多。这种在一个晶粒内部化学成分不均匀的现象称为晶内偏析。

图 3-8　铸态 Cu-Ni 合金枝晶偏析的显微组织（100×）

因为固溶体的结晶一般是按树枝状方式长大的，这就使先结晶的枝干成分与后结晶的枝间成分不同，由于这种晶内偏析呈树枝分布，故又称为枝晶偏析。图 3-8 所示就是枝晶偏析的显微组织。由图可见，α 固溶体呈树枝状，先结晶的枝干中，因含镍量高，不易浸蚀，故呈白色，而后结晶的枝间因含铜量高，易浸蚀而呈黑色。

枝晶偏析会降低合金的力学性能和加工工艺性能。因此，在生产上常把有枝晶偏析的合金加热到高温，并经长时间保温，使原子进行充分扩散，以达到成分均匀化的目的，如图 3-9 所示。

(三) 共晶相图

两组元在液态互溶、在固态相互有限溶解、并发生共晶反应的合金相图，称为共晶相图。具有这类相图的合金有 Pb-Sn、Pb-Sb、Cu-Ag、Al-Si 等。

1. 相图分析

图 3-10 所示为 Pb-Sn 合金相图，图中左边部分是 Sn 溶于 Pb 中，形成 α 固溶体的部分匀晶相图；图右边部分是 Pb 溶于 Sn 中，形成 β 固溶体的部分匀晶相图，故 t_A、t_B 分别为 Pb 和 Sn 的熔点。$t_A C$、$t_B C$ 线为液相线，液相在 $t_A C$ 上开始结晶出 α 固溶体，在液相线 $t_B C$ 线上开始结晶出 β 固溶体。$t_A D$、$t_B E$ 线分别为 α 与 β 固溶体

图 3-9 Cu-Ni 合金固溶体的显微组织（100×）

的结晶终了的固相线。由于在固态下，Pb 与 Sn 的互相溶解度随温度的降低而逐渐减少，故 DF、EG 线分别为 Sn 溶于 Pb 和 Pb 溶于 Sn 的固态溶解度曲线，也称固溶线。

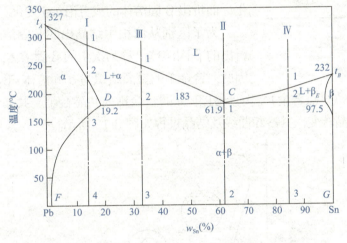

图 3-10 Pb-Sn 合金相图

C 点是液相线 $t_A C$、$t_B C$ 与固相线 DCE 的交点，表示在 C 点所对应的温度（t_C=183 ℃）下，成分为 C 点的液相（L_C）将同时结晶出成分为 D 点的 α 固溶体（$α_D$）和成分为 E 点的 β 固溶体（$β_E$）的混合物，其反应式为

$$L_C \xrightleftharpoons{恒温} α_D + β_E$$

通常把在一定温度下，由一定成分的液相同时结晶出成分不同的两个固相的过程，称为共晶转变。共晶转变的产物（$α_D + β_E$）是两个固相的混合物，称为共晶体或共晶组织。故 C 点称为共晶点，C 点所对应的温度与成分分别称为共晶温度或共晶成分。通常水平的固相线 DCE 称为共晶线，成分在 CD 之间的合金称为亚共晶合金。在 CE 之间的合金称为过共晶合金。

由以上分析可知，相界线把共晶相图分成六个相区：三个单相区 L、α、β 相区；三个两相区为 L+α、L+β、α+β 相区。共晶线 DCE 是 L、α、β 三相平衡的共存线。

2. 典型的合金结晶过程分析

（1）合金Ⅰ（F、D点间的合金）。如图3-10所示，当w_{Sn} < 19.2%的Pb-Sn合金，由液相缓冷到1点时与液相线相交，开始结晶出α固溶体。随着温度下降，α固溶体的数量不断增多，液相成分沿液相线t_AC变化，固相α的成分沿固相线t_AD变化，当合金冷却与固相线相交于2点时，全部结晶为α固溶体。这一过程和前面提过的匀晶转变完全相同，图3-11所示为这类合金的冷却曲线及结晶过程示意。

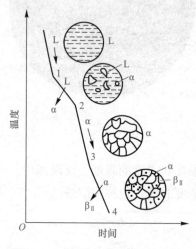

图3-11 合金Ⅰ的冷却曲线及结晶过程示意

继续冷却到2点至3点的温度范围内，单相α固溶体不发生变化。当合金冷却至3点时，与α固溶体的固相线DF相交，此时，锡在铅中的溶解度已达到饱和。温度降至3点以下时，则将发生过剩的锡以β固溶体的形式从α固溶体中析出。随着温度的继续下降，从α固溶体中继续析出β固溶体，且α固溶体的成分沿DF变化，而析出β固溶体的成分沿EG变化。

为了区别从液相中结晶出的β固溶体，把从固相中析出的β固溶体，称为次生的β固溶体，并以$β_Ⅱ$表示。因此，合金Ⅰ的室温组织为α固溶体+$β_Ⅱ$固溶体。

（2）合金Ⅱ（C点合金）。w_{Sn}=61.9 %的合金称为共晶合金。共晶合金由液相缓冷到C点时发生共晶转变，其冷却曲线及结晶过程如图3-12所示。

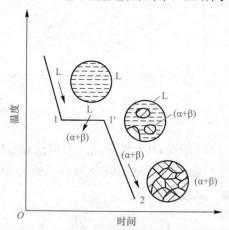

图3-12 合金Ⅱ的冷却曲线及合金结晶过程示意

这一过程在C点温度下一直进行至液相完全消失为止，结晶终了后的合金为α固溶体与β固溶体组成的共晶组织。

在C点以下，合金进入共晶线下面的α+β两相区，此时，温度继续下降，α与β的溶解度分别沿着各自固溶线DF、EG线变化。因此由α中析出$β_Ⅱ$；由β中析出$α_Ⅱ$。但由于从共晶体中析出的次生相常与共晶体中同类相混在一起，在金相显微镜下很难分辨，且次生相的量又较少，故一般不予考虑。共晶合金Ⅱ的室温组织为($α_F$+$β_G$)的共晶体。

（3）合金Ⅲ（C、D 点间合金）。成分在 C 点与 D 点之间的合金，称为亚共晶合金。当合金Ⅲ缓冷到 1 点与液相线相交时，开始从液相中结晶出 α 固溶体。随着温度的下降，α 固溶体量不断增加，而液相量则相应减少。α 固溶体成分沿固相线 t_AD 向 D 点变化，液相成分沿液相线 t_AC 向 C 变化。当温度下降到 2 点（共晶温度）时，α 固溶体的成分为 D 点成分，而剩余液相的成分达到 C 点将发生共晶转变。这一转变一直进行到剩余液相全部转变为共晶组织为止。共晶转变终了后，亚共晶合金的组织由初晶 α 固溶体（又称先共晶 α 固溶体）与共晶组织（α+β）组成。其过程如图 3-13 所示。

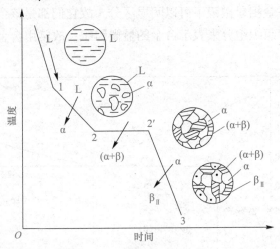

图 3-13　合金Ⅲ的冷却曲线及结晶过程示意

当合金冷却到 2 点以下温度时，α 和 β 的溶解度分别沿 DF、EG 线变化，故分别要从 α 和 β 中析出 $β_Ⅱ$ 和 $α_Ⅱ$ 两种次生相，在金相显微镜下，只有从初晶 α 固体中析出 $β_Ⅱ$ 可以观察到，共晶组织中析出 $α_Ⅱ$ 和 $β_Ⅱ$ 一般难以分辨。

（4）合金Ⅳ（C、E 点间合金）。成分在 C 点与 E 点之间的合金称为过共晶合金。过共晶合金的结晶过程与亚共晶合金类似。图 3-14 所示为合金Ⅳ的冷却曲线及结晶过程示意。其不同之处为初晶相为 β 固溶体，结晶后的组织为初晶 β+ 次生 $α_Ⅱ$ + 共晶体（α+β）。

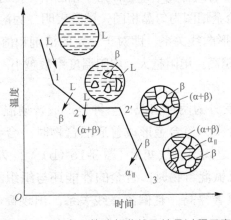

图 3-14　合金Ⅳ的冷却曲线及结晶过程示意

3. 合金的相组分与组织组分

总结上述几种典型合金的结晶过程可以清楚看到 Pb-Sn 合金结晶所得组织中仅出现 α、β 两相。因此 α、β 相称为合金的相结构（相组成物）。图 3-10 中各相区就是以合金的相组分填写的。

由于不同合金的形成条件不同，各种相可以不同的形状、数量、大小互相组合，因而在金相显微镜下可观察到不同的组织。若把合金结晶后的组织直接填写在相图中，如图 3-15 所示的组织组分的 Pb-Sn 合金相图，图中 α、α$_{II}$、β、β$_{II}$ 及共晶体（α+β）各具有一定组织特征，并在金相显微镜下可以明显区分，故它们都是该合金的组织组分。在进行相图分析时，主要用组织组分来表示合金的显微组织，故常用合金的组织组分填写于相图中。

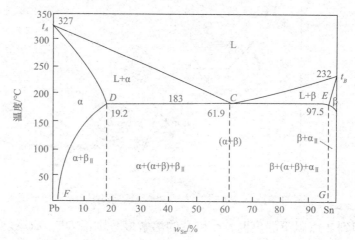

图 3-15　标明组织组分的 Pb-Sn 合金相图

4. 合金性能与相图的关系

合金的性能取决于它的成分和组织，相图则可反映不同成分的合金在不同温度下的平衡组织。因此，具有平衡组织的合金的性能与相图之间存在着一定的对应关系。

（1）合金的力学性能、物理性能与相图的关系。通过各种合金相图分析，可以看出，二元合金室温平衡组织主要有两种类型：一种为单相固溶体；另一种为两相混合物。

1) 单相固溶体。其合金相图为匀晶相图。试验表明，固溶体的性能与溶质元素溶入量有关，总的规律呈透镜形曲线关系。即对于一定的溶剂和溶质来说，溶质的溶入量越多，则合金的强度、硬度越高，电阻越大，电阻温度系数越小，并在某一成分下达到最大或最低值，如图 3-16（a）所示。

2) 两相混合物。一般分为两种情况：一种是形成普通混合物；另一种是通过共晶或共析转变形成机械混合物。当合金形成普通混合物时，合金的性能将随合金的化学成分而改变，在两相性能之间呈直线变化 [图 3-16（b）]，为两相性能的算术平均值。当合金形成共析或共晶机械混合物时，合金的性能还与组织的细密程度有关，组织越细密，其强度、硬度均显著提高，且偏离直线关系，出现高峰，如图 3-16（b）中曲线所示。

(2) 合金的工艺性能与相图的关系。图 3-17 表示合金的铸造性能与相图的关系。纯组元和共晶成分的合金的流动性最好，缩孔集中，铸造性能好。相图中液相线和固相线之间距离越小，液体合金结晶的温度范围越窄，对浇铸和铸造质量越有利。合金的液、固相线温度间隔大时，形成枝晶偏析的倾向性大；同时先结晶出的树枝晶阻碍未结晶液体的流动，而降低其流动性，增多分散缩孔。所以，铸造合金常选共晶或接近共晶的成分，如发动机活塞常采用 w_{Si}=11% ～ 13% 的铝硅铸造合金，为共晶合金。

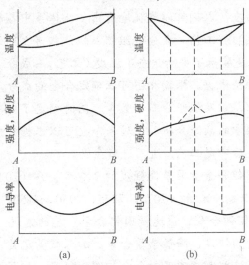

图 3-16　固溶体合金的力学性能和物理性能与相图的关系
(a) 匀晶系合金；(b) 共晶系合金

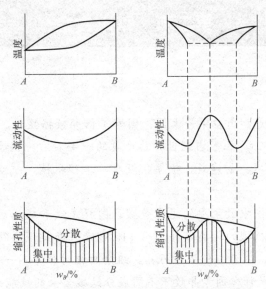

图 3-17　合金的铸造性能与相图的关系示意

单相固溶体合金具有较好的塑性，变形抗力小，变形较均匀，故压力加工性能良好，但切削加工性能差。

形成两相混合物的合金的塑性不如单相固溶体合金好，特别是其中含有硬而脆的相，而且是沿着另一相的晶界呈网状分布时，其塑性更差。当合金中含有低熔点共晶时，热压力加工性能更差，因为在加热过程中，低熔点共晶将会熔化，并沿晶界分布，故在压力加工时易发生断裂，这种现象称为"热脆"。但形成两相混合物的合金的切削加工性能，通常均优于单相固溶体合金。

【情境案例分析】

正是由于有相图的存在，人们可以直观地看出多相体系中各种聚集状态和它们所处的条件（温度、压力、组成）。工艺－成分－组织－性能四者之间的联系是材料研究生产过程中的底层逻辑，相图正是展示了平衡状态下温度（工艺）－成分－相（组织）之间的关系，为人们生产、制造提供理论依据。根据相图可以确定合金的成分，根据需要选择合适的工艺，确定材料内部的组织，以及组织分布和数量。同时确定了内部组织后就可以预测材料性能，进行材料使用过程中的故障分析。反过来，也可以根据对材料性能的需求，通过相图来确认合适的成分，最后确定工艺，进而进行生产。

传统的大飞机结构用铝合金主要是高强度的2×××系（2024、2224、2324、2424、2524等）和超高强度的7×××系（7075、7475、7050、7150、7055、7085等）。20世纪80年代后，又出现了铝锂合金、快速凝固铝合金。总的来说，发展新的铝合金主要有以下几个特点：提高合金的纯度，降低杂质含量；加入微量元素，缩小合金成分范围；开发新的热处理状态等，而这些都离不开对合金相图的研究。相图的绘制在材料科学研究和材料工业生产中有着至关重要的作用。

第二节　铁碳合金

【情境导入】

我国是世界钢铁生产和出口第一大国。国家工信部数据显示，2020年全国钢材产量为13.25亿t，已经占到世界总产量的一半左右。钢铁材料应用涉及人类社会各个领域，如建筑、桥梁、汽车、工程机械、航空航天、高速铁路等。

【教学视频】
铁碳合金

除铁元素之外，钢铁中最主要的元素是碳。同样是铁和碳的成分，45碳素结构钢常用于工程机械的轴类零件，而T10碳素工具钢强度及耐磨性较好，常用于做如车刀、刨刀、钻头等刃具。组分的相对含量不一样，明显影响了钢和铁的性能，那么，你知道是什么因素导致了不同成分铁碳合金的性能差异吗？

【知识学习】

钢和铸铁都是铁和碳的合金，是工业上应用最广泛的重要的金属材料，为了研究和使用这种材料，必须了解铁碳合金的组织、结构与成分、温度之间关系及其变化规律，即必须掌握铁碳合金相图。铁碳合金相图不但是研究控制钢铁合金组织和相变的重要工具,而且是制定钢铁材料热加工工艺的依据。

在铁碳合金中碳往往以两种形式存在,即各种碳化物形式的化合态和单质石墨的游离态,因此铁碳相图既有 Fe-Fe$_3$C 的亚稳系相图,又有 Fe-C 石墨的稳定系相图,在本节将分别加以介绍。

一、铁碳合金基本相

(一)纯铁及其特性

纯铁的强度、硬度低,塑性好。

纯铁的冷却曲线如图 3-18 所示,纯铁在 1 538 ℃结晶时形成的晶体是体心立方晶格,这种高温的体心立方晶格的铁称为 δ 铁(δ-Fe);继续冷却到 1 394 ℃,晶格类型转变为面心立方晶格,称为 γ 铁(γ-Fe);再继续冷却到 912 ℃,晶格类型转变为体心立方晶格,称为 α 铁(α-Fe)。如继续冷却晶格类型不再发生变化,若加热,则发生相反的变化。如上所述,像铁、钛、钴等少数金属具有在不同温度晶体结构不同的特性,人们把这种晶格类型随温度的改变而改变的现象称为同素异晶(构)转变。纯铁的同素异晶转变过程可概括为 δ-Fe $\underset{}{\overset{1\,394\,℃}{\rightleftarrows}}$ γ-Fe $\underset{}{\overset{912\,℃}{\rightleftarrows}}$ α-Fe。同素异晶转变时,有结晶潜热产生,同时也遵循晶核形成和长大的结晶规律,与液态金属的结晶相似,故又称为重结晶。

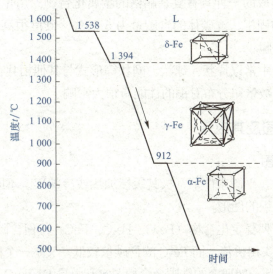

图 3-18 铁的冷却曲线及晶体结构变化

纯铁具有同素异晶转变的特性,所以在纯铁中溶入其他溶质元素时,随温度的改变会有不同的固溶体产生,这些固溶体是钢铁材料的基本组织,因此,生产中才有可能通过不同的热处理来改变钢铁的组织和性能。

(二)铁碳合金的基本相

1. 铁素体

铁素体是碳溶解在 α-Fe 中形成的间隙固溶体,用符号 F 表示。铁素体仍保持 α-Fe 的体心立方晶格。由于体心立方晶格的间隙小,溶碳量极微,其最大溶碳量只有 0.021 8%

（727 ℃），因此铁素体室温时的性能与纯铁相似，强度和硬度低，塑性和韧性好。

显微镜下观察，铁素体呈灰色，并有明显大小不一的颗粒形状、晶界曲折，如图 3-19 所示。

2. 奥氏体

奥氏体是碳溶解在 γ-Fe 中形成的间隙固溶体，用符号 A 表示。奥氏体仍保持 γ 铁的面心立方晶格。由于面心立方晶格的间隙较大，因此溶碳能力也较大，其最大溶碳量为 2.11%（1 148 ℃）。奥氏体塑性、韧性好，强度、硬度较低，所以生产中常将工件加热到奥氏体状态进行锻造。

奥氏体的显微组织与铁素体的显微组织相似，呈多边形晶粒，但晶界较铁素体平直，如图 3-20 所示。

图 3-19 铁素体的显微组织示意

图 3-20 奥氏体的显微组织示意

3. 渗碳体

渗碳体是铁和碳形成的一种具有复杂晶格的金属化合物，用化学式 Fe_3C 表示，渗碳体是钢和铸铁中常见的固相。渗碳体的含碳量为 6.69%，硬度很高（约 1 000 HV），塑性、韧性几乎为零，极脆。

渗碳体在铁碳合金中常以片状、球状、网状等形式与其他相共存，它是钢中的主要强化相，其形态、大小、数量和分布对钢的性能有很大影响。

二、铁碳合金相图及其应用

（一）铁碳合金相图

铁碳合金相图是指在平衡条件下（极其缓慢加热或冷却），不同成分的铁碳合金在不同温度下所处状态或组织的图形。

铁和碳可形成一系列稳定化合物（Fe_3C、Fe_2C、FeC），但含碳量大于 6.69% 的铁碳合金的脆性极大，没有实用价值。而 Fe_3C 的含碳量较低，又是一个稳定的化合物，可以作为一个独立的组元，因此一般研究的铁碳合金相图实际上是 $Fe-Fe_3C$ 相图，如图 3-21 所示。

1. $Fe-Fe_3C$ 相图分析

$Fe-Fe_3C$ 相图的纵坐标表示温度，横坐标表示成分。左端原点 $w_C=0\%$，即纯铁；右端点 $w_C=6.69\%$，即 Fe_3C。横坐标上任一点均代表一种成分的铁碳合金，例如图中 C 点，表示 $w_C=4.3\%$（$w_{Fe}=95.7\%$）的铁碳合金。相图中的特性线是把具有相同转变性质的各个成分合金的开始点和终了点，分别用光滑曲线连接起来得到的，表示铁碳合金内部组织发生转变的界限。

（1）各特性点的含义。简化的 $Fe-Fe_3C$ 相图中各特性点的温度、成分和含义详见

表 3-2。其中，各代表符号通用，一般不可随意改变。

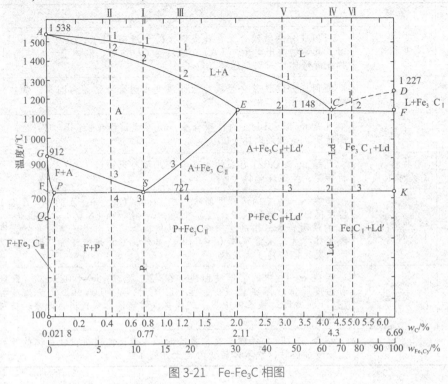

图 3-21 Fe-Fe₃C 相图

表 3-2 简化的 Fe-Fe₃C 相图的特性点

特性点	$t/℃$	$w_C/\%$	含义
A	1 538	0	纯铁的熔点
C	1 148	4.3	共晶点，$Lc \xrightarrow{1\ 148\ ℃} Ld\ (A_E+Fe_3C_F)$
D	1 227	6.69	渗碳体的熔点
E	1 148	2.11	碳在 γ-Fe 中的最大溶解度
G	912	0	纯铁的同素异晶转变点，$γ\text{-}Fe \xrightleftharpoons{912\ ℃} α\text{-}Fe$
P	727	0.021 8	碳在 α-Fe 中的最大溶解度
S	727	0.77	共析点，$A_S \xrightarrow{727\ ℃} P\ (F_P+Fe_3C_K)$
Q	600	0.006	碳在 α-Fe 中的溶解度

（2）各特征线的含义。简化的 Fe-Fe₃C 相图中各特性线的符号、名称和含义详见表 3-3。

表 3-3 简化的 Fe-Fe₃C 相图的特性线

特性线	名称	含义
ACD 线	液相线	任何成分的铁碳合金在此线以上处于液态（L），液态合金缓冷至 AC 线时，开始结晶出奥氏体（A）；缓冷至 CD 线时，液体中开始结晶出渗碳体，称此渗碳体为一次渗碳体（Fe_3C_I）
$AECF$ 线	固相线	任何成分的铁碳合金缓冷至此温度线时全部结晶为固相，加热到此温度线，合金开始熔化
ECF 线	共晶线	凡是 w_C＞2.11% 的铁碳合金，缓冷至该线（1 148 ℃）时，均发生共晶转变，生成莱氏体（Ld）
PSK 线	共析线（又称 A_1 线）	凡是 w_C＞0.021 8% 的铁碳合金，缓冷至该线（727 ℃）时，均发生共析转变，生成珠光体（P）
ES 线	固溶线（又称 A_{cm} 线）	碳在 γ-Fe 中的溶解度曲线。在 1 148 ℃时，w_C=2.11%（E 点），随着温度降低，溶碳量减少，727 ℃时，w_C=0.77%（S 点）。它也是 w_C＞0.77% 的铁碳合金，由高温缓冷时，从奥氏体中析出渗碳体的开始温度线，此渗碳体称为二次渗碳体（Fe_3C_{II}）。另外，它还是缓慢加热时，二次渗碳体溶入奥氏体的终了温度线
PQ 线	固溶线	碳在 α-Fe 中的溶解度曲线。在 727 ℃时，w_C=0.021 8%（P 点），随着温度降低，溶碳量减少，至 600 ℃时，w_C=0.06%（Q 点）。因此，由 727 ℃缓冷时，铁素体中多余的碳将以渗碳体形式析出，此渗碳体称为三次渗碳体（Fe_3C_{III}）
GS 线	A_3 线	w_C＞0.77% 的铁碳合金，缓冷时，由奥氏体中析出铁素体的开始线；也是缓慢加热时，铁素体转变为奥氏体终了线

Fe-Fe₃C 相图中一次、二次、三次渗碳体的含碳量、晶体结构和性能均相同，没有本质区别，只是来源、分布、形态不同，因而对铁碳合金性能的影响有所不同。

2. 铁碳合金的分类

按 Fe-Fe₃C 相图中碳的含量及室温组织的不同，铁碳合金分为工业纯铁、钢和白口铸铁类。含碳量＜0.021 8% 的铁碳合金称为工业纯铁；含碳量＜2.11% 的铁碳合金称为铸铁。钢与铸铁是按有无共晶转变来区分的，钢与工业纯铁是按有无共析转变来区分的。

（1）工业纯铁（$w_C \leqslant 0.021\ 8\%$）。

（2）钢（$0.021\ 8\% < w_C \leqslant 2.11\%$）。

共析钢：w_C=0.77%，室温组织为 P。

亚共析钢：0.021 8%＜w_C＜0.77%，室温组织为 F+P。

过共析钢：0.77%＜$w_C \leqslant$ 2.11%，室温组织为 P+Fe_3C_{II}。

（3）白口铸铁（$2.11\% < w_C \leqslant 6.69\%$）。

共晶白口铸铁：w_C=4.3%，室温组织为 Ld′。

亚共晶白口铸铁：2.11%＜w_C＜4.3%，室温组织为 P+Fe_3C_{II}+Ld′。

过共晶白口铸铁：4.3%＜$w_C \leqslant$ 6.69%，室温组织为 Ld′+Fe_3C_I。

3. 典型铁碳合金结晶过程分析

（1）共析钢冷却过程分析。图 3-21 中，合金 I 为 w_C=0.77% 的共析钢。合金在 1 点温度以上全部为液相，当缓冷至与 AC 线相交的 1 点温度时，开始从液相中结晶出奥氏体，奥氏体的量随温度下降而增多，其成分沿 AE 线变化，剩余液相逐渐减少，其成分沿

AC 线变化。冷至 2 点温度时,液相全部结晶为与原合金成分相同的奥氏体。2 点至 3 点（S 点）温度范围内为单一奥氏体。冷至 3 点（727 ℃）时,发生共析转变,从奥氏体中同时析出成分为 P 点的铁素体和成分为 K 点的渗碳体,构成交替重叠的层片状两相组织,称为珠光体,用符号 P 表示,其共析转变式为 $A_S \xrightarrow{727℃} P(F_P+Fe_3C_K)$。这种在一定温度下,由一定成分的固相同时析出两种一定成分的固相转变,称为共析转变。共析转变在恒温下进行,该温度称为共析温度;发生共析转变的成分称为共析成分,共析成分是一定的;共析转变后的组织称为共析组织或共析体。共析转变后的铁素体和渗碳体又称共析铁素体和共析渗碳体。由于在固态下原子扩散较困难,故共析组织均匀、细密。

在 3 点温度以下继续缓冷时,铁素体成分沿 PQ 线变化,将有少量三次渗碳体从铁素体中析出,并与共析渗碳体混在一起,不易分辨,而且在钢中影响不大,故可忽略不计。共析钢冷却过程如图 3-22 所示,其室温组织为珠光体。

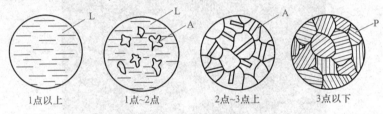

图 3-22　共析钢冷却过程示意

珠光体显微组织一般为层片状,当放大倍数较低时,只能看到白色基体的铁素体和黑色条状的渗碳体,如图 3-23（a）所示;放大倍数较高时,可清楚看到渗碳体是有黑色边缘围绕着的白色条状,如图 3-23（b）所示。

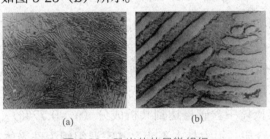

图 3-23　珠光体的显微组织
(a) 放大倍数较低；(b) 放大倍数较高

（2）亚共析钢冷却过程分析。图 3-21 中,合金Ⅱ为 w_C=0.45% 的亚共析钢。合金Ⅱ在 3 点以上的冷却过程与合金Ⅰ在 3 点以上相似。当合金冷至与 GS 线相交的 3 点时,开始从奥氏体中析出铁素体。随温度降低,铁素体量不断增多,其成分沿 GP 线变化,而奥氏体量逐渐减少,其成分沿 GS 线向共析成分接近,3 点至 4 点间组织为奥氏体和铁素体。合金缓冷至 4 点时,剩余奥氏体的含碳量达到共析成分（w_C=0.77%）,发生共析转变形成珠光体。温度继续下降,由铁素体中析出极少量的三次渗碳体,可忽略不计。故其室温组织为铁素体和珠光体,其冷却过程如图 3-24 所示。

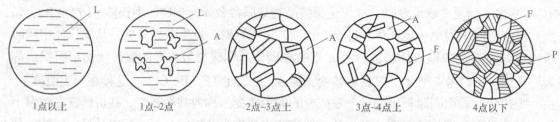

图 3-24 亚共析钢冷却过程示意

所有亚共析钢的冷却过程均相似,其室温组织都是由铁素体和珠光体组成的。所不同的是随含碳量的增加,珠光体量增多,铁素体量减少。亚共析钢的显微组织如图 3-25 所示,图中白色部分为铁素体,黑色部分为珠光体。

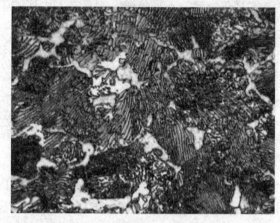

图 3-25 亚共析钢的显微组织

（3）过共析钢冷却过程分析。图 3-21 中,合金Ⅲ的含碳量 $w_C=1.2\%$,在 3 点以上的冷却过程与合金Ⅰ在 3 点以上相似。当合金冷至与 ES 线相交的 3 点时,奥氏体中含碳量达到饱和,碳以二次渗碳体的形式析出,呈网状沿奥氏体晶界分布。继续冷却,二次渗碳体量不断增多,奥氏体量不断减少,剩余奥氏体的成分沿 ES 线变化。当冷却到与 PSK 线相交的 4 点时,剩余奥氏体中含碳量达到共析成分（$w_C=0.77\%$）,故奥氏体发生共析转变,形成珠光体。继续冷却,组织基本不变。其室温组织为珠光体和网状二次渗碳体。冷却过程如图 3-26 所示。

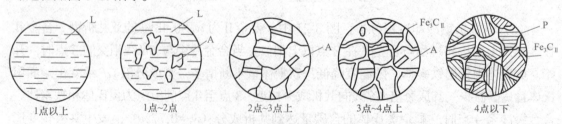

图 3-26 过共析钢冷却过程

所有过共析钢的室温组织都是由珠光体和网状二次渗碳体组成的。不同的是随含碳量的增加,网状二次渗碳体量增多,珠光体量减少。过共析钢的显微组织如图 3-27 所示,图中片状黑白相间的组织为珠光体,白色网状组织为二次渗碳体。

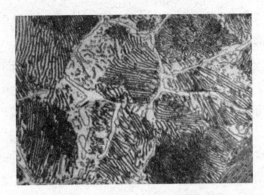

图 3-27 过共析钢的显微组织

（4）共晶白口铸铁冷却过程分析。图 3-21 中，合金Ⅳ为 $w_C=4.3\%$ 的共晶白口铸铁。合金在 1 点（C 点）温度以上为液相。缓冷至 1 点温度（1 148 ℃）时，发生共晶转变，即从一定成分的液相中同时结晶出成分为 E 点的奥氏体和成分为 F 点的渗碳体。共晶转变后的奥氏体和渗碳体又称共晶奥氏体和共晶渗碳体。由奥氏体和渗碳体组成的共晶体，称为莱氏体，用符号 Ld 表示，其转变式为 $L_C \xrightarrow{1148\ ℃} Ld\ (A_E+Fe_3C_F)$。

莱氏体的性能与渗碳体相似，硬度很高，塑性极差。继续冷却，从共晶奥氏体中不断析出二次渗碳体，奥氏体中的含碳量沿 ES 线向共析成分接近，当缓冷至 2 点时，奥氏体的含碳量达到共析成分，发生共析转变，形成珠光体，二次渗碳体保留至室温。因此，共晶白口铸铁的室温组织是由珠光体和渗碳体（二次渗碳体和共晶渗碳体）组成的两相组织，即变态莱氏体（Ld'）。共晶白口铸铁的冷却过程如图 3-28 所示，显微组织如图 3-29 所示，图中黑色部分为珠光体，白色基体为渗碳体（其中共晶渗碳体与二次渗碳体混在一起，无法分辨）。

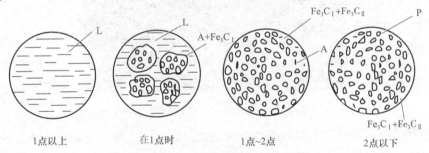

图 3-28 共晶白口铸铁冷却过程示意

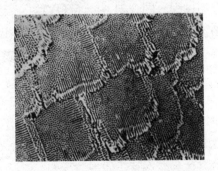

图 3-29 共晶白口铸铁显微组织

(5) 亚共晶白口铸铁冷却过程。图 3-21 中，合金V为 $w_C=3.0\%$ 的亚共晶白口铸铁。合金在 1 点温度以上为液相。缓冷至与 AC 线相交的 1 点温度时，从液相中开始结晶出奥氏体，随温度降低，奥氏体量不断增多，其成分沿 AE 线变化，而液相逐渐减小，其成分沿 AC 线变化。冷却至与 ECF 线相交的 2 点（1 148 ℃）时，剩余液相成分达到共晶成分（$w_C=4.3\%$），发生共晶转变，形成莱氏体。在 2 点至 3 点之间冷却时，奥氏体的成分沿 ES 线变化，并不断析出二次渗碳体，冷至与 PSK 线相交的 3 点温度时，奥氏体达到共析成分，发生共析转变，形成珠光体。其室温组织为珠光体＋二次渗碳体＋变态莱氏体，即 P+ Fe_3C_{II} + Ld′。亚共晶白口铸铁的冷却过程如图 3-30 所示，其显微组织如图 3-31 所示，图中黑色块状或树枝状为珠光体，黑白相间的基体为变态莱氏体，二次渗碳体与共晶渗碳体混在一起，无法分辨。

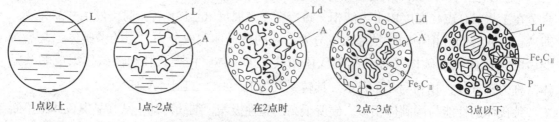

图 3-30 亚共晶白口铸铁冷却过程示意

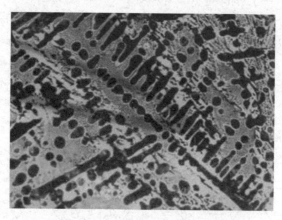

图 3-31 亚共晶白口铸铁显微组织

所有亚共晶白口铸铁的室温组织均由珠光体＋二次渗透体＋变态莱氏体组成。不同的是随含碳量增加，组织中变态莱氏体量增多，其他成分量相对减少。

(6) 过共晶白口铸铁冷却过程。图 3-21 中，合金Ⅵ为 $w_C=5.0\%$ 的过共晶白口铸铁。合金在 1 点温度以上为液相。缓冷至 1 点温度时，从液相中结晶出板条状一次渗碳体，随温度降低，一次渗碳体量不断增多，液相不断减少，其成分沿 DC 线变化，冷至 2 点（1 148 ℃）时，液相成分达到共晶成分，发生共晶转变，形成莱氏体。在 2 点至 3 点之间冷却时，同样由奥氏体中析出二次渗碳体，但二次渗碳体在组织中难以辨认。继续冷却到 3 点（727 ℃）时，奥氏体发生共析转变，形成珠光体。过共晶白口铸铁的室温组织为变态莱氏体和一次渗碳体。过共晶白口铸铁的冷却过程如图 3-32 所示，其显微组织如图 3-33 所示，图中白色条状为一次渗碳体，黑白相间的基体为变态莱氏体。

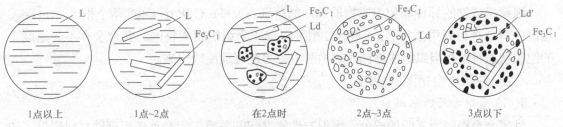

| 1点以上 | 1点~2点 | 在2点时 | 2点~3点 | 3点以下 |

图 3-32　过共晶白口铸铁冷却过程示意

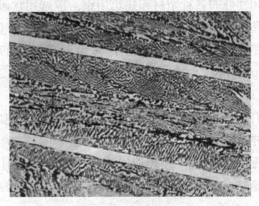

图 3-33　过共晶白口铸铁显微组织

所有过共晶白口铸铁的室温组织均为变态莱氏体和一次渗碳体组成。不同的是随含碳量的增加，组织中一次渗碳体量增多。

4. 组织组成物在 $Fe-Fe_3C$ 相图上的标注

根据上述对铁碳合金相图的分析，可将组织组成物标注在铁碳相图中，如图 3-34 所示。

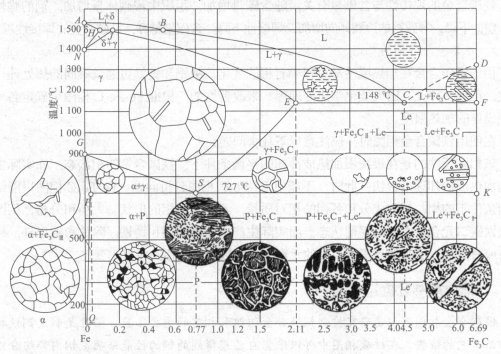

图 3-34　以组织组成物标注的铁碳合金相图

组织组成物的标注和相组成物的标注的区别在 γ+Fe₃C 和 α+Fe₃C 两个相区，α+Fe₃C 相区中有 7 个组织组成物区，γ+Fe₃C 相区中有 4 个组织组成物区。各合金在不同温度下的组织状态可以在组织组成物标注的相图中较为直观地反映出来。

（二）铁碳合金相图的应用

1. 在选材方面的应用

铁碳合金相图所表明的成分、组织与性能之间的关系，为合理选用钢铁材料提供了依据。例如，要求塑性、韧性好的各种型材和建筑用钢，应选用含碳量低的钢；承受冲击荷载，并要求较高强度、塑性和韧性的机械零件，应选用含碳量为 0.25%～0.55% 的钢；要求硬度高、耐磨性好的各种工具，应选用含碳量大于 0.55% 的钢；形状复杂、不受冲击、要求耐磨的铸件（如冷轧辊、拉丝模、犁铧等），应选用白口铸铁。

2. 在铸造方面的应用

根据 Fe-Fe₃C 相图可确定合金的浇铸温度，浇铸温度一般在液相线以上 50 ℃～100 ℃。由相图可知，共晶成分的合金熔点最低，结晶温度范围小，故流动性好、分散缩孔少、偏析小，因而铸造性能最好。所以，在铸造生产中，共晶成分附近的铸铁得到了广泛的应用。常用铸钢的含碳量规定为 w_C=0.15%～0.6%，在此范围的钢，其结晶温度范围较小，铸造性能好。

3. 在锻造和焊接方面的应用

碳钢在室温时是由铁素体和渗碳体组成的复相组织，塑性较差，变形困难，当将其加热到单相奥氏体状态时，可获得良好的塑性，易于锻造成型。含碳量越低，其锻造性能越好。而白口铸铁无论是在低温还是高温，组织中均有大量硬而脆的渗碳体，故不能锻造。

铁碳合金的焊接性与含碳量有关，随含碳量增加，组织中渗碳体量增加，钢的脆性增加，塑性下降，导致钢的冷裂倾向增加，焊接性下降。含碳量越高，铁碳合金的焊接性越差。

4. 在热处理方面的应用

由于铁碳合金在加热或冷却过程中有相的变化，故钢和铸铁可通过不同的热处理（如退火、正火、淬火、回火及化学热处理等）来改善性能。根据 Fe-Fe₃C 相图可确定各种热处理操作的加热温度。

在使用铁碳合金相图时，应注意以下几个问题：

该相图反映的是在极缓慢加热或冷却的平衡条件下，铁碳合金的相状态，而实际生产中的加热或冷却速度很快，此时，不能用 Fe-Fe₃C 相图分析问题；Fe-Fe₃C 相图只能给出平衡条件下的相、相的成分和各相的相对质量，不能给出相的形状、大小和分布；相图只反映铁碳二元合金中相的平衡状态，而实际生产中使用的钢和铸铁，除铁和碳以外，往往含有或有意加入了其他元素，当其他元素的含量较高时，相图将发生变化。

【情境案例分析】

铁碳合金相图不但是研究控制钢铁合金组织和相变的重要工具，而且是制定钢铁材料热加工工艺的依据。在铁碳相图中可以依据自己想得到的钢的性能来确定钢内部组分以及含量，继而进一步确定碳的含量。同时也能根据铁碳相图确认通过一定手段得到的材料的内部结构，继而预测它的性能。

根据相图得知，在铁碳合金中，碳含量越高，合金的硬度也就越高，45号钢为优质碳素结构用钢，含碳量为0.45%左右，经热处理后可获得良好的综合力学性能，主要应用于制造齿轮、套筒、轴类零件等。T10是最常见的一种碳素工具钢，平均含碳量在1%左右。适合用于制造有一定的韧性及具有锋利刃口的各种工具，如车刀、刨刀、钻头、丝锥、扩孔刀具、螺栓板牙、锯条等。再如想要得到抗震性能较好的钢就要求要有石墨组织，高硬度的钢就要将高碳钢加速冷却得到马氏体等。

第三节　钢的热处理

【情境导入】

飞机起落架是一个"大力士"。每当飞机起飞时，这个"大力士"支撑着飞机"庞然大物"在跑道上颠簸，待飞机积蓄了足够的能量后腾空而起。当飞机着陆时，又靠起落架吸收震动能量，使飞机能从震颤中平稳落地。以波音777飞机为例，起飞总质量为300多t，为了保证起落架能够承受巨大的荷载，同时满足长期使用的要求，材料应具有很高的强度、刚性和良好的韧性。普通的钢材达不到这样的要求，那么你知道制造飞机起落架的一般是什么材料吗？又采用什么生产加工方式呢？

【教学视频】
钢的热处理

【知识学习】

为了充分发挥钢的性能，获得所需要的组织与性能，航空产品零件都要进行热处理。其他行业的绝大多数机械零件也要进行热处理，所以，热处理是改善钢的使用性能和工艺性能的一种重要的加工方法。

所谓钢的热处理，就是将固态金属采用适当的方式进行加热、保温和冷却以获得所需要的组织与性能的工艺。图3-35所示为最基本的热处理工艺曲线形式。

热处理工艺的种类很多，通常根据其加热、冷却方法的不同及钢组织和性能变化的特点分为普通热处理（如退火、正火、淬火、回火等）和表面热处理（如表面淬火、化学热处理等）两类。

尽管热处理种类繁多，但其基本过程都是由加热、保温和冷却三个阶段组成的。改变加热温度、保温时间、冷却速度等参数，会在一定程度上发生相应的预期组织转变，从而改变材料的性能。

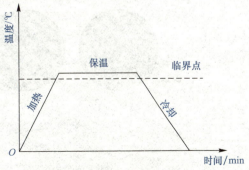

图3-35　钢的热处理工艺曲线

一、钢的热处理原理

(一) 钢在加热时的组织转变

加热是热处理的第一道工序,如 3-35 所示。大多数热处理工艺首先要将钢加热到相变点(又称临界点)以上,目的是获得奥氏体。共析钢、亚共析钢和过共析钢分别被加热到 PSK(A_1)线、GS(A_3)线和 ES(A_{cm})线以上温度才能获得单相奥氏体组织。A_1、A_3 和 A_{cm} 都是平衡相变点。但在实际热处理时,加热和冷却都不可能是非常缓慢的,因此组织转变都要偏离平衡相变点,即加热时偏向高温,冷却时偏向低温。为了区别于平衡相变点,通常将加热时的相变点用 Ac_1、Ac_3 和 Ac_{cm} 表示;而冷却时的相变点用 Ar_1、Ar_3 和 Ar_{cm} 表示。图 3-36 所示为各相变点在 Fe-Fe$_3$C 相图上的位置。钢的相变点是制定热处理工艺参数的重要依据,各种钢的相变点可在热处理手册中查到。

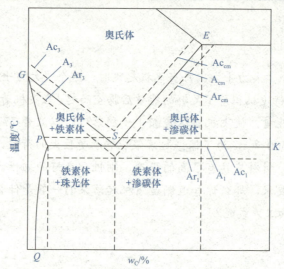

图 3-36 加热和冷却时 Fe-Fe$_3$C 上各相变相点的位置

1. 奥氏体的形成过程

任何成分的钢加热到 A_1 点以上时,都要发生珠光体向奥氏体的转变过程(奥氏体化),下面以共析钢为例,来分析奥氏体化过程。

共析钢加热到 Ac_1 温度时,便会发生珠光体向奥氏体的转变,转变过程遵从结晶的普遍规律。奥氏体的形成过程可分四个阶段,如图 3-37 所示。

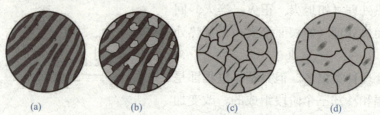

图 3-37 共析钢中奥氏体形成过程示意
(a) A 形核; (b) F → A 及 Fe$_3$C 溶解;
(c) A 中剩余的 Fe$_3$C 溶解; (d) A 中的成分均匀化转变完成

(1) 奥氏体晶核的形成。奥氏体的晶核优先形成于铁素体和渗碳体的相界面上，这是因为相界面上原子排列不规则，空位多，位错密度高，成分不均匀，处于铁素体和渗碳体的中间值；这在浓度和结构两方面为奥氏体晶核的形成提供了有利条件。

(2) 奥氏体晶核的长大。奥氏体晶核形成后逐渐长大。晶核的长大是依靠与其相邻的铁素体向奥氏体的转变和渗碳体的不断溶解来完成的。这样，奥氏体晶核就向渗碳体和铁素体两个方面长大。

(3) 剩余渗碳体的溶解。在奥氏体形成过程中，当铁素体完全转变成奥氏体后，仍有部分渗碳体尚未溶解。这部分剩余的渗碳体随着保温时间的延长，不断向奥氏体中溶解，直至全部消失。

(4) 奥氏体的均匀化。当剩余渗碳体全部溶解后，奥氏体中的碳浓度仍然是不均匀的，在原渗碳体处的含碳量比在原铁素体处的含碳量要高一些。因此，需要继续延长保温时间，依靠碳原子的扩散，使奥氏体的成分逐渐趋于均匀。热处理加热后的保温阶段，不仅为了使零件热透和相变完全，而且为了获得成分均匀的奥氏体，以便冷却后获得良好的组织和性能。应当指出，在生产中钢的热处理并非都要求达到奥氏体均匀化，而是根据热处理的目的，控制奥氏体形成的不同阶段。

亚共析钢和过共析钢的奥氏体形成过程与共析钢基本相似，不同之处是亚共析钢和过共析钢需加热到 Ac_3 或 Ac_{cm} 以上时，才能获得单一的奥氏体组织，即完全奥氏体化。但对于过共析钢而言，此时奥氏体晶粒已粗化。

2. 奥氏体晶粒的长大及其影响因素

奥氏体晶粒的大小对冷却转变后钢的性能有很大影响。热处理加热时，若获得细小、均匀的奥氏体，则冷却后钢的力学性能就好。因此，奥氏体晶粒的大小是评定热处理加热质量的主要指标之一。

(1) 晶粒大小的表示方法。金属组织中晶粒的大小用晶粒度级别指数来表示。根据《金属平均晶粒测定方法》（GB/T 6394—2017），晶粒度的测定方法有比较法、面积法和截点法。晶粒度的数值表示方法有晶粒度级别指数、单位体积晶粒数、晶粒公称直径等 8 种。实际工作中常采用在 100 倍的显微镜下与标准评级图（图 3-38）对比来确定晶粒度级别。一般认为 4 级以下为粗晶粒，5～8 级为细晶粒，8 级以上为超细晶粒。

(2) 奥氏体晶粒度的概念。奥氏体一般有三种晶粒度概念，即起始晶粒度、实际晶粒度和本质晶粒度。

1) 起始晶粒度。指珠光体向奥氏体的转变刚刚完成时奥氏体晶粒的大小，一般比较细小而均匀。

2) 实际晶粒度。指钢在某一具体加热条件下实际获得的奥氏体晶粒大小，实际晶粒度一般比起始晶粒度大，其大小直接影响钢热处理后的性能。

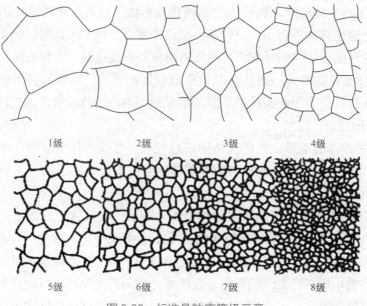

图 3-38 标准晶粒度等级示意

3）本质晶粒度。表示某种钢在规定的加热条件下，奥氏体晶粒长大的倾向，不是晶粒大小的实际度量。图 3-39 表示了加热温度与奥氏体晶粒长大的关系。

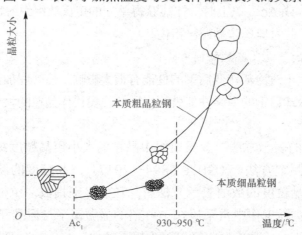

图 3-39 加热温度与奥氏体晶粒长大的关系

在工业生产中，一般沸腾钢为本质粗晶粒钢、镇静钢为本质细晶粒钢。需要进行热处理的零件多采用本质细晶粒钢，因为一般热处理工艺的加热温度都在 950 ℃ 以下，因此奥氏体晶粒不宜长大，可避免过热现象。

（3）奥氏体晶粒长大及其影响因素。在高温下，奥氏体晶粒长大是一个自发过程。奥氏体化温度越高，保温时间越长，奥氏体晶粒长大越明显。随着钢中奥氏体含碳量的增加，奥氏体晶粒长大的倾向也增大。但当 $w_C > 1.2\%$ 时，奥氏体晶界上存在未溶的渗碳体能阻碍晶粒的长大。钢中加入能生成稳定碳化物的元素（如 Nb、Ti、V、Zr 等）和能生成氧化物及氮化物的元素（如 Al 等），都会阻止奥氏体晶粒长大，而锰和磷是增加奥氏体晶粒长大倾向的元素。

奥氏体晶粒长大的结果，对零件的热处理质量有很大的影响。为了控制奥氏体晶粒长大，热处理加热时要合理选择并严格控制加热温度和保温时间，合理选择钢的原始组织及选用含有一定量合金元素的钢材等。

3. 钢在冷却时的组织转变

钢经奥氏体化后，由于冷却条件不同，其转变产物在组织和性能上有很大差别。从表3-4中可以看出，45号钢在同样奥氏体化条件下，由于冷却速度不同，其力学性能有明显差别。

表3-4　45号钢加热到840 ℃后，在不同条件下冷却后的力学性能

冷却方法	σ_b/MPa	σ_s/MPa	δ/%	ψ/%	硬度/HRC
随炉冷却	519	272	32.5	49	15~18
空气冷却	657~706	333	15~18	45~50	18~24
油中冷却	882	608	18~20	48	40~50
水中冷却	1 078	706	7~8	12~14	52~60

在热处理生产中，常用的冷却方式有两种，即等温冷却和连续冷却，如图3-40所示。钢在等温冷却或连续冷却条件下冷却，其组织的转变均不能用Fe-Fe₃C相图分析。为了研究奥氏体在不同冷却条件下冷却时的组织转变的规律，测定了过冷奥氏体等温转变图和连续冷却转变图，这两个图揭示了过冷奥氏体转变的规律，为钢的热处理奠定了理论基础。

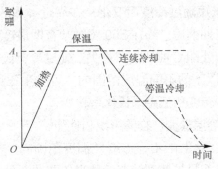

图3-40　两种冷却方式示意

（1）过冷奥氏体的等温冷却转变。

所谓过冷奥氏体，是指在相变温度 A_1 以下，未发生转变而处于不稳定状态的奥氏体。过冷奥氏体总是要自发地转变为稳定的新相。过冷奥氏体等温转变图是研究过冷奥氏体等温转变的重要工具，是通过试验方法测定的。下面以共析钢为例，分析过冷奥氏体等温转变规律。

1）共析钢过冷奥氏体等温转变图的特点。图3-41所示是共析钢过冷奥氏体等温转变图。图中曲线呈C形，通常又称C曲线。在C曲线中，左边的一条C形曲线为过冷奥氏体等温转变开始线，右边的一条为等温转变终了线。在转变开始线的左方是过冷奥氏体区，在转变终了线的右方是转变产物区，两条曲线之间是转变区。在C曲线下部有两条水平线：一条是马氏体转变开始线（以 M_s 表示）；另一条是马氏体终止线（以 M_f 表示）。

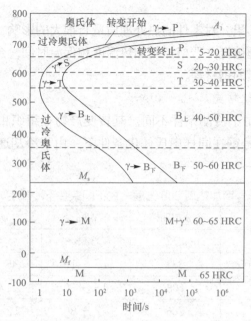

图 3-41 共析钢过冷奥氏体等温转变

由共析钢的 C 曲线可以看出：

①在 A_1 线以上，奥氏体处于稳定状态。

②在 A_1 线以下，过冷奥氏体在各个温度下的等温转变并非瞬时就开始，而是经过一段"孕育期"（以转变开始线与纵坐标之间的距离表示）。孕育期越长，过冷奥氏体越稳定，反之则不稳定。孕育期的长短随过冷度而变化，在靠近 A_1 线处，过冷度较小，孕育期较长。随着过冷度增大，孕育期缩短，约在 550 ℃时孕育期最短。此后，孕育期又随过冷度的增大而增长。孕育期最短处即 C 曲线的"鼻尖"处过冷奥氏体最不稳定，转变最快。

③过冷奥氏体在 A_1 线以下的不同温度范围内，可发生三种不同类型的转变：高温珠光体型转变、中温贝氏体型转变和低温马氏体型转变。

2) 共析钢过冷奥氏体等温转变产物的组织和性能。

①珠光体型转变。转变发生在 $A_1 \sim 550$ ℃温度范围内。在转变过程中，铁、碳原子都进行扩散，故珠光体型转变是扩散型转变。珠光体型转变是以形核长大方式进行的，在 $A_1 \sim 550$ ℃温度范围内，奥氏体等温分解为层片状的珠光体组织。珠光体层间距随过冷度的增大而减小，按其层间距的大小，可分为珠光体、索氏体（细珠光体）和托氏体（极细珠光体）三种，其形貌如图 3-42 所示。

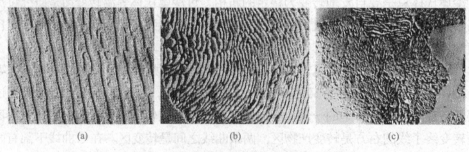

图 3-42 珠光体型组织（电子显微镜下形貌）
(a) 珠光体； (b) 索氏体； (c) 托氏体

这三种组织没有本质区别，也没有严格的界限，它们的表示符号、形成温度和性能见表 3-5，可以看出它们的硬度随层片间距的减小而增高。

表 3-5 珠光体型组织的形成温度和硬度

组织名称	表示符号	形成温度 /℃	分辨片层的放大倍数	硬度 /HRC
珠光体	P	A_1 ~ 650	放大 400 倍以上	< 20
索氏体	S	650 ~ 600	放大 1 000 倍以上	22 ~ 35
托氏体	T	600 ~ 550	放大几千倍以上	35 ~ 42

②贝氏体型转变。转变发生在 550 ℃ ~ M_s 温度范围内。由于贝氏体的转变温度较低，铁原子扩散困难，因此，贝氏体（以符号 B 表示）的组织形态和性能与珠光体不同。根据组织形态和转变温度不同，贝氏体一般可分为上贝氏体和下贝氏体两种。上贝氏体是在 550 ℃ ~ 350 ℃ 温度范围内形成的，其显微组织特征呈羽毛状，它是由成束的铁素体条和断续分布在条间的短小渗碳体组成的，如图 3-43 所示。下贝氏体是在 350 ℃ ~ M_s 的温度范围内形成的，其显微组织特征是黑色针叶状，它是由针叶状铁素体和分布在针叶内的细小渗碳体粒子组成的，如图 3-44 所示。

贝氏体的性能主要取决于贝氏体的组织形态。上贝氏体硬度为 40 ~ 45 HRC，下贝氏体硬度为 45 ~ 55 HRC。与上贝氏体比较，下贝氏体不仅硬度、强度较高，而且塑性和韧性较好，具有良好的综合力学性能。因此，在生产中常用等温淬火来获得下贝氏体组织。

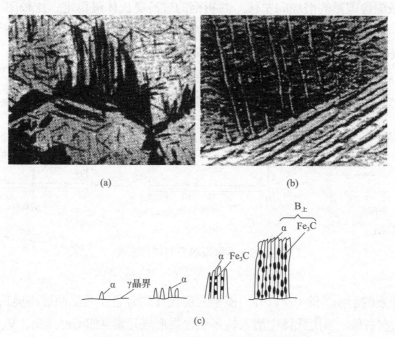

图 3-43 上贝氏体组织及形成过程示意
(a) 光学显微镜下形貌；(b) 电子显微镜下形貌；(c) 形成过程示意

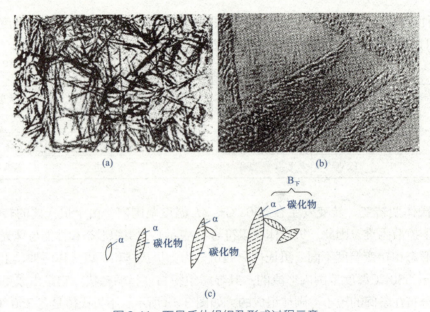

图 3-44 下贝氏体组织及形成过程示意

(a) 光学显微镜下形貌； (b) 电子显微镜下形貌； (c) 形成过程示意

③马氏体型转变。此转变是当奥氏体被迅速过冷至 M_s 线以下时发生的。与前两种转变不同，马氏体转变是在一定温度范围内（$M_s \sim M_f$ 线）连续冷却时完成的。

3) 影响奥氏体等温转变的因素。C 曲线揭示了过冷奥氏体在不同温度下等温转变的规律，从 C 曲线形状、位置的变化，可反映出各种因素对奥氏体等温转变的影响。

①碳的影响。在正常加热条件下，亚共析钢的 C 曲线随含碳量的增加向右移，过共析钢的 C 曲线随含碳量的增加向左移，共析钢的过冷奥氏体最稳定。比较图 3-45 的 3 条 C 曲线可见，与共析钢比较，亚共析钢和过共析钢 C 曲线上部分别有一条先析出铁素体和一条二次渗碳体的析出线。

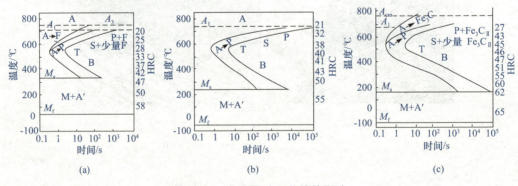

图 3-45 含碳量对 C 曲线的影响

(a) 亚共析钢； (b) 共析钢； (c) 过共析钢

②合金元素的影响。除 Co 以外，能溶入奥氏体的合金元素都使过冷奥氏体的稳定性增大，C 曲线向右移。当奥氏体中溶入较多碳化物形成元素（如 Cr、Mo、V、W、Ti 等）时，不仅曲线位置会改变，而且曲线的形状会改变，C 曲线可出现两个鼻尖。

③加热温度和保温时间的影响。奥氏体化温度越高，保温时间越长，奥氏体成分越均匀，同时晶粒越大，晶界面积减少。这样会降低过冷奥氏体转变的形核率，奥氏体稳定性增大，C曲线右移。

C曲线的应用很广，利用C曲线可以制定等温退火、等温淬火和分级淬火的工艺，还可以估计钢接受淬火的能力，并据此选择适当的冷却介质。

(2) 过冷奥氏体的连续冷却转变。

在实际生产中，热处理多采用连续冷却的方式冷却，有必要通过钢的连续冷却转变图（CCT曲线）了解过冷奥氏体连续冷却的转变规律。CCT曲线也是通过试验方法测定的。

1) 共析钢的连续冷却转变图（CCT曲线）。图3-46所示是共析钢的连续冷却转变图，图中P_s线为珠光体转变开始线，P_f线为珠光体转变终了线，K线为珠光体转变中止线。当实际冷却速度小于v'_k时，只发生珠光体转变；大于v_k时，则只发生马氏体转变。冷却速度介于两者之间时，奥氏体先有一部分转变为珠光体型组织，当冷却曲线与K线相交时，转变中止，剩余奥氏体在冷至M_s线以下时，发生马氏体转变。

图中的v_k为马氏体临界冷却速度，又称为上临界冷却速度，是钢在淬火时为抑制非马氏体转变所需的最小冷却速度。v_k越小，钢在淬火时越容易获得马氏体组织。v'_k为下临界冷却速度，是保证奥氏体全部转变为珠光体的最大冷却速度。v'_k越小，退火所需时间越长。

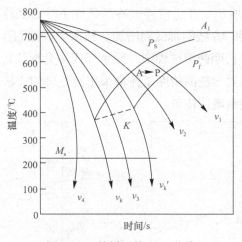

图3-46 共析钢的CCT曲线

2) 马氏体转变。马氏体转变在低温（M_s线以下）下进行。由于过冷度很大，奥氏体向马氏体转变时难以进行铁、碳原子的扩散，只发生γ-Fe向α-Fe的晶格改组。固溶在奥氏体中的碳全部保留在α-Fe晶格中，形成碳在α-Fe中的过饱和固溶体，称其为马氏体，以符号M表示。

①马氏体转变特点。马氏体转变属无扩散型转变，马氏体转变前后的碳浓度没有变化。由于过饱和的碳原子被强制地固溶在体心立方晶格中，致使晶格严重畸变，成为具有一定正方度的体心正方晶格，如图3-47所示。马氏体含碳量越高，则晶格畸变越严重，α-Fe的晶格致密度比γ-Fe的小，而马氏体是碳在α-Fe中的过饱和固溶体，比容更大。

因此，当奥氏体向马氏体转变时，体积要增大。含碳量越高，体积增长越多，这将引起淬火工件产生相变内应力，容易导致工件变形和开裂。

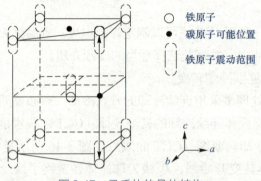

图 3-47　马氏体的晶体结构

马氏体转变速度极快，瞬间形成。马氏体转变是在 $M_s \sim M_f$ 温度范围内进行的，如图 3-48 所示。马氏体的量随温度的不断降低而增多，一直到 M_f 线。M_s 和 M_f 与冷却速度无关，只取决于奥氏体的化学成分。马氏体转变一般不能进行完全，总有一小部分奥氏体未能转变而残留下来，这部分奥氏体称为残余奥氏体。残余奥氏体的存在有两个原因，一是由于马氏体形成时伴随体积的膨胀，对尚未转变的奥氏体产生了多向压应力，抑制奥氏体转变；二是因为钢的 M_f 线大多低于室温，并随着奥氏体含碳量的增加，M_s 和 M_f 温度降低，如图 3-48（a）所示。在正常淬火冷却条件下，必然存在较多的残余奥氏体。钢中残余奥氏体量随 M_s 线和 M_f 线的降低而增加。残余奥氏体的存在，不仅降低淬火钢的硬度和耐磨性，而且在工件长期使用过程中，残余奥氏体会继续转变成马氏体，使工件尺寸发生变化。因此，生产中对一些高精度工件常采用冷处理的方法，将淬火钢件冷却至 0 ℃以下某一温度，以减少残余奥氏体量。

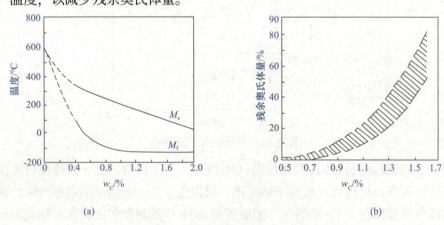

图 3-48　奥氏体含碳量对马氏体转变温度及残余奥氏体量的影响
（a）马氏体转变温度；（b）残余奥氏体量

② 马氏体的组织和性能。马氏体的形态主要有板条状和片状两种。其形态主要与奥氏体含碳量有关，含碳量较低的钢淬火时几乎全部得到板条状马氏体组织，而含碳量高的钢得到片状马氏体组织，又称针状马氏体，含碳量介于中间的钢则是两种马氏体的混合组

织。图 3-49 所示是两种马氏体的显微组织。

板条状马氏体显微组织呈相互平行的细板条束，束之间具有较大的位向差。片状马氏体呈针片状，在正常淬火条件下马氏体针片十分细小，在光学显微镜下不易分辨形态。板条状马氏体不仅具有较高的强度和硬度，而且具有较好的塑性和韧性。片状马氏体的硬度很高，但塑性和韧性很差。表 3-6 所示为碳质量分数为 0.10%～0.25% 的碳钢淬火形成的板条状马氏体与碳质量分数为 0.77% 的碳钢淬火形成的片状马氏体的性能比较。

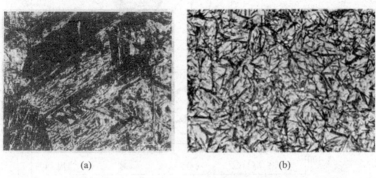

图 3-49 马氏体的形态
(a) 板条状马氏体（500×）；(b) 片状马氏体（500×）

表 3-6 板条状马氏体与片状马氏体性能比较

w_C/%	马氏体形态	σ_b/MPa	σ_s/MPa	δ/%	a_K/(J·cm^{-2})	硬度/HRC
0.1～0.25	板条状	1 020～1 530	820～1 330	9～17	60～180	30～50
0.77	片状	2 350	2 040	1	10	66

马氏体的硬度主要取决于含碳量。碳质量分数小于 0.6% 时，随含碳量增加，马氏体硬度增加；碳质量分数大于 0.6% 时，硬度增加不明显。马氏体的塑性和韧性与其含碳量及形态有着密切关系。低碳板条状马氏体具有高的强韧性，在生产中得到多方面的应用。

（3）连续冷却转变图与等温冷却转变图的比较和应用。

图 3-50 所示为共析钢两种曲线的比较，由图 3-50 可看出：

1) 同一成分钢的 CCT 曲线位于 C 曲线右下方，这说明要获得同样的组织，连续冷却转变比等温转变的温度要低些，孕育期要长一些。连续冷却时，转变是在一个温度范围内进行的，转变产物的类型可能不止一种，有时是几种类型组织的混合。

2) 连续冷却转变时，共析钢不发生贝氏体转变。CCT 曲线准确反映了钢在连续冷却条件下的组织转变，可作为制定和分析热处理工艺的依据。但是，由于 CCT 曲线的测定比较困难，至今还有许多钢种未测定出来。而各钢种的 C 曲线的测定则较为容易，因此生产中常利用等温转变图定性地、近似地分析连续冷却转变的情况。分析的结果可供制定热处理工艺参考。

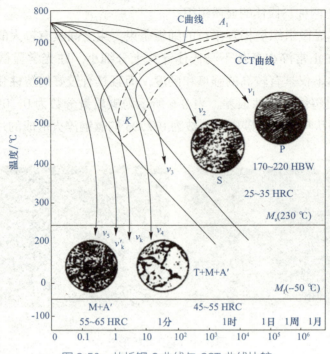

图 3-50 共析钢 C 曲线与 CCT 曲线比较

■ 二、钢的退火与正火

钢的最基本的热处理工艺有退火、正火、淬火和回火等。

（一）钢的退火

【教学视频】
钢的退火和正火

退火是将钢加热到适当温度，保温一定时间，然后缓慢冷却的热处理工艺。退火主要用于铸、锻、焊毛坯或半成品零件，为预备热处理。退火后获得珠光体型组织。退火的主要目的是：软化钢材以利于切削加工；消除内应力以防止工件变形；细化晶粒，改善组织，为零件的最终热处理做准备。根据钢的成分和退火目的不同，常用的退火方法有完全退火、等温退火、球化退化、均匀化退火、去应力退火和再结晶退火等。

1. 完全退火和等温退火

完全退火是把钢加热到 Ac_3 以上 30 ℃～50 ℃，保温一定时间，随炉冷至 600 ℃以下，然后出炉空冷。完全退火可获得接近平衡状态的组织，主要用于亚共析钢的铸、锻件，有时也用于焊接结构。

完全退火目的在于细化晶粒，消除过热组织，降低硬度和改善切削加工性能。过共析钢不宜采用完全退火，以避免二次渗碳体以网状形式沿奥氏体晶界析出，给切削加工和以后的热处理带来不利影响。完全退火很费工时，生产中常采用等温退火来代替。等温退火与完全退火加热温度完全相同，只是冷却方式有差别。等温退火是以较快速度冷却到 A_1 以下某一温度，等温一定时间使奥氏体转变为珠光体组织，然后空冷。对某些奥氏体比较稳定的合金钢，采用等温退火可大大缩短退火周期。

2. 球化退火

球化退火是将钢加热到 Ac_1 以上 20 ℃～40 ℃，充分保温后，随炉冷却到 600 ℃ 以下出炉空冷。球化退火随炉冷却通过 Ar_1 温度时，冷却应足够缓慢，以使共析渗碳体球化。球化退火主要用于过共析钢。其目的是使钢中的渗碳体球状化，以降低钢的硬度，改善切削加工性，并为以后的热处理工序做好组织准备。若钢的原始组织中有严重的渗碳体网，则在球化退火前应进行正火消除，以保证球化退火效果。

3. 均匀化退火（扩散退火）

均匀化退火是将钢加热到略低于固相线温度（Ac_3 或 Ac_{cm} 以上 150 ℃～300 ℃），长时间保温（10～15 h），然后随炉冷却，以使钢的化学成分和组织均匀化。均匀化退火能耗高，易使晶粒粗大。为细化晶粒，均匀化退火后应进行完全退火或正火。这种工艺主要用于质量要求高的合金钢铸锭、铸件或锻坯。

4. 去应力退火和再结晶退火

去应力退火又称低温退火，是将钢加热到 Ac_1 以下某一温度（一般为 500 ℃～600 ℃）保温一定时间，然后随炉冷却。去应力退火过程中不发生组织的转变，目的是消除铸、锻、焊件和冷冲压件的残余应力。

再结晶退火主要用于经冷变形的钢，可以软化由于冷变形引起的材料硬化现象。

（二）钢的正火

将钢加热到 Ac_3（或 Ac_{cm}）以上 30 ℃～50 ℃，保温适当时间，出炉后在空气中冷却的热处理工艺称正火。正火主要有以下几方面的应用：

（1）对力学性能要求不高的结构零件。可用正火作为最终热处理，以提高其强度、硬度和韧性。

（2）对低、中碳钢。可用正火作为预备热处理，以调整硬度，改善切削加工性。

（3）对过共析钢。正火可抑制渗碳体网的形成，为球化退火做组织准备。

正火与退火的主要差别：前者冷却速度较快，得到的组织比较细小，强度和硬度也稍高一些。

常用退火和正火的加热温度范围及工艺曲线如图 3-51 所示。

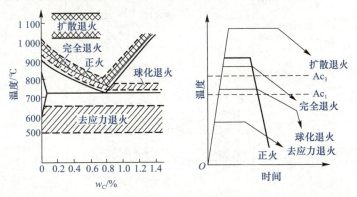

图 3-51 常用退火和正火的加热温度范围及工艺曲线

(三)退火和正火的选择

退火与正火同属于钢的预备热处理,其工艺及作用有许多相似之处,因此,在实际生产中有时两者可以相互替代,选用时主要从如下三方面考虑。

1. 从切削加工性考虑

一般地说,钢的硬度在 170～260 HBW 范围内时,切削加工性能较好。碳的质量分数小于 0.5% 的结构钢选用正火为宜;碳的质量分数大于 0.5% 的结构钢选用完全退火为宜;而高碳工具钢应当选用球化退火作为预备热处理,且碳质量分数大于 0.9% 时,先正火消除网状渗碳体,再球化退火。

2. 从零件的结构形状考虑

对于形状复杂的零件或尺寸较大的大型钢件,若采用正火,零件的外层和尖角处冷却速度太快,而内部冷却较慢,最终可能产生较大的内应力,导致变形和裂纹,因此以采用退火为宜。

3. 从经济性考虑

因正火比退火的生产周期短、成本低、操作简单,故在可能条件下应尽量采用正火,以降低生产成本。

三、钢的淬火与回火

(一)钢的淬火

将钢加热到 Ac_3 或 Ac_1 以上保温一定时间后,以大于上临界冷却速度 (v_k) 的冷速冷却而获得马氏体和(或)贝氏体组织的热处理工艺称为淬火。淬火是钢最经济、最有效的强化手段之一。

1. 淬火的加热温度

钢淬火的加热温度主要根据其相变点来确定。图 3-52 所示为碳钢淬火的加热温度范围。

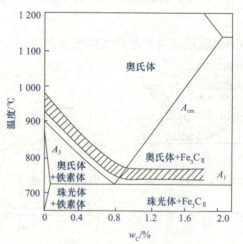

图 3-52 碳钢淬火加热温度范围

亚共析钢一般采用完全奥氏体化淬火,淬火加热温度为 Ac_3 以上 30 ℃～50 ℃。如

果加热温度选择为 $Ac_1 \sim Ac_3$，则在淬火组织中将有先析出的铁素体存在，使钢的强度降低。

共析钢和过共析钢的淬火加热温度为 Ac_1 以上 30 ℃～50 ℃。过共析钢加热温度选择为 $Ac_1 \sim Ac_{cm}$，是为了淬火冷却后获得细小片状马氏体和细小球状渗碳体的混合组织，以提高钢的耐磨性。如果加热到 Ac_{cm} 以上进行完全奥氏体化淬火，奥氏体晶粒粗化，淬火后的马氏体粗大，使钢的脆性增加。此外，由于渗碳体过多溶解，使马氏体中碳的过饱和度过大，增大了淬火应力和变形与开裂的倾向，同时使钢中的残余奥氏体量增多，降低了钢的硬度和耐磨性。

应当指出，确定具体零件热处理温度时，需全面考虑各种因素（如工件形状、尺寸等）的影响。对于高合金钢加热温度的选择，还应考虑合金碳化物的溶解和合金元素均匀化等问题。

2. 保温时间的确定

保温的目的是使零件内外温度达到一致，并使组织转变为奥氏体或主要为奥氏体和均匀的化学成分。保温时间的长短，应根据钢的成分特点、零件尺寸、装炉量、摆放情况和加热介质来确定。一般来说，钢的碳质量分数越高，含合金元素越多，导热性越差，保温时间越长；零件的厚度或直径尺寸越大，装炉量大，保温时间也越长。在空气为介质的加热炉中加热速度慢，则保温时间长；而在熔融的盐炉中加热速度快，保温时间相应缩短。

在生产中，保温时间的确定是一个复杂的问题，目前还没有很准确的计算方法。一般在箱式加热炉中加热，以有效尺寸计算，碳钢的保温时间为 1～1.3 min/mm，合金钢一般为 1.5～2 min/mm，也可根据经验方式计算保温时间。

3. 常用淬火冷却方法

为了保证淬火质量，减小淬火应力和变形与开裂的倾向，淬火的冷却方式很关键。理想的冷却方式如图 3-53 所示。但是，目前实际应用的淬火介质还不能完全满足理想冷却速度的要求。为了获得比较理想的淬火效果，需采用适宜的淬火介质和适当的淬火方法。常用的冷却介质有水、盐或碱的水溶液和油等。表 3-7 为常用的淬火冷却介质的冷却能力。

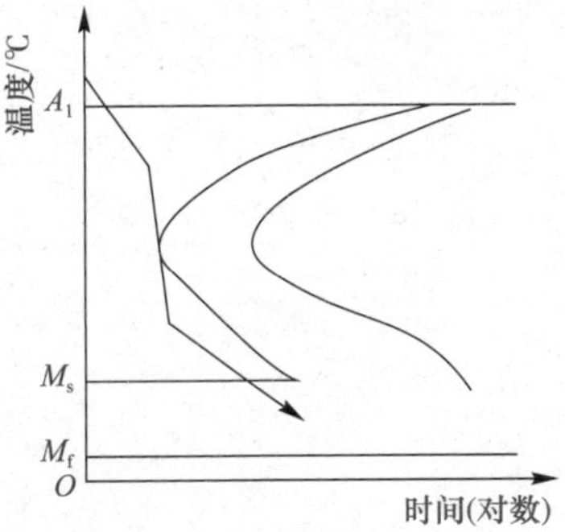

图 3-53 理想淬火冷却速度

表 3-7 常用的淬火冷却介质的冷却能力

淬火冷却剂	冷却速度 /(℃·s⁻¹)		淬火冷却剂	冷却速度 /(℃·s⁻¹)	
	650～550 ℃	300 ℃～200 ℃		650 ℃～550 ℃	300 ℃～200 ℃
水（18 ℃）	600	270	10%NaCl+水	1 200	300
水（50 ℃）	100	270	矿物油	100～200	20～50
10%NaCl+水	1 100	300	0.5%聚乙烯醇+水	介于油水之间	180

常用的淬火方法有以下几种：

(1) 单液淬火。将加热至淬火温度的工件，投入单一淬火介质中连续冷却至室温，如图 3-54 中曲线 1 所示。例如，碳钢在水中淬火、合金钢在油中淬火等。单液淬火操作简便，易于实现机械化和自动化。但也有不足之处，易产生淬火缺陷。水中淬火易产生变形和裂纹，油中淬火易产生硬度不足或硬度不均匀等现象。

(2) 双介质淬火。如图 3-54 中曲线 2 所示，双介质淬火是将加热的工件先投入一种冷却能力强的介质中冷却，然后在 M_s 点以下区域时转入冷却能力小的另一种介质中冷却。例如，形状复杂的非合金钢工件采用水淬油冷法，合金钢工件采用油淬空冷法等。双介质淬火可使低温转变时的内应力减小，从而有效防止工件的变形和开裂。能否准确地控制工件从第一种介质转到第二种介质时的温度，是双介质淬火的关键，需要一定的实践经验。

(3) 马氏体分级淬火。将加热的工件先放入温度为 M_s 线附近（150 ℃～260 ℃）的盐浴或碱浴中，稍加停留（2～5 min），等工件整体温度趋于均匀时，再取出空冷以获得马氏体，如图 3-54 中曲线 3 所示。分级淬火可更为有效地避免变形和裂纹的产生，而且比双介质淬火易于操作，一般适用于形状较复杂、尺寸较小的工件。

(4) 贝氏体等温淬火。如图 3-54 中曲线 4 所示，等温淬火与分级淬火相似，其差别在于等温淬火是在稍高于 M_s 点温度的盐浴或碱浴中，保温足够的时间，使其发生下贝氏体转变后出炉空冷。等温淬火的内应力很小，工件不易变形和开裂，而且具有良好的综合力学性能。等温淬火常用于处理形状复杂，尺寸要求精确，并且硬度和韧性都要求较高的工件，如各种冷、热冲模，成型刃具和弹簧等。

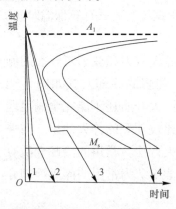

图 3-54　常见淬火方法示意

1—单液淬火；2—双介质淬火；3—马氏体分级淬火；4—贝氏体等温淬火

(5) 局部淬火。有些工件根据其工作条件只要求局部高硬度，则可进行局部加热淬火，以避免工件其他部分产生变形和裂纹。

(6) 冷处理。零件进行常规淬火处理冷却到室温后，继续在一般制冷设备或低温介质（如 -70 ℃～-80 ℃的干冰等）中冷却的工艺称为冷处理。冷处理可以减少钢中残留奥氏体的数量，得到尽量多的马氏体，有利于提高钢的硬度和耐磨性，并使尺寸稳定，多用于精密量具及滚动轴承等零件的处理。

4. 钢的淬透性与淬硬性

(1) 淬透性的概念。钢的淬透性是指钢在淬火冷却时,获得马氏体组织深度的能力。工件在淬水时,整个截面的冷却速度不同,工件表层的冷却速度最大,中心层的冷却速度最小,如图3-55(a)所示。冷却速度大于该钢 v_k 的表层部分,淬火后得到马氏体组织,图3-55(b)中的影线区域表示获得马氏体组织的深度。一般规定由钢的表面至内部马氏体组织占50%处的距离为有效淬硬深度。

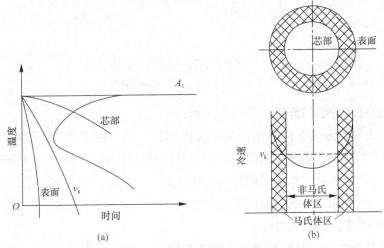

图 3-55 钢的有效淬硬深度与冷却速度的关系
(a) 冷却速度; (b) 有效淬硬深度

淬透性是钢的一种重要的热处理工艺性能,其高低以钢在规定的标准淬火条件下能够获得的有效淬硬深度来表示。用不同钢种制造的相同形状和尺寸的工件,在同样条件下淬火,有效淬硬深度深的钢淬透性好。

(2) 影响淬透性的因素。影响淬透性的因素有很多。钢的淬透性主要取决于钢的马氏体临界冷却速度的大小,实质是取决于过冷奥氏体的稳定性,即C曲线的位置。钢的C曲线越靠右,其淬透性越好。因此,钢的化学成分和奥氏体化条件是影响淬透性的主要因素。

(3) 淬透性的实际应用。钢的淬透性是机械设计制造过程中,合理选材和正确制定热处理工艺的重要依据。

淬透性对钢件热处理后的力学性能影响很大,如图3-56所示。若整个工件淬透,经高温回火后,其力学性能沿截面是均匀一致的;若工件未淬透,高温回火后,虽然截面上硬度基本一致,但未淬透部分的屈服点和冲击韧度显著降低。

机械制造中许多在重荷载、动荷载下工作的重要零件以及承受拉压应力的重要零件,常要求工件表面和芯部的力学性能一致,此时应选用能全部淬透的钢;而对于应力主要集中在工件表面,芯部应力不大(如承受弯曲应力)的零件,则可考虑选用淬透性低的钢。焊接件一般不选用淬透性高的钢,否则易在焊缝及热影响区出现淬火组织,造成焊件变形和开裂。

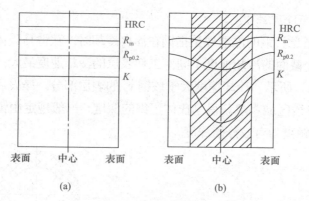

图 3-56 不同淬透性钢经调质后的力学性能
(a) 高淬透性钢；(b) 低淬透性钢

另外，还应注意淬透与淬硬以下两点区别：

(1) 淬透性与实际工件淬硬层深度是有区别的。同一钢种不同截面的工件在同样奥氏体化条件下淬火，其淬透性是相同的。但是其淬硬层深度因工件的形状、尺寸和冷却介质的不同而异。淬透性是钢本身所固有的属性，对于一种钢，它是确定的，可用于不同钢种之间的比较。而实际工件的淬硬层深度除取决于钢的淬透性外，还与工件的形状、尺寸及采用的冷却介质等外界因素有关。

(2) 钢的淬透性与淬硬性是两个不同的概念。淬硬性是指钢淬火后能达到的最高硬度，它主要取决于马氏体的含碳量。淬透性好的钢的淬硬性不一定高。例如，低碳合金钢淬透性相当好，但其淬硬性不高；高碳非合金钢的淬硬性高，但其淬透性差。

(二) 钢的回火

回火是将淬火钢加热到 Ac_1 以下某一温度，保温一定时间，然后冷却（一般为空冷）至室温的热处理工艺。回火是淬火的后续工序。回火的主要目的是减少或消除淬火应力，防止工件变形与开裂，稳定工件尺寸及获得工件所需的组织和性能。

【教学视频】
钢的回火

1. 淬火钢在回火时的组织转变

淬火后钢的组织是不稳定的，具有自发向稳定组织转变的倾向。回火加速了自发转变的过程。淬火钢在回火时，随着温度的升高，组织转变可分 4 个阶段。

(1) 马氏体分解（80 ℃～200 ℃）。马氏体内过饱和的碳原子，以 ε 碳化物形式析出，使马氏体的过饱和度降低。ε 碳化物是弥散度极高的薄片状组织。这种马氏体和 ε 碳化物的回火组织称为回火马氏体。此阶段钢的淬火内应力减少，韧性改善，但硬度并未明显降低。

(2) 残余奥氏体分解（200 ℃～300 ℃）。在马氏体分解的同时，降低了对残余奥氏体的压力，使其转变为下贝氏体。这个阶段转变后的组织主要是回火马氏体。淬火内应力进一步降低，但马氏体分解造成的硬度降低，被残余奥氏体分解引起的硬度升高所补偿，故钢的硬度降低并不明显。

(3) 马氏体分解完成和渗碳体的形成（300 ℃～400 ℃）。马氏体继续分解，直至过饱和的碳原子绝大多数由固溶体内析出。与此同时，ε碳化物逐渐转变为极细的稳定碳化物 Fe_3C。此阶段到 400 ℃ 全部完成，形成尚未再结晶的针状铁素体和细球状渗碳体的混合组织，称为回火托氏体。此时钢的淬火内应力基本消除，硬度有所降低。

（4）固溶体的再结晶与渗碳体的聚集长大（400 ℃ 以上）。温度高于 400 ℃ 后，固溶体发生回复与再结晶，同时渗碳体颗粒不断聚集长大。当温度高于 500 ℃ 时，形成块状铁素体与球状渗碳体的混合组织，称为回火索氏体。钢的强度、硬度不断降低，但韧性明显改善。

必须指出：以上 4 个阶段是在不同温度范围内进行的，但 4 个温度范围有交叉，所以钢在回火以后所表现出的性能是这些变化的综合结果。

2. 回火的分类及其应用

实际生产中，根据钢件的性能要求，按钢淬火后的回火温度范围，可以分为以下 3 类：

（1）低温回火（150 ℃～250 ℃）。回火后的组织是回火马氏体。它基本保持马氏体的高硬度（一般为 58～64 HRC）和耐磨性，钢的内应力和脆性有所降低。低温回火主要用于各种工具、滚动轴承、渗碳件和表面淬火件。

（2）中温回火（350 ℃～500 ℃）。回火后的主要组织为回火托氏体，具有较高的弹性极限和屈服强度，具有一定的韧性和硬度（一般为 35～45 HRC）。中温回火主要用于各种弹簧和模具等。

（3）高温回火（500 ℃～650 ℃）。回火后的组织为回火索氏体，具有强度、硬度（一般为 25～35 HRC）、塑性和韧性都较好的综合力学性能。高温回火广泛用于各种机械中的重要结构零件，如各种轴、齿轮、连杆、高强度螺栓等。

通常将淬火和高温回火相结合的热处理称为调质处理，简称调质。表 3-8 所示为 45 号钢经调质和正火处理后力学性能的比较。调质后组织中的渗碳体呈颗粒状，正火后组织中的渗碳体呈片状，颗粒状渗碳体对阻碍裂纹扩展比片状渗碳体更有利，因而调质组织的强度、硬度、塑性和韧性均高于正火组织。

表 3-8　45 号钢（$\phi 20 \sim \phi 40$ mm）经调质和正火处理后力学性能的比较

工艺	力学性能				组织
	R_m/MPa	A/%	K/J	HBW	
调质	750～850	20～25	80～120	210～250	回火索氏体
正火	700～800	12～20	50～80	163～220	细片状珠光体＋铁素体

3. 回火脆性

回火时的组织变化会引起力学性能的变化，其总趋势是随回火温度的提高，钢的强度、硬度下降，塑性、韧性提高。图 3-57 所示为淬火钢的硬度随回火温度的变化。

在回火过程中，淬火钢的韧性不一定总是随回火温度的升高而不断提高。有些钢在某一温度范围内回火时，其韧性比在较低温度回火时反而显著下降，这种脆化现象称为回脆性。如图 3-58 所示，在 250 ℃～400 ℃的温度范围内出现的回火脆性称为第一类回火脆性，应尽量避免在此温度范围内回火。在 500 ℃～600 ℃温度范围内出现的回火脆性称为第二类回火脆性。部分合金钢易产生这类回火脆性。加入 Mo、W 或回火后快冷可避免这类回火脆性的发生。

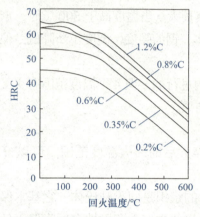
图 3-57　淬火钢的硬度随回火温度的变化

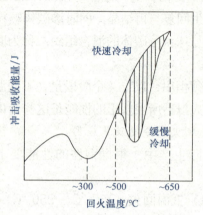
图 3-58　钢的冲击韧性随回火温度的变化

四、钢的表面热处理

某些在冲击荷载、交变荷载及摩擦条件下工作的机械零件，如曲轴、凸轮轴、齿轮、主轴等，其表层承受较高的应力，因此要求工件表层具有高强度、硬度、耐磨性及疲劳强度，而芯部要具有足够的塑性和韧性。为了达到上述性能要求，生产中广泛应用表面热处理和化学热处理。

【教学视频】
钢的表面淬火

（一）表面淬火

表面热处理是仅对工件表层进行热处理以改变其组织和性能的工艺，其中最常用的是表面淬火。表面淬火是对钢的表面快速加热至淬火温度，并立即以大于 v_k 的速度冷却，使表层强化的热处理。表面淬火不改变钢表层成分，仅改变表层组织，且芯部组织不发生变化。

生产中广泛应用的表面淬火方法有感应加热表面淬火和火焰加热表面淬火。

1. 感应加热表面淬火

感应加热表面淬火的基本原理如图 3-59 所示。将工件放在铜管绕制的感应圈内，当感应圈通以一定频率的电流时，感应圈内部和周围产生同频率的交变磁场，于是，工件中相应产生了自成回路的感应电流，由于集肤效应，感应电流主要集中在工件表层，使工件表面迅速加热到淬火温度。随即喷水冷却，使工件表层淬硬。

根据所用电流频率的不同，感应加热可分为高频

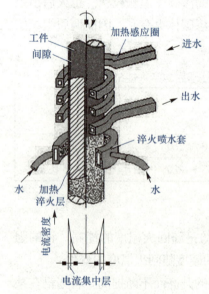
图 3-59　感应加热表面淬火的基本原理

（200 k～300 kHz）加热、超音频（20 k～40 kHz）加热、中频（2.5 k～8 kHz）加热、工频（50 Hz）加热等，用于各类中小型、大型机械零件。感应电流频率越高，电流集中的表层越薄，加热层也越薄，淬硬层深度越小。

感应加热表面淬火零件宜选用中碳钢和中碳低合金结构钢。目前，应用最广泛的是各种齿轮、轴类等零件，也可运用于高碳钢、低合金钢制造的工具和量具，以及铸铁冷轧辊等。经感应加热表面淬火的工件，表面不易氧化、脱碳，变形小，淬火层深度易于控制，一般高频感应加热淬硬层深度为 1.0～2.0 mm，表面硬度比普通淬火高 2～3 HRC。此外，该热处理方法生产效率高，易于实现生产机械化，多用于大批量生产的形状较简单的零件。

2. 火焰加热表面淬火

使用乙炔-氧火焰或煤气-氧火焰，将工件表面快速加热到淬火温度，立即喷水冷却的淬火方法称火焰加热表面淬火，如图3-60所示。火焰表面淬火的淬硬层深度为 2～6 mm，适用于大型工件的表面淬火，如大模数齿轮等。这种表面淬火所用设备简单，投资少。但是加热时易过热，淬火质量不稳定。

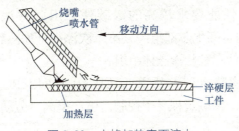

图 3-60 火焰加热表面淬火

（二）化学热处理

钢的化学热处理是将工件置于一定的活性介质中保温，使一种或几种元素渗入工件表层，以改变其化学成分，从而使工件获得所需组织和性能的热处理工艺。其目的主要是表面强化和改善工件表面的物理化学性能，即提高工件的表面硬度、耐磨性、疲劳强度、热硬性和耐腐蚀性。

化学热处理的种类很多，一般以渗入的元素来命名。化学热处理有渗碳、渗氮、碳氮共渗（氰化）、渗硫、渗硼、渗铬、渗铝及多元共渗等。无论是哪一种化学热处理，活性原子渗入工件表层都是由以下3个基本过程组成：

（1）分解。由化学介质分解出能够渗入工件表层的活性原子。

（2）吸收。活性原子由钢的表面进入铁的晶格中形成固溶体，甚至可能形成化合物。

（3）扩散。渗入的活性原子由表面向内部扩散，形成一定厚度的扩散层。

1. 钢的渗碳

渗碳是将工件置于富碳的介质中，加热到高温（900 ℃～950 ℃），使碳原子渗入表层的过程，其目的是使增碳的表面层经淬火和低温回火后，获得高硬度、耐磨性和疲劳强度。渗碳适用于低碳非合金钢和低碳合金钢，常用于齿轮、活塞销、套筒等零件。

根据采用的渗碳剂的不同，渗碳可分为气体渗碳、液体渗碳和固体渗碳3种。目前生产中广泛采用气体渗碳。

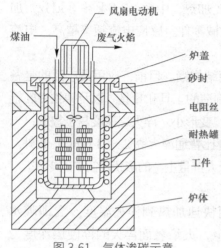

图 3-61 气体渗碳示意

气体渗碳是将工件置于密封的渗碳炉（图 3-61）中，加热到 900 ℃～950 ℃，通入渗碳气体（如煤气、石油液化气、丙烷等）或易分解的有机液体（如煤油、甲苯、甲醇等），在高温下通过反应分解出活性碳原子，活性碳原子渗入高温奥氏体，并通过扩散形成一定厚度的渗碳层。

渗碳的时间主要由渗碳层的深度决定，一般保温 1 h，渗碳层厚度增 0.2～0.3 mm，渗碳层 w_C =0.8%～1.1%。工件渗碳后必须进行淬火和低温回火。渗碳淬火工艺常采用以下 3 种：

（1）直接淬火法。工件渗碳后出炉，经预冷直接淬火和低温回火。

（2）一次淬火法。工件渗碳后出炉缓冷，然后重新加热，进行淬火和低温回火。

（3）两次淬火法。性能要求较高的渗碳件采用此方法。第一次淬火（加热到 850 ℃～900 ℃）的目的是细化芯部组织。第二次淬火（加热到 750 ℃～800 ℃）是为了使表层获得细片状马氏体和粒状渗碳体组织。

一般低碳非合金钢经渗碳淬火后表层硬度可达 60～64 HRC，芯部为 30～40 HRC。气体渗碳的渗碳层质量高，渗碳过程易于控制，生产率高，劳动条件好，易于实现机械化和自动化，适于大批量生产。

2. 渗氮

将氮原子渗入工件表层的过程称为渗氮（氮化），目的是提高工件表面硬度、耐磨性、疲劳强度、热硬性和耐蚀性。常用的渗氮方法主要有气体渗氮、液体渗氮及离子渗氮等。

气体渗氮是将工件置于通入氨气的炉中，加热至 500 ℃～600 ℃，使氨分解出活性氮原子，渗入工件表层，并向内部扩散形成氮化层。气体渗氮的特点如下：

（1）与渗碳相比，渗氮工件的表面硬度较高，可达 1 000～1 200 HV（相当于 69～72 HRC）。

（2）渗氮温度较低，并且渗氮件一般不再进行其他热处理（如淬火等），因此工件变形很小。

（3）渗氮后工件的疲劳强度可提高 15%～35%。

（4）渗氮层具有高耐蚀性，这是由于氮化层是由致密的、耐腐蚀的氮化物组成的，能有效地防止某些介质（如水、过热蒸气、碱性溶液等）的腐蚀作用。

渗氮虽有上述特点，但由于其工艺复杂，生产周期长，成本高，氮化层薄而脆，不宜承受集中的重荷载，并需要专用的氮化用钢，所以只用于要求高耐磨性和高精度的零件，如精密机床的丝杠、镗床主轴、重要的阀门等。为了克服渗氮周期长的缺点，近十几年在原渗氮的基础上发展了软氮化和离子氮化等先进氮化方法。

3. 钢的碳氮共渗

碳氮共渗就是在一定温度下，同时向零件表面渗入碳和氮的化学热处理工艺。碳氮共渗是以渗碳为主的化学热处理工艺。碳氮共渗有液体碳氮共渗和气体碳氮共渗两种。液体碳氮共渗有剧毒，污染环境，劳动条件差，已很少应用。目前常用的是气体碳氮共渗。气体碳氮共渗又分为中温和低温两种。低温碳氮共渗以渗氮为主，故称氮碳共渗，也称软氮化。

（1）中温气体碳氮共渗法。中温气体渗氮与渗碳一样，是将工件放入密封炉，加热到共渗温度后向炉内滴入煤油，同时通以氨气，经保温后工件表面获得一定深度的共渗层。高温碳氮共渗主要是渗碳，但氮的渗入使碳浓度很快提高，从而使共渗温度降低和时间缩短。碳氮共渗温度为 830 ℃～850 ℃，保温 1～2 h 后，共渗层可达 0.2～0.5 mm。

中温碳氮共渗后，应进行淬火，再低温回火。共渗时间为 1～3 h，渗层厚度为 0.1～0.4 mm。

（2）气体氮碳共渗法。气体氮碳共渗以渗氮为主，使用尿素或甲酰胺等作为渗剂。共渗温度为 500 ℃～600 ℃，共渗时间为 1～3 h，渗层厚度为 0.1～0.4 mm。

碳氮共渗后的力学性能。钢件经碳氮共渗及淬火后，得到的是含氮的马氏体组织，耐磨性比渗碳更好；碳氮共渗层比渗碳层具有较高的压应力，因而具有更高的疲劳强度，耐蚀性也较好。

共渗工艺和渗碳相比，具有时间短、生产效率高、表面硬度高、变形小等优点，但共渗层较薄，主要用于形状复杂、要求变形小的小型耐磨零件。

【情境案例分析】

飞机起落架之所以能够承受飞机起降的大荷载，是因为其身体是由一种叫作超高强度钢的材料制成的。

超高强度钢是用于制造承受较高应力结构件的一类合金钢。一般抗拉强度大于 1 500 MPa、屈服强度大于 1 400 MPa，且兼有良好的塑性、韧性、优异的疲劳性能、断裂韧性和抗应力腐蚀性能。超高强度钢是当今世界上使用强度最高的金属结构材料，它是一个国家材料水平、冶金技术水平的标志。超高强度钢除应用于飞机起落架、火箭发动机壳体、防弹钢板等领域之外，还是制造各种高端机械装备的传动齿轮、轴承、转轴、对接螺栓等关键构件的不可替代的材料（图 3-62）。

图 3-62　超高强度钢 40CrNi2Si2MoVA 起落架

超高强度钢主要通过在钢中加入 Si、Cr、Mn、Ni、V 等元素形成合金，再经过淬火、回火处理，析出碳化物或金属化合物，使钢中的马氏体强化，具有回火时的二次硬化效果，达到增强、增韧目的。通过 70 多年的努力，我国的超高强度钢制造水平已居于世界前列。

【学习小结】

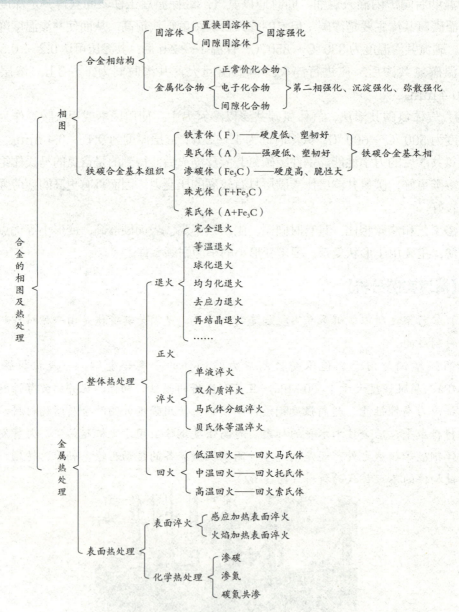

【拓展知识】

"废铁"打造成大国重器，航母核心材料中国为何不怕西方卡脖子？

印度将退役航母拆解造成摩托车，而中国把一艘被当作"废铁"拍卖的苏联航母改造成霸气的"辽宁舰"。这艘苏联航母，就是"瓦良格号"，因为只建造完成70%，缺少诸多关键设备，也没有电力设施或推进器，"庞大的身躯只能在港口中一点点生锈"。

中国买入"瓦良格号"后，首先任务是整体修复。修复要用到航母特种钢——甲板钢。要知道，飞行甲板要承担重达二三十吨的舰载机在起飞和降落过程中产生的强大冲击和高摩擦力，要承受喷气式飞机高达数千摄氏度的火焰灼烧，更要利于减轻船体质量，使船体航行更平稳，还要有足够的防弹能力。

因性能要求极高，全球仅有美国、日本、俄罗斯、法国等少数几个国家能生产真正用于航母建造的甲板钢，但鞍钢职工夜以继日"团战"，每天只睡三四个小时，尤其是中国被称为"世界轧机之王"的5.5 m超宽轧机送上"神助攻"，使生产问题得以解决，还达到世界领先水平。2017年，我国首艘国产航母顺利下水。

除了航母，神舟载人飞船、世界最大钻井平台"蓝鲸1号"、中国自主三代核电品牌"华龙1号"、港珠澳大桥等一系列国家重大工程，都闪耀着"中国制造"的身影，都是中国人民奋斗不止，努力实现中华民族伟大复兴的精神体现。

【学习自测】

一、填空题

1. 由铁素体和渗碳体构成的机械混合物称为_____，用符号_____表示。
2. 由奥氏体与渗碳体组成的机械混合物称为_____，用符号_____表示。
3. 共析钢中奥氏体的形成过程：_____、_____，残余渗碳体溶解、奥氏体均匀化。
4. 马氏体是碳在_____中的_____组织。
5. 退火处理是为了消除铸件或锻件中的_____，以防变形和开裂。
6. 钢的淬透性越高，则其临界冷却速度越_____。
7. 淬火马氏体主要分为_____和_____两种。
8. 含Cr、Mn的合金结构钢淬火后在550 ℃～600 ℃回火，将出现第_____类回火脆性。
9. 表面淬火根据交流电的频率可分为_____、中频感应加热和_____三种。

二、选择题

1. 下列哪一项不是铁碳合金的基本相？（　　）
   A. 铁素体　　B. 马氏体　　C. 奥氏体　　D. 渗碳体
2. 奥氏体是铁碳合金的基本组织之一，它属于（　　）。
   A. 间隙固溶体　　　B. 置换固溶体

C．金属化合物　　　D．混合物

3. 下面关于铸铁的描述中错误的是（　　）。
   A．铸铁是指以铁元素为主要成分的金属
   B．铸铁含有较多的碳及硫、磷等杂质
   C．铸铁的含碳量与低碳钢相同
   D．生铁的塑性变形能力很差

4. 珠光体常用符号 P 表示，它属于（　　）。
   A．间隙固溶体　　　B．置换固溶体
   C．金属化合物　　　D．混合物

5. 下列几项中谁的硬度最大？（　　）
   A．珠光体　　　　　B．铁素体
   C．奥氏体　　　　　D．渗碳体

6. 珠光体的平均含碳量为（　　）。
   A．0.77%　　　　　B．2.11%
   C．6.69%　　　　　D．4.3%

7. 以下组织属于金属化合物的是（　　）。
   A．P　　　B．A　　　C．F　　　D．Fe_3C

8. 以下组织属于混合物的是（　　）。
   A．P　　　B．A　　　C．F　　　D．Fe_3C

9. 钢在淬火加热时，加热温度越高，保温时间越长，奥氏体晶粒（　　）。
   A．越粗大　　　　　B．越细小
   C．中间值　　　　　D．不变

10. 工件淬火应力超过（　　）时，就造成工件裂纹。
    A．屈服强度　　　　B．抗拉强度
    C．疲劳强度　　　　D．弹性极限

三、简答题

1. 何谓金属的同素异晶转变？有何实际意义？试以纯铁为例说明金属的同素异晶转变。

2. 解释下列概念，并说明其性能和显微组织特征：铁素体、奥氏体、渗碳体、珠光体、莱氏体。

3. 何谓共晶转变和共析转变？以铁碳合金为例说明其转变过程及显微组织特征。

4. 默画简化的 $Fe-Fe_3C$ 相图，说明图中特性点、线的含义，并填写各区域的相和组织组成物。

5. 根据 $Fe-Fe_3C$ 相图，确定表 3-9 中 4 种钢在给定温度时的显微组织。

表 3-9 不同种钢的显微组织

牌号	温度/°C	显微组织	牌号	温度/°C	显微组织
20 号钢	770		20 号钢	920	
45 号钢	500		45 号钢	770	
T8 钢	650		T8 钢	790	
T12 钢	750		T12 钢	950	

6. 同样形状和大小的 3 块铁碳合金，其成分分别为 w_C=0.2%、w_C=0.65%、w_C=4.0%，用什么方法可迅速将它们区分开来？

7. 根据 Fe-Fe$_3$C 相图解释下列现象：

(1) 在进行热轧和锻造时，通常将钢材加热到 1 000 °C～1 250 °C；

(2) 钢铆钉一般用低碳钢制作；

(3) 在 1 100 °C时，w_C=0.4% 的钢能进行锻造，而 w_C=4.0% 的铸铁不能锻造；

(4) 室温下 w_C=0.9% 的碳钢比 w_C=1.2% 的碳钢强度高；

(5) 钳工锯削 70 号钢、T10 钢、T12 钢比锯 20 号钢、30 号钢费力，锯条易磨钝；

(6) 绑扎物件一般用铁丝（镀锌低碳钢丝），而起重机吊重物时用钢丝绳（60 号钢、65 号钢、70 号钢等制成）。

8. 何谓铸铁？铸铁与钢相比有何优点？

9. 什么是热处理？它对零件制造有何重要意义？

10. 试述控制奥氏体晶粒大小的实际意义和方法。

11. 试述共析钢奥氏体形成的几个阶段，分析亚共析钢和过共析钢奥氏体形成的主要特点。

12. 随着过冷度的变化，过冷奥氏体的稳定性发生了变化，原因是什么？

13. 共析钢的等温冷却转变曲线与连续冷却转变曲线有什么不同（画图）？原因是什么？

14. 钢的等温冷却曲线在实际生产中的意义是什么？

15. 何谓钢的马氏体临界冷却速度？它的大小受哪些因素影响？它与钢的淬透性有何关系？

16. 钢的热处理包括哪些基本方法？

17. 试述钢的退火、正火、淬火加热温度范围，45 号、T12 钢淬火加热温度是多少？

18. 正火和退火的主要区别是什么？生产中应如何选择正火和退火？

19. 试比较索氏体与回火索氏体、托氏体与回火托氏体、马氏体与回火马氏体之间在形成条件、金相形态与性能上的主要区别。

20. 常见的马氏体形态有哪两种？其性能特点是什么？

21. 何谓钢的淬透性和淬硬性？其主要决定因素各是什么？

22. 何谓回火？回火包括哪几种？各获得什么组织？其应用范围有何不同？

23. 制造下列零件或工具：虎钳口、锉刀、弹簧垫圈、承力螺栓和连杆（30～35 HRC），采用什么热处理工艺？获得什么组织？其性能如何？

24. 现有20号钢和40号钢制造的齿轮各一个，为提高齿面的硬度和耐磨性，宜采用何种热处理工艺？热处理后在组织和性能上有何不同？

25. 过共析钢淬火温度为什么选择 Ac_1 以上 30 ℃～50 ℃?

26. 甲、乙两厂同时生产一种45号钢零件，硬度要求为220～250 HBS。甲厂采用正火处理，乙厂采用调质处理，都达到硬度要求。试分析甲、乙两厂产品的组织和性能的差异。试分析采用哪种处理工艺更合理。

27. 表面热处理包括哪些方法?

28. 渗碳的目的是什么？为什么渗碳钢一般采用低碳钢和低碳合金钢？

29. 钢渗氮后有什么优点?

第四章 04 飞机结构中黑色金属材料的应用

【学习目标】

【知识目标】

1. 掌握含碳量和杂质元素对钢的性能的影响；
2. 掌握碳素钢的牌号及用途；
3. 熟悉合金钢的分类、牌号及应用；
4. 掌握高温合金的定义、分类、牌号及应用。

【技能目标】

1. 会识别碳素钢的牌号、成分；
2. 会识别合金钢的牌号、成分和性能特点；
3. 能够根据不同零件的工作条件选择合适的钢种；
4. 会识别高温合金的牌号及在航空发动机中的应用。

【素质目标】

1. 养成严谨的工作态度、优良的工作作风；
2. 具备自主学习、终身学习和适应发展的能力；
3. 具有良好科学素养和航空报国情怀；
4. 具备"敬仰航空、敬重装备、敬畏生命"的职业精神和"零缺陷、无差错"的职业素养。

　　黑色金属材料是工业上对铁、铬和锰的统称，也包括这三种金属的合金，主要包括工业纯铁、铸铁、碳钢、合金钢以及各种用途的结构钢、不锈钢、耐热钢、高温合金、精密合金等。黑色金属以外的金属称为有色金属，常用的有色合金有铝合金、铜合金、镁合金、镍合金、锡合金、钛合金、锌合金等。钢铁材料是工业上广泛应用的金属材料，在国民经济中占有极其重要的地位。工业用钢按化学成分可分为碳素钢（简称碳钢）和合金钢两大类，碳钢是含碳量小于 2.11% 的铁碳合金。钢中除铁、碳之外，还含有少量的锰、硅、硫、磷等杂质。由于碳钢价格低、便于获得、容易加工、具有较好的力学性能，因此得到极广泛的应用。但是，随着现代工业和科学技术的发展，对钢的力学性能和物理、化学性能提出了更高的要求，从而发展了合金钢、超高强度钢、高温合金等性能更为优异的材料。

第一节 碳素钢

【情境导入】

百炼成钢是人们耳熟能详的成语，它源于一项古老的技艺。公元前600年，中国已掌握了冶铁技术，早期的炼铁是将铁矿石和木炭放在炼炉中，在650℃～1 000℃以上焙烧，利用木炭不完全燃烧产生的一氧化碳使铁矿石中的氧化铁还原成铁，冷却后取出铁块。用这种方法炼得的铁质地疏松，还夹杂着许多杂质、不坚韧，并无多大实用价值。后来经过不断实践，人们发现把这种铁加热到一定温度下经反复锻打，就可把夹杂的氧化物"挤"出来，此时铁的机械性能就得到了改善。在反复锻打铁块的基础上，古人获得了最早的钢。西汉时，为提高钢的质量，人们又增加了锻打的次数，由10次、30次、50次增至近100次从而得到所谓的"百炼钢"。"百炼"的主要目的是降低含碳量，提高钢的韧性和强度。

【教学视频】
碳素钢的认识

飞机检修脚手架和锉刀是飞机制造或者维修过程中常用的工具，它们一般采用碳素钢制成，那采用哪种碳素钢更合适呢？

【知识学习】

一、含碳量对钢的组织和性能的影响

钢中含碳量的多少是决定钢的机械性能的主要因素。含碳量不同，它的内部组织也不同，性能也就不同。含碳量与钢的机械性能的关系如图4-1所示。

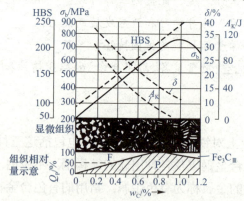

图4-1 含碳量对钢组织和力学性能的影响

铁素体的机械性能与纯铁相近，即强度、硬度较低，而塑性、韧性很好。珠光体是铁素体与渗碳体交错分布的层片状组织。渗碳体在其中起强化作用，所以珠光体有较高的强度和硬度，而塑性、韧性较低。亚共析钢随着含碳量的增加，组织中的珠光体比例增加，铁素体比例减少，所以，它的强度、硬度随之增加，而塑性、韧性下降。过共析钢随着含碳量的增加，晶界上的二次渗碳体越来越多，并且逐渐形成连续的网状渗碳体。含碳量在 0.9% 以下，形成的网状渗碳体还不连续时，钢的强度随含碳量的增加而增加。当含碳量大于 0.9% 并形成连续网状渗碳体时，钢的强度开始下降。过共析钢的连续网状渗碳体对钢的机械性能和切削性能都是不利的，所以要经过适当的热处理使渗碳体球状化。随着含碳量的增加，钢的硬度一直增加，而塑性、韧性连续下降。

二、杂质元素对碳钢性能的影响

（1）锰。锰来自炼钢原料（生铁和脱氧剂锰铁）。锰有较好的脱氧能力，可使钢中的 FeO 还原成铁，改善钢的质量；锰与硫能生成 MnS，以减轻硫的有害作用；锰大部分溶于铁素体中产生固溶强化，提高钢的强度和硬度，一部分锰能溶于渗碳体中形成合金渗碳体。锰在钢中是一种有益元素。碳钢中 w_{Mn}=0.25% ～ 0.8%，当含锰量不高时，对钢性能影响不大。

（2）硅。硅也是来自生铁和脱氧剂。硅能与钢液中的 FeO 生成炉渣，消除 FeO 对钢质量的影响；硅能溶于铁素体中产生固溶强化，提高钢的强度和硬度。硅在钢中是一种有益元素。镇静钢（用铝、硅铁和锰铁脱氧的钢）中 w_{Si}=0.1% ～ 0.4%，沸腾钢（只用锰铁脱氧）中 w_{Si}=0.03% ～ 0.07%，当含硅量不高时，对钢性能影响不大。

（3）硫。硫是在炼钢时由矿石和燃料带入的。硫不溶于铁，以 FeS 的形式存在钢中。FeS 与 Fe 形成低熔点共晶体，熔点为 958 ℃，分布在奥氏体晶界上，当钢在 1 000 ℃～ 1 200 ℃进行热加工时，由于晶界处共晶体熔化，导致钢开裂，这种现象称为热脆。为此，除严格控制钢中硫的含量外，可在钢液中增加锰的含量，锰和硫能形成有一定塑性、熔点高（1 620 ℃）的 MnS，以避免热脆。硫在钢中是有害元素。

（4）磷。磷是由矿石带入钢中的。一般情况下，磷能全部溶于铁素体中，能提高钢的强度、硬度，但使塑性、韧性急剧下降，尤其在低温时更为严重，这种现象称为冷脆。磷是钢中的有害元素，应严格控制其含量。

硫和磷都是钢中的有害杂质，炼钢时要尽量降低它们的含量。但有时为了改善钢的切削加工性，降低零件的表面粗糙度，钢中的硫、磷含量可适当提高，同时也适当提高含锰量。这种含硫、磷、锰量较高，并有良好切削加工性的钢称为易切削钢。

三、碳钢的分类、牌号、性能及应用

1. 碳钢的分类

碳钢的分类方法很多，常见的分类方法如下。

（1）按钢的含碳量分类。

1）低碳钢：$0.021\,8\% < w_C < 0.25\%$；

2）中碳钢：$0.25\% \leq w_C \leq 0.6\%$；

3）高碳钢：$0.6\% < w_C \leq 2.11\%$。

（2）按钢的主要质量等级分类。

1）普通质量碳钢。普通质量碳钢是指在生产过程中不需要特别控制质量要求的所有钢种，主要包括一般用途碳素结构钢、碳素钢筋钢、铁道用一般碳素钢等。

2）特殊质量碳钢。特殊质量碳钢是指在生产过程中需要特别严格控制质量和性能（例如控制淬透性和纯洁度等）的碳钢，主要包括保证淬透性碳钢、碳素弹簧钢、碳素工具钢、特殊易削钢、特殊焊条用碳钢、铁道用特殊碳钢等。

3）优质碳钢（硫、磷含量比普通质量碳钢少）。优质碳钢是指除普通质量碳钢和特殊质量碳钢以外的碳钢，在生产过程中需要特别控制质量（例如控制晶粒度，降低硫、磷含量，改善表面质量等），与普通质量碳钢相比，优质碳钢具有特殊的质量要求（例如良好的抗脆断性能、良好的冷成型性等），但这种钢的生产控制不如特殊质量碳钢严格（例如不控制淬透性等）。其主要包括机械结构用优质碳钢、工程结构用碳钢、冲压薄板的低碳结构钢、焊条用碳钢、非合金易切削结构钢、优质铸造碳钢等。

（3）按钢的用途分类。

1）碳素结构钢。这类钢主要用于制作各种机械零件和工程构件，一般属于低、中碳钢。

2）碳素工具钢。这类钢主要用于制作各种刃具、量具和模具，一般属于高碳钢。

此外，按冶炼方法不同，钢分为转炉钢和电炉钢；按冶炼时脱氧程度不同，钢分为沸腾钢、镇静钢等。

2. 碳钢的牌号、性能和应用

（1）碳素结构钢。按《碳素结构钢》（GB/T 700—2006）的规定，碳素结构钢牌号由Q（屈服点的"屈"字汉语拼音字首）、屈服点数值、质量等级和脱氧方法四部分按顺序组成。质量等级有 A（$w_s \leqslant 0.050\%$、$w_p \leqslant 0.045\%$）、B（$w_s \leqslant 0.045\%$、$w_p \leqslant 0.045\%$）、C（$w_s \leqslant 0.040\%$、$w_p \leqslant 0.040\%$）、D（$w_s \leqslant 0.035\%$、$w_p \leqslant 0.035\%$）四种。脱氧方法用汉语拼音字首表示："F"——沸腾钢、"Z"——镇静钢、"TZ"——特殊镇静钢，通常"Z"和"TZ"可省略。例如 Q235-A 表示 $\sigma_s \geqslant 235$ MPa，质量等级为 A 级的碳素结构钢。

Q195 钢、Q215 钢有一定的强度，塑性好，主要制作薄板（如镀锌薄钢板）、钢筋、冲压件、铆钉、地脚螺栓、开口销和烟筒等，也可代替 08F 钢、10 号钢制作冲压件和焊接结构件。Q235 钢强度较高，用于制作钢筋、钢板、农业机械用型钢和不重要的机械零件，如拉杆、连接、转轴等。Q235-C 钢、Q235-D 钢质量较好，可制作重要的焊接结构件。Q255 钢、Q275 钢强度高、质量好，用于制作建筑、桥梁等工程上质量要求较高的焊接结构件，以及摩擦离合器、主轴、刹车钢带、吊钩等。

（2）优质碳素结构钢。这类钢有害杂质元素磷、硫受到严格限制，非金属夹杂物含量较少，塑性和韧性较好，主要制作重要的机械零件。

优质碳素结构钢按冶金质量等级分为优质钢、高级优质钢（A）、特级优质钢（E）；按使用加工方法分为压力加工用钢（UP）和切削加工用钢（UC），压力加工用钢包括热压力加工用钢（UHP）、定锻用钢（UF）、冷拔坯料用钢（UCD）。优质碳素结构钢的磷、硫含量见表 4-1。

表 4-1　优质碳素结构钢的磷、硫含量

组别	w_P/%	w_S/%
	不大于	
优质钢	0.035	0.035
高级优质钢	0.030	0.030
特级优质钢	0.025	0.025

优质碳素结构钢的牌号用两位数表示，其两位数表示钢中平均含碳量的万分数。如 40 钢，表示平均 w_C=0.40% 的优质碳素结构钢。钢中含锰量较高（w_{Mn}=0.7%～1.2%）时，在数字后面附以符号"Mn"，如 65Mn 钢，表示平均 w_C=0.65%，并含有较多锰（w_{Mn}=0.9%～1.2%）的优质碳素结构钢。高级优质钢在数字后面加"A"；特级优质钢在数字后面加"E"；沸腾钢在数字后面加"F"。

08F 钢含碳量低、强度低、塑性好，一般由钢厂轧成薄板或钢带供应，可制作冲压件，如外壳、容器、罩子等；10 号钢～25 号钢冷塑性变形能力和焊接性好，常用来制作受力不大、韧性要求高的冲压件和焊接件，如螺钉、螺母、杠杆、轴套和焊接容器等，这类钢经热处理（如渗碳）后，钢材表面具有高硬度、芯部有一定的强度和韧性，常用来制作承受冲击荷载的零件，如齿轮、凸轮、销、摩擦片等；30 号钢～55 号钢、40Mn 钢、50Mn 钢，经调质处理后，可获得良好的综合力学性能，主要用来制作齿轮、连杆、轴类、套筒等零件，其中 40 号钢、45 号钢应用广泛；60 号钢～85 号钢、60Mn 钢、65Mn 钢、70Mn 钢，经热处理后，可获得较高的弹性极限、足够的韧性和一定的强度，常用来制作弹性零件和易磨损的零件，如弹簧、弹簧垫圈、轧辊、犁镜等。

（3）碳素工具钢。碳素工具钢的 w_C=0.65%～1.35%，一般需热处理后使用。这类钢经热处理后具有较高的硬度和耐磨性，主要用于制作低速切削刃具，以及对热处理变形要求低的一般模具、低精度量具等。

碳素工具钢的牌号用"T"（"碳"字汉语拼音字首）和数字组成。数字表示钢的平均含碳量的千分数。如 T8 钢，表示平均 w_C=0.8% 的碳素工具钢。若牌号末尾加"A"，则表示钢中硫、磷含量比相同含碳量的碳素工具钢少，如 T10A 钢的硫、磷含量比 T10 钢少。

【情境案例分析】

普通碳素结构钢含杂质较多，价格低，用于对性能要求不高的地方，它的含碳量多数在 0.30% 以下，含锰量不超过 0.80%，强度较低，但塑性、韧性、冷变形性能好。用途很多，用量很大，主要用于制造承受静荷载的各种金属构件及不重要、不需要热处理的机械零件和一般焊接件。飞机制造或维修使用的脚手架可以采用 Q235 钢来制造，既满足使用要求，又可以控制生产成本。锉刀可以采用 T12 碳素工具钢经轧制、锻造、退火、磨削、剁齿和淬火等工序加工而成，硬度可达到 62～67 HRC，满足使用要求。

第二节　合金钢

【情境导入】

飞机起落架是飞机五大核心部件（机翼、机身、尾翼、发动机和起落架）之一。起落架装置是飞行器重要的具有承力兼操纵性的部件，在飞行器安全起降过程中担负着极其重要的使命。起落架是飞机起飞、着陆、滑跑、地面移动和停放所必需的支持系统，其性能的优劣直接关系到飞机的使用与安全。

现在，我们常见的大飞机，质量基本在 100 t 以上，为了能够承受飞机上百吨的质量和起降时的巨大冲击力，起落架的材料必须满足高强度、高韧性、抗疲劳、耐腐蚀等要求。请你为大飞机选择一种能够承担起如此重任的材料。

【知识学习】

科学技术和工业的发展，对材料提出了更高的要求，如更高的强度、抗高温、高压、耐腐蚀、磨损以及其他特殊的物理、化学性能要求。碳钢虽然价格低，容易生产和便于加工，但碳钢存在着淬透性低、强度较低、回火稳定性差和基本相软等缺点，不能完全满足科学技术和工业发展的要求，尤其不能满足大尺寸、重荷载零件的要求，也不能用于耐腐蚀、耐高温的零件制造。

为了提高或改善钢的机械性能、工艺性能或使钢具有某些特殊的物理、化学性能，常常需要有目的地向钢中加入一种或几种一定量的化学元素（除铁和碳以外的），这些元素称为合金元素。最常用的合金元素有不形成碳化物的元素，如 Si、Al、Cu、Ni、Co、N、B 等；形成碳化物的元素，如 Ti、Zr、Nb、V、Mo、W、Cr、Mn 等。此外，还有稀土元素（Re）。我们把碳素钢中加入合金元素后所获得的钢种，称为合金钢。

一、合金元素的作用

合金元素加入钢中，不仅与 Fe、C 这两种基本元素发生作用，而且合金元素之间也相互作用，从而对钢的基本相、铁碳相图以及钢在热处理过程中的组织转变规律都有影响。合金元素在钢中的作用非常复杂，到目前为止，对它的认识还不是很全面。下面，将着重分析合金元素和 C 的作用、对铁碳合金相图的影响以及对热处理规律的影响。

（一）合金元素在钢中的存在形式及对基本相的影响

碳钢在平衡状态下的基本组成相是铁素体和渗碳体，合金元素的加入，将使这两种基本相发生变化。合金元素加入钢中，其主要的存在形式有两种：溶入铁素体中形成合金铁素体或溶入渗碳体内形成合金碳化物。形式不同，其在合金中所起的作用也不同。

1. 形成合金铁素体

绝大多数合金元素都可或多或少地溶入铁素体，形成合金铁素体。与 C 亲和力弱的非碳化物形成元素，如 Ni、Cu、Al、Co、Si、B 等，则主要溶于铁素体而难以形成碳化物。其中原子半径很小的合金元素（如氮、硼等）与铁形成间隙固溶体；原子半径较大的合金元素（如锰、镍、钴等）与铁形成置换固溶体。

合金元素溶入铁素体后，合金元素的原子半径与铁的原子半径相差越大，晶格类型越不相同，必然引起铁素体的晶格畸变，产生固溶强化，使铁素体的强度、硬度提高，但韧性、塑性都有下降的趋势。固溶强化的效果取决于铁素体点阵畸变的程度。图 4-2 所示为溶于铁素体的合金元素含量对铁素体硬度和韧性的影响。

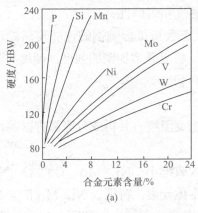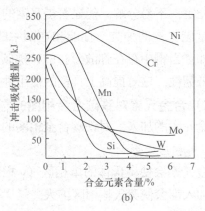

图 4-2 合金元素对铁素体性能的影响
(a) 对硬度的影响；(b) 对韧性的影响

由图 4-2 可见，硅、锰能显著提高铁素体的硬度，但当 $w_{Si}>0.6\%$、$w_{Mn}>1.5\%$ 时，将显著降低其冲击韧性。而铬、镍这两个元素，在适量范围内（$w_{Cr} \leq 2.0\%$、$w_{Ni} \leq 5.0\%$），不仅可提高铁素体的硬度，而且能提高其韧性。因此，Cr 和 Ni 是优良的合金元素。为此，在合金结构钢中，为了获得良好的强化效果，常加入一定量的铬、镍、硅、锰等合金元素。

2. 形成合金碳化物

合金碳化物包括合金渗碳体和单独形成的特殊碳化物。作为碳化物形成元素，在元素周期表中都是位于铁左边的过渡族金属元素，如 Mn、Cr、Mo、V、Nb、Zr、Ti 等，离铁的位置越远，则其与碳的亲和力越强，形成碳化物能力越大，形成的碳化物越稳定而不易分解。通常合金元素中 Ti、Zr、Nb、V 为强碳化物形成元素，它们在钢中优先形成特殊碳化物，如 NbC、VC、TiC 等。W、Mo、Cr 为中强碳化物形成元素，既能形成合金渗碳体，如 $(Fe, Cr)_3C$ 等，又能形成各自的特殊碳化物，如 Cr_7O_3、$Cr_{23}C_6$、MoC、WC 等。Mn 为弱碳化物形成元素，与碳的亲和力比 Fe 强，溶于渗碳体中，形成合金渗碳体 $(Fe, Mn)_3C$，但难以形成特殊碳化物。

(1) 合金渗碳体。锰一般溶入钢中渗碳体，形成合金渗碳体 $(Fe, Mn)_3C$；铬、钼、钨在钢中含量不大（$w_{Mn}=0.5\% \sim 3\%$）时，形成合金渗碳体，如 $(Fe, Cr)_3C$、$(Fe, Mo)_3C$ 等。

合金渗碳体较渗碳体略为稳定，硬度也较高，是一般低合金钢中碳化物的主要存在形式。

(2) 特殊碳化物。特殊碳化物是与渗碳体晶格完全不同的合金碳化物，通常是由中强或强碳化物形成元素所构成的碳化物。

强碳化物形成元素，即使含量较少，但只要钢中有足够的碳，就倾向于形成特殊碳化物，即具有简单晶格的间隙相碳化物，如 WC、Mo_2C、VC、TiC 等。中强碳化物形成元素，只有当其含量较高（>5%）时，才倾向于形成特殊碳化物，即具有复杂晶格的碳化物，如 $Cr_{23}C_6$、Cr_7C_3、Fe_3W_3C 等。

特殊碳化物特别是间隙相碳化物，比合金渗碳体具有更高的熔点、硬度和耐磨性，并且更为稳定，不易分解，能显著提高钢的强度、硬度和耐磨性。

合金碳化物的种类、性能和在钢中的分布状态会直接影响钢的性能及热处理时的相变。例如，当钢中存在弥散分布的特殊碳化物时，将显著增加钢的强度、硬度与耐磨性，而不降低韧性，这对提高工具钢的使用性能极为有利。

（二）合金元素对铁碳合金相图的影响

合金元素的加入，对铁碳合金相图的相区、相变温度、共析成分等都有影响。

1. 对相区的影响

合金元素会使奥氏体的单相区（γ相区）扩大或缩小。Ni、Mn、Co、C、N、Cu 等元素的加入都会使奥氏体相区扩大，是奥氏体稳定化元素，特别以 Ni、Mn 的影响更大。图 4-3（a）所示为 Mn 对铁碳相图 γ 相区的影响。从图中可见，随碳钢中 Mn 含量的增加，铁碳相图中的临界点 A_3 降低，当 Mn 的质量分数较大时，甚至可以使钢在室温下获得单相奥氏体组织，如 ZGMn13 高锰耐磨钢。相反，Cr、V、W、Mo、Ti、Si 等元素则缩小 γ 相区，是铁素体稳定化元素。图 4-3（b）所示为 Cr 对铁碳合金相图 γ 区的影响。从图中可见，随钢中 Cr 含量的增加，γ 相区逐渐缩小，当 Cr 元素的含量超过一定量时，γ 相区可能完全消失，此时，钢在室温下的平衡组织为单相的铁素体，称这类钢为铁素体钢。这些单相组织的合金钢，一般都是不锈钢或耐热钢。

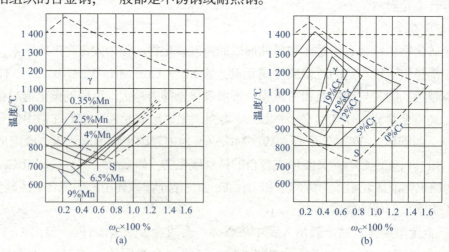

图 4-3 合金元素对铁碳相图 γ 相区的影响
(a) Mn 的影响；(b) Cr 的影响

从图 4-3 可以看出，由于合金元素的加入，铁碳合金相图中的 γ 相区或扩大或缩小，相图中临界点 A_1 和 A_3 的位置也相应发生变化。因此，合金钢的热处理温度与碳钢有所不同，不能直接用铁碳相图来确定。

2. 对相图中 S 点、E 点位置的影响

所有的合金元素都使 S 点左移，而大部分合金元素使 E 点左移，因此，含碳量相同的碳素钢和合金钢的显微组织不同。例如，含碳量为 0.4% 的碳钢具有亚共析组织，但当加入了 4%Cr 之后，S 点左移，使形成的合金钢具有过共析钢组织。因而，合金钢共析体含碳量小于碳钢共析体 0.77% 的含碳量。

铁碳合金 E 点的含碳量为 2.11%，当钢中含合金元素时，使 E 点左移，这时 E 点相应的含碳量小于 2.11%，从而使合金钢在较低的含碳量下也会出现共晶莱氏体组织。例如，高速钢中含有大量 W、Cr 等元素，虽然其含碳量在 0.8% 左右，但也属莱氏体钢。

在一般合金钢中，合金元素的添加都会使得 S 点和 E 点不同程度地左移。因此，在退火状态下，其组织中珠光体数量较含碳量相同的碳钢多，所以，强度也较碳钢高。

（三）合金元素对钢热处理的影响

合金元素对热处理的影响主要表现在加热、冷却和回火过程中对相变的影响上。

1. 合金元素对奥氏体化和其晶粒长大的影响

除 Co、Ni 外，大多数合金元素均减缓奥氏体的形成速度。为此，对含有合金元素的合金钢，为了加速碳化物的溶解和奥氏体成分的均匀化，在热处理时就需要用比碳钢更高的加热温度和更长的保温时间。

大多数合金元素有阻碍奥氏体晶粒长大的作用，特别是 Cr、Mo、W、V、Ti 等元素能严重阻碍奥氏体晶粒的长大，因为这些元素能形成稳定性特别高的特殊碳化物。在加热过程中，不易溶于奥氏体而是分布在奥氏体晶界上，阻碍其晶界外移，显著细化晶粒。

2. 合金元素对 C 曲线、淬透性和残留奥氏体的影响

碳钢加入合金元素后，使其 C 曲线在形状和位置上都发生了改变，如图 4-4 所示。除 Co 外，其他合金元素溶入奥氏体后，都降低原有扩散速度，增大过冷奥氏体的稳定性，使 C 曲线右移，即提高钢的淬透性，这是钢中加入合金元素的主要目的之一。常用提高淬透性的元素有 Mo、Mn、W、Cr、Ni、Si、Al 等，它们对提高淬透性的作用依次由强到弱。一般情况下，非碳化物形成元素和弱碳化物形成元素对 C 曲线的形状影响不大，只是使整个 C 曲线向右不同程度的移动［图 4-4（a）］。碳化物形成元素溶入奥氏体后，不仅使曲线右移，而且使曲线形状变化，出现两个过冷奥氏体转变区，上部是珠光体转变区，下部是贝氏体转变区。

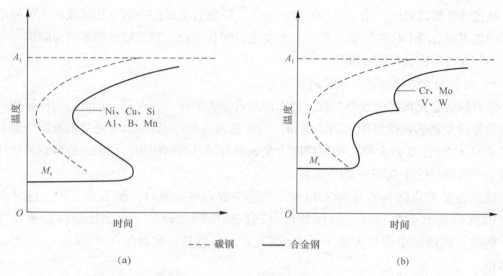

图 4-4 合金元素对 C 曲线的影响示意
(a) 非碳化物形成元素对 C 曲线的影响; (b) 碳化物形成元素对 C 曲线的影响

C 曲线右移使淬火临界冷却速度减小，一方面增大淬透性，能使大尺寸零件淬透；另一方面淬火可以采取缓慢冷却的介质，从而减小了零件的变形与开裂的危险性。另外，同时加入多种合金元素，对钢淬透性的影响远比单一元素的影响强得多，这就促使合金钢朝多元少量的方向发展，例如铬锰钢、铬镍钢等。

还必须注意，加入钢中的合金元素，只有完全溶于奥氏体中时才能提高淬透性。如果未完全溶解，则未完全溶解的碳化物在冷却过程中会成为珠光体形成的核心，反而会加速奥氏体的分解，从而使钢的淬透性降低。

3. 合金元素对钢回火转变的影响

合金元素能使淬火钢在回火过程中的组织分解和转变速度减慢。

（1）提高回火稳定性。淬火钢在回火时抵抗软化的能力称为回火抗力。合金元素在回火过程中能推迟马氏体的分解和残余奥氏体的转变，提高铁素体的再结晶温度，使碳化物不易析出，即使析出后也很难聚集长大。这就使合金钢较碳钢在相同的回火温度下强度和硬度下降较少，即提高了钢对回火软化的抗力，也就是提高了钢的回火稳定性。在获得同等硬度的条件下，则合金钢的回火稳定性可以比碳钢高一些，回火温度高，内应力就消除得更充分一些，韧性也就更高一些。因此，合金钢回火后，较之碳钢具有更高的韧性和塑性，即更高的综合性能。

（2）产生"二次硬化"现象。一些含 Mo、W、V 质量分数较高的合金钢回火时，随着温度的升高，其硬度并非单调降低，而是在一定温度范围内出现硬度回升的现象，称为"二次硬化"。它是由合金碳化物弥散析出和残余奥氏体转变引起的。

（3）增大回火脆性。淬火钢在某些温度区间回火或从回火温度缓慢冷却通过该温度区间的脆化现象，称为回火脆性。图 4-5 所示为合金钢回火后的冲击韧性与回火温度的关系。

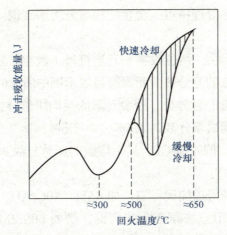

图 4-5　钢的冲击韧性和回火温度的关系

二、合金钢的分类和编号

（一）合金钢的分类

合金钢的分类方法有很多，这里仅介绍以下几种常用的分类方法。

1. 按用途分类

按用途，合金钢可分为合金结构钢、合金工具钢和特殊性能（物理、化学性能）钢等。

（1）合金结构钢：包括渗碳钢、调质钢、超高强度钢、弹簧钢、轴承钢等。

（2）合金工具钢：包括刃具钢、模具钢、量具钢等。

（3）特殊性能钢：包括不锈钢、耐热钢、耐磨钢、磁钢等。

2. 按合金元素含量多少分类

（1）低合金钢：合金元素总含量小于 5% 的钢。

（2）中合金钢：合金元素总含量为 5%～10% 的钢。

（3）高合金钢：合金元素总含量大于 10% 的钢。

3. 按室温组织分类

合金钢按在空气中冷却后所得到的组织，可分为珠光体钢、贝氏体钢、马氏体钢、奥氏体钢和莱氏体钢等。

（二）合金钢的编号

1. 低合金高强度结构钢

低合金高强度结构钢的主要合金元素有 Mn、V、Ti、Nb、Al、Cr、Ni 等，其化学成分特点：含碳量低，一般为 $w_C=0.1\%～0.2\%$，并以锰为主加元素。其性能特点是具有很高的屈服强度、良好的塑性和韧性、良好的焊接性能。低合金高强度结构钢的牌号由代表屈服点的汉语拼音字母（Q）、屈服点数值、质量等级符号（A、B、C、D、E）3 个部分按顺序排列组成。例如：Q390A，表示屈服点 $\sigma_s=390\ N/mm^2$、质量等级为 A 的低合金高强度结构钢。

2. 合金结构钢

合金结构钢主要用于制造各种机械零件，其质量等级属于特殊质量等级，大多须经热处理后使用，按其用途及热处理特点，合金结构可分为渗碳钢、调质钢、弹簧钢、滚动轴承钢、超高强度钢等。

我国合金结构钢的牌号由"两位数字＋元素符号＋数字"三部分组成。前面两位数字代表钢中碳的平均质量分数的万分数，元素符号表示钢中所含的合金元素，元素符号后面数字表示该元素的平均质量的百分数。合金元素的平均质量分数＜1.5%时，一般只标明元素而不标明数值；当平均质量分数≥1.5%、≥2.5%、≥3.5%等时，则在合金元素后面相应地标出2、3、4等。例如40Cr，其平均碳的质量分数w_C=0.4%，平均铬的质量分数w_{Cr}＜1.5%。

需要保证淬透性钢的牌号后加代号H，如45H、40CrAH。

合金弹簧钢的牌号表示方法同合金结构钢。例如60Si2Mn，其平均碳的质量分数w_C=0.60%，平均硅的质量分数w_{Si}=2%，平均锰的质量分数w_{Mn}＜1.5%。若为高级优质，也在牌号末尾加"A"。

滚动轴承钢有自己独特的牌号，在牌号前面加"G"（"滚"字汉语拼音的首位字母），后面数字表示铬的质量分数的千分数，其碳的质量分数不标出。例如GCr15钢，就是平均铬的质量分数w_{Cr}=1.5%的滚动轴承钢。铬轴承钢中若含有除铬外的其他合金元素，这些元素的表示方法同一般的合金结构钢。滚动轴承钢都是高级优质钢，但牌号后不加"A"。

3. 合金工具钢

这类钢的编号方法与合金结构钢的区别仅在于：当w_C＜1%时，用一位数字表示碳的质量分数的千分数；当w_C≥1%时，则不予标出。例如Cr12MoV钢，其平均碳的质量分数为w_C=1.45%～1.70%，所以不标出；Cr的平均质量分数为12%，Mo和V的质量分数都小于1.5%。又如9SiCr钢，其平均w_C=0.9%、平均w_{Si}、w_{Cr}均小于1.5%。不过高速工具钢例外，其平均碳的质量分数无论多少都不标出。因合金工具钢及高速工具钢都是高级优质钢，所以它的牌号后面也不必再标出"A"。

4. 特殊性能钢

采用"数字＋合金元素符号＋数字＋……"的方法表示，前面数字表示碳的质量分数的千分数，合金元素的表示方法与其他合金钢相同。例如3Cr13钢，表示平均w_C=0.3%，平均w_{Cr}=13%。当碳的质量分数w_C≤0.03%及w_C≤0.08%时，则在牌号前面分别冠以"00"及"0"表示，例如00Cr17Ni14Mo2钢的平均w_C≤0.03%、w_{Cr}≈17%、w_{Ni}≈14%、w_{Mo}≈2%；而0Cr19Ni9钢的平均w_C≤0.08%、w_{Cr}≈19%、w_{Ni}≈9%。另外，当w_{Si}≤1.5%、w_{Mn}≤2%时，牌号中不予标出。

■ 三、合金结构钢

合金结构钢是在碳素结构钢的基础上，有意加入一种或数种合金元素，以满足其各种使用性能要求的钢材。它用于制造重要的工程结构和机器零件。它的应用范围最广、用量也最大。航空工业中常用的合金结构钢主要有合金渗碳钢、合金调质钢、超高强度钢、合金弹簧钢、滚动轴承钢等。

（一）合金渗碳钢

合金渗碳钢主要用来制造性能要求较高或截面尺寸较大，且在承受较强烈的冲击作用和磨损条件下工作的渗碳零件。如制作承受动荷载和重荷载的汽车变速箱齿轮、汽车后桥齿轮、内燃机上的凸轮轴、活塞销等机器零件。这类零件在工作中遭受较强烈的摩擦磨损，同时又承受较大的交变荷载，特别是冲击荷载。

1. 成分特点

（1）低碳。这类钢的含碳量通常为 0.10%～0.25%，这是为了保证渗碳零件芯部具有良好的韧性。

（2）合金元素。这类钢中含有的合金元素主要有 3 种类型：一是一般碳化物形成元素如 Cr、Mn、Mo、W 等，主要目的是在渗碳后于零件表面形成碳化物，提高硬度和耐磨性；二是非碳化物形成元素如 Ni、Si 等，主要目的是提高基体的淬透性，提高强度和韧性；三是强碳化物形成元素如 V、Ti 等，主要目的是防止渗碳和淬火加热时奥氏体晶粒的粗化。这类元素对硬度和耐磨性也有贡献，它们的碳化物稳定性好，硬度比一般碳化物更高。

2. 性能特点和用途

合金渗碳钢经渗碳、淬火和回火处理后，零件表面形成渗碳层，具有高硬度、耐磨性、抗疲劳性及适当的塑性和韧性，未渗碳的芯部具有足够高的强度及优良的韧性。合金渗碳钢主要用来制造表面承受剧烈磨损，并承受动荷载的零件，如汽车、拖拉机上的变速齿轮、内燃机上的凸轮、活塞销等，是机械制造中应用较广泛的钢种。

3. 热处理和组织性能

为了保证渗碳零件表面得到高硬度和高耐磨性，合金渗碳钢的热处理工艺一般都是在渗碳后直接进行淬火，再低温回火，其回火温度为 180 ℃～200 ℃。

渗碳后的钢种，表层碳的质量分数为 0.85%～1.05%，经淬火和低温回火热处理后，表面渗碳层的组织为"合金渗碳体＋回火马氏体＋少量残余奥氏体"，硬度可达 58～64 HRC。而芯部的组织与钢的淬透性及零件的截面有关，当全部淬透时是低碳回火马氏体，硬度可达 40～48 HRC；在多数未淬透的情况下是托氏体、少量低碳回火马氏体及少量铁素体的混合组织，硬度为 25～40 HRC，冲击吸收功 $A_k \geqslant 47$ J。芯部韧性一般都高于 700 kJ/m^2。

4. 常用钢种

根据淬透性不同，渗碳钢可分为 3 类。

（1）低淬透性渗碳钢：典型钢种为 20Cr，其淬透性和芯部强度较低，水中临界淬透直径不超过 35 mm。只适合制造受冲击荷载较小的耐磨件，如小齿轮、活塞销等。

（2）中淬透性渗碳钢：典型钢种为 20CrMnTi 等，淬透性较高，油中临界淬透直径为 25～60 mm，力学性能和工艺性能良好，大量用于制造承受高速中载、抗冲击和耐磨损的零件，如汽车、拖拉机的变速齿轮、离合器轴等。

（3）高淬透性渗碳钢：典型钢种为 18Cr2Ni4WA 等，其油中临界淬透直径大于 100 mm，且具有良好的韧性，主要用于制造大截面、高荷载的重要耐磨件，如飞机、坦克的曲轴和齿轮等。

（二）合金调质钢

合金调质钢一般是指碳素调质钢中加入合金元素后形成的经调质处理后使用的结构钢，是应用最广的结构钢，在机械结构钢中占 70%。合金调质钢广泛应用于制造汽车、拖拉机、机床和其他机器上的各种重要零件，如机床齿轮、主轴、汽车发动机曲轴、连杆、螺栓等。为获得良好的机械性能，对调质钢通常进行调质处理。但近年来，有很多合金调质钢采用等温淬火处理，也能获得良好的机械性能。此外，还可以根据不同的技术要求，采用正火、表面淬火或淬火 + 低温回火和化学热处理工艺方法。

1. 成分特点

调质钢合金化的目的是提高钢的淬透性和综合机械性能。

（1）中碳。含碳量中等，通常为 0.25%～0.50%，以保证良好的综合机械性能。含碳量过低，强度、硬度不足；含碳量过高，韧性、塑性不足。

（2）合金元素。合金调质钢的主加合金元素为 Mn、Si、Cr、Ni 等，这些合金元素除提高钢的淬透性外，还能形成合金铁素体，提高钢的强度。如调质后的 40Cr 钢的性能比 45 号钢的性能高很多。另外，还有一些元素是为改善某一特性或满足某一些工艺要求而加入的，如在钢中加入 Mo、W 元素可以防止第二类回火脆性，在钢中加入 V 元素可以细化奥氏体晶粒，加入微量 B 元素可明显地提高钢的淬透性。

2. 性能特点及用途

合金调质钢的性能特点是具有良好的综合机械性能，即具有较高的强度和良好的塑性、韧性，此外，还有很好的淬透性。合金调质钢是制造承受较复杂、多种工作荷载零件的合适材料，如各种连接用的螺栓、机床主轴、齿轮及汽车曲轴、凸轮轴等零件。但在生产实践中，由于零件承受荷载的情况不同，具体的性能要求也有差异。如对截面承受荷载均匀的零件（连杆、连接螺栓等），要求整个截面都有较高的强度和韧性；对截面承受荷载不均匀的零件（弯曲或扭转的轴），只要求承受荷载较大的零件表面层有较好的强度和韧性，其余地方要求不高。因此，选材时还要考虑合金调质钢的淬透性要求。

3. 热处理特点和组织性能

合金调质钢的最终热处理为"淬火 + 高温回火"，即调质处理，以获得回火索氏体组织，从而使钢具有最佳的综合性能。合金调质钢的淬透性较高，一般都用油淬，淬透性特别大时甚至可以空冷，以减少热处理缺陷。

合金调质钢的最终性能取决于回火温度。图 4-6 所示为 40Cr 钢的回火温度与力学性能的关系。由图可以看出，随着回火温度的上升，钢的塑性、韧性提高，而强度、硬度降低。选择不同的回火温度，可获得不同的强度与韧性的组合。一般采用 500 ℃～650 ℃的高温回火处理，以获得回火索氏体，使钢材具有高的综合力学性能。高温回火时，应防止某些合金钢产生回火脆性，采用回火后快冷（水冷或油冷）则可以避免，有利于韧性的提高。

4. 常用钢种

合金调质钢按淬透性大小可分为低淬透性调质钢、中淬透性调质钢、高淬透性调质钢 3 类。

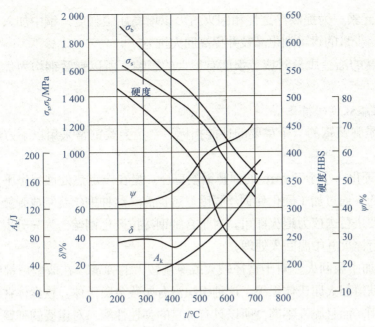

图 4-6 40Cr 钢的回火温度与力学性能的关系

（1）低淬透性调质钢。油淬临界淬透直径为 20～40 mm，调质后强度比碳钢高，其合金元素总量＜2.5%，常用作中等截面、要求力学性能比碳钢高的调质件。典型钢种有 40Cr、40MnVB 钢等，其中，40Cr 钢是应用最广泛的合金调质钢。

（2）中淬透性调质钢。油淬临界淬透直径为 40～60 mm，调质后强度很高，可用作截面大、承受较重荷载的机器零件，如截面尺寸较大的曲轴、连杆等。典型钢种有 40CrMn、35CrMo 等。其中，30CrMnSiA 曾是飞机制造业中应用最广泛的一种调质钢。为获得较高的强度，其最终热处理多不采用调质，而采用淬火后低温回火，钢件在细针状的回火马氏体组织状态下使用，具有较高的强度和足够的韧性。该钢淬透性不高，油淬时可淬透 25 mm 直径。其在航空工业中广泛用于各种飞机的重要锻件、机械加工件、钣金件和焊接件，如对接接头、螺栓、缘条、轴、齿轮、框架、发动机架、起落架作动筒等。

（3）高淬透性调质钢。油淬临界淬透直径为 60～100 mm。这类调质钢调质后强度最高，韧性也很好，一般可用作大截面、承受更大荷载的重要调质零件。典型钢种有 40CrMnMo、25Cr2Ni4W 钢等。另外，38CrMoAlA，也称氮化钢，其热处理特点是调质、精加工、去应力退火后，进行氮化处理，氮化后不再进行其他处理。

（三）合金弹簧钢

合金弹簧钢是一种专用结构钢，主要用于制造各种弹簧和弹性元件，其作用是吸收冲击能量，缓和零件间的冲击；或者储存能量使机构完成某一动作。合金弹簧钢必须具有较高的屈服强度和较高的疲劳强度，以免产生塑性变形并防止过早的疲劳破坏。

1. 成分特点

（1）中、高碳。合金弹簧钢的含碳量一般为 0.50%～0.85%。含碳量过低，达不到高的屈服强度要求；含碳量过高，不仅屈服强度不高，脆性也太大。

(2) 合金元素。为提高淬透性和回火抗力以增高屈服强度，钢中加入的合金元素有硅、锰、铬等，少量的钒可细化晶粒并提高回火抗力。

此外，弹簧的冶金质量对疲劳强度有很大的影响，所以弹簧钢均为优质钢或高级优质钢。

2. 提高屈服强度的措施

屈服强度是弹簧钢的一个重要的性能指标，合金弹簧钢常采用以下方法来提高屈服强度。

(1) 冷拉硬化。小于 7 mm 的弹簧钢丝直径，是在一定热处理状态下，经强烈塑性变形拉制而成的，通过加工硬化使钢丝强度显著提高。这种钢丝绕制成弹簧后，无须淬火回火处理，只要进行去应力退火即可。对于合金钢冷拉硬化钢丝，为充分发挥合金元素的作用，也可进行淬火并中温回火处理。

(2) 淬火加中温回火。对于直径较大或厚度较大的弹簧，在成型后都经淬火加中温回火处理，以获得回火屈氏体组织。这种组织没有如残余奥氏体、铁素体在微观上容易引起塑性变形的相，而且脆性不高，所以具有优良的弹性性能。对重要的弹簧，为了提高疲劳强度，可在中温回火后进行喷丸处理，使弹簧表面形成压应力，以抵消交变荷载下的拉应力作用。

3. 性能特点及应用

(1) 较高的弹性极限 σ_e，尤其是较高的屈强比 σ_s/σ_b，以保证弹簧有足够高的弹性变形能力和较大的承载能力。

(2) 较高的疲劳强度 σ_r，以防止在震动和交变应力作用下产生疲劳断裂。

(3) 足够的塑性和韧性，以免受冲击时脆断。

此外，合金弹簧钢还要求有较好的淬透性，不易脱碳和过热，容易绕卷成型等。一些特殊弹簧钢还要求有耐热性、耐蚀性等。

合金弹簧钢一般用于制造截面尺寸较大，承受较重负荷的弹簧和各种弹性零件，有时也用于制造具有一定耐磨性的零件。

4. 钢种和牌号

(1) Si、Mn 弹簧钢。代表性钢种为 65Mn、60Si2Mn，这类钢价格较低，性能高于碳素弹簧钢，主要用于制造较大截面弹簧，如汽车、拖拉机的板簧、螺旋弹簧等。

(2) Cr、V 弹簧钢。典型钢种为 50CrV，这类钢淬透性高，用于大截面、大荷载、耐热的弹簧，如阀门弹簧、高速柴油机的气门弹簧等。

弹簧的表面质量对使用寿命影响很大，若弹簧表面有缺陷，就容易造成应力集中，从而降低疲劳强度，故常采用喷丸强化表面，使表面产生压应力，消除或减轻弹簧的表面缺陷，以便提高弹簧钢的屈服强度、疲劳强度。例如用于汽车板簧的 60Si2Mn，经喷丸处理后，使用寿命可提高 3～5 倍。

(四) 滚动轴承钢

滚动轴承钢是用来制造各种滚动轴承的内外元件，如轴承内外圈、滚动体（滚珠、滚柱、滚针）的专用钢。从化学成分上看，它属于工具钢，所以也用于制造形状复杂的工具、冷冲模具、精密量具以及要求硬度高、耐磨性高的结构零件。

1. 化学成分

(1) 高碳。一般的轴承用钢是高碳铬钢，碳的含量为0.95%～1.15%，属过共析钢，目的是保证轴承具有较高的强度、硬度和耐磨性。

(2) 铬为基本合金元素。铬作为其基本合金元素，其含量为0.4%～1.65%。铬的作用主要是提高淬透性，使组织均匀，并增加回火稳定性。铬与碳作用形成(Fe, Cr)$_3$C合金渗碳体，能阻碍奥氏体晶粒长大，减少钢的过热敏感性，使淬火后获得细小针状马氏体组织，从而增加钢的韧性和钢的耐磨性，特别是疲劳强度。

(3) 加入硅、锰、钒等合金元素。Si、Mn的加入可以进一步提高钢的淬透性，便于制造大型轴承。V部分溶于奥氏体，部分形成碳化物VC，以提高钢的耐磨性并防止过热。

(4) 较高的冶金质量。轴承钢中非金属夹杂和碳化物的不均匀性对钢的性能尤其是接触疲劳强度影响很大。因此，滚动轴承钢的纯度要求极高，硫、磷含量限制极严（w_S < 0.020%、w_P < 0.027%）。故它是一种高级优质钢（但在牌号后不加"A"字）。

2. 热处理及组织性能

滚动轴承钢的热处理包括预备热处理和最终热处理。预备热处理采用球化退火，以获得球化体组织，降低锻造后钢的硬度，利于切削加工，并为淬火做好组织上的准备。最终热处理采用淬火＋低温回火，以获得轴承钢所需的最终性能。淬火加热温度要严格控制，温度过高会过热，晶粒长大，使韧性和疲劳强度下降，且易淬裂和变形；温度过低，则奥氏体中溶解的铬量和碳量不够，钢淬火后硬度不足。一般控制在（840±10）℃的范围内。

滚动轴承钢淬火后的组织为极细的回火马氏体、分布均匀的粒状碳化物以及少量的残余奥氏体，回火后硬度为61～65 HRC。图4-7所示为GCr15钢淬火、回火后的显微组织。

图4-7　GCr15钢淬火、回火后的显微组织

精密轴承必须保证在长期存放和使用中不变形。引起变形和尺寸变化的主要原因有存在内应力和残余奥氏体发生转变。为了稳定尺寸，轴承钢淬火后可立即进行"冷处理"（-60 ℃～-50 ℃），并在回火和磨削加工后，进行低温时效处理（120 ℃～130 ℃，保温5～10 h）。

3. 性能要求

(1) 较高的接触疲劳强度。轴承元件如滚珠与套圈，运动时为点或线接触，接触处的压应力高达 1 500 M～5 000 MPa；同时，应力交变易造成接触疲劳破坏，产生麻点或剥落，所以轴承钢疲劳强度应很高。

(2) 较高的硬度和耐磨性。硬度一般为 62～64 HRC。

(3) 足够的韧性和淬透性。

4. 钢种和牌号

常用的滚动轴承钢如下：

(1) 铬轴承钢：最典型的钢种是 GCr15 钢，其 Cr 的平均质量分数约为 1.5%，具有高硬度、高强度和高耐磨性，是一种比较理想的轴承钢，因此在机械制造方面应用较广泛，其使用量占轴承钢的绝大部分。

(2) 添加 Mn、Si、Mo、V 的轴承钢　在铬轴承钢中加入 Mn、Si 可提高淬透性，如 GCr15SiMn、GCr15SiMnMoV 等，常用于制造大型轴承。

（五）超高强度钢

大型干线飞机、高速飞机的发展，要求节省燃油、提高速度、增加续航时间、增加载质量以及提高其他性能。要减小飞机的自重，就应使材料在相对密度不变或变化不大的前提下，显著地提高材料的使用强度，以减小零部件的截面尺寸。使用强度 $\sigma_b \geqslant$ 1 500 MPa 或 $\sigma_s \geqslant$ 1 400 MPa 的钢，常称超高强度钢。飞机上选用这类钢制造起落架、机翼、大梁等大型零部件，既满足承载要求，又减轻自重。能满足超高强度的材料，有低合金超高强度钢、马氏体时效硬化钢和沉淀硬化不锈钢等，以下仅就低合金超高强度钢做简要介绍。

1. 成分特点

低合金超高强度钢是由合金调质钢发展而来的。钢中含碳量中等，一般为 $w_C=$ 0.30%～0.45%，并含铬、锰、硅、镍、钼、钒等合金元素。在碳与合金元素共同作用下，使淬透性、回火抗力增加，使固溶体（马氏体或下贝氏体）明显强化。镍因有降低临界温度及增加固溶体的韧性的作用，从而使钢在具有超高强度时有较高的韧性。钒可细化晶粒，也可改善钢的强韧性。

2. 热处理特点

为获得超高的强度，这类钢的最终热处理是淬火并低温回火，依靠马氏体强化达到超高强度。为了减少淬火应力和变形，还可采用等温淬火并回火处理，以获得马氏体或下贝氏体组织，达到强度要求。

3. 制造使用中注意的问题

低合金高强度钢缺口、应力集中敏感，容易导致裂纹萌生并迅速扩展造成脆断。设计时应做充分考虑。制造装配中应避免敲打和表面划伤，以免降低疲劳性能，应避免在酸性介质中表面处理，以防氢向钢内部扩散从而导致氢脆断裂。

4. 常用钢种

国内外常用钢种及应用如下：

（1）30Ni4CrMoA 及 40CrNiMoA（AISI4340）。这两种钢淬透性很好，调质处理后，可在大截面上获得均匀的高强度及较高的塑性、韧性配合。其冷脆转变温度低，缺口敏感性小，抗疲劳性好。该钢适于制造截面较大的重要受力零件，已用于制造直升机的重要零件，如旋翼接头、主减速器前后接头、机身专用螺栓、发动机涡轮轴、直升机螺旋桨轴等。

（2）30CrMnSiNi2A。这是我国航空工业广泛应用的低合金超高强度钢。该钢在 30CrMnSiA 的基础上提高了 Mn 和 Cr 的含量，并添加了质量分数为 1.4%～1.8% 的 Ni，使其淬透性得到显著提高，改善了钢的韧性和回火稳定性，可获得良好的抗疲劳性和断裂韧度。该钢适宜制造高强度连接件、轴类零件以及起落架等重要受力结构件。其长期用于制造起落架、机翼主梁、中央翼的带板及缘条、结合螺栓、涡轮喷气发动机压气机中机匣的后段等重要受力结构部件。

（3）40Ni2Si2MoVA（300M）。这是典型的飞机起落架用钢。该钢具有高淬透性、抗回火能力、超高强度及较高的横向塑性、断裂韧性、抗疲劳及抗应力腐蚀等性能。其适宜制造飞机起落架、机体零件、发动机后框架、接头和轴等零件。

（4）45CrNiMoVA（D6AC）。这是一种均质航空防弹钢。经淬火加低温回火后具有良好的防弹性能，可用作歼击机、轰炸机和武装直升机的装甲防护结构。

常用超高强度钢的牌号、成分、热处理和性能见表 4-2。其中应用最多的是 30CrMnSiNi2A。

表 4-2 常用超高强度钢的牌号、成分、热处理和性能

牌号	成分 /%					热处理	性能（不小于）				
	C	Cr	Mn	Si	其他		σ_b	σ_s	δ_s	ψ	A_k/ (MJ·m^{-2})
							MPa		%		
30CrMnSiNi2A	0.26～0.33	0.9～1.2	1.0～1.2	0.9～1.2	1.4～1.8Ni	900 ℃油冷 + 250 ℃空冷	1 600	1 400	9	45	0.6
40CrMnSiMoVA	0.36～0.42	1.2～1.5	0.8～1.2	1.2～1.6	0.45～0.6Mo 0.07～0.12V	920 ℃硝盐等温 + 250 ℃空冷	1 900	—	8	35	0.6
300M	0.41～0.46	0.65～0.95	0.65～0.9	1.45～1.8	1.6～2.0Ni 0.3～0.4Mo ≥0.05V	870 ℃油冷 +315 ℃油冷	2 020	1 720	9.5	34	—

四、合金工具钢

工具钢按用途分为刃具钢、模具钢和量具钢，但各类钢的实际应用界限并不明显。例如，某些低合金刃具钢除用作刃具外，也可用来制造冷作模具或量具。重要的是应了解各类钢的成分及性能特点，以便根据具体工作条件进行选择。

（一）合金刃具钢

合金刃具钢主要用于制造各种金属切削刀具，如车刀、铣刀、钻头等。

1. 性能要求

刃具钢的工作条件较差,在金属切削加工过程中,刀刃与工件表面金属相互作用使切屑产生变形与断裂从而从工件上剥离下来,刀刃本身承受弯曲、扭转、剪切应力和冲击、振动负荷,同时,刀具与切屑之间会产生强烈的摩擦,切削时产生的切削热会使得刀具切削部位的温度高达 500 ℃～600 ℃,切削速度越快,吃刀量越大,则刀刃局部的温度越高。刃具最普遍的失效形式是磨损,因此对刃具钢提出如下基本性能要求:

(1) 高硬度。高硬度是对刃具钢的基本要求,金属切削刀具的硬度一般都在 60 HRC 以上。硬度不足时会导致刃具卷刃或变形,甚至无法切削。钢在淬火后的硬度主要取决于含碳量,故刃具钢一般都是高碳钢。

(2) 高耐磨性。耐磨性是保证刃具锋利不钝的主要因素。耐磨性不仅取决于钢的硬度,而且与钢中硬化物的性质、数量、大小和分布有关。高碳马氏体＋均匀细小碳化物的组织,其耐磨性要比单一的马氏体组织高得多。

(3) 高热硬性(红硬性)。大多数刃具的工作部分的温度都高于 200 ℃,热硬性是指钢在高温下保持高硬度的能力,也称红硬性,通常用保持 60 HRC 硬度时的加热温度来表示,热硬性与钢的回火稳定性和特殊碳化物的弥散析出有关。

(4) 足够的塑性和韧性。刀具需要具有足够的塑性和韧性,以保证刃具在受到冲击和振动时不会折断和崩刃。

2. 刃具钢的分类

合金刃具钢按成分及性能特点可分为低合金刃具钢和高速钢。

(1) 低合金刃具钢。低合金刃具钢的最高工作温度不超过 300 ℃,常用于制造截面较大、形状复杂、切削条件较差的刃具,如搓丝板、丝锥、板牙等。其成分特点如下:

1) 高碳。碳的质量分数为 0.9%～1.1%,以保证刃具的高硬度和高耐磨性。

2) 加入 Cr、Mn、Si、W、V 等合金元素。Cr、Mn、Si 主要提高钢的淬透性,Si 还能提高钢的回火稳定性;W、V 能提高硬度和耐磨性,并防止加热时过热,保持细小晶粒。

低合金刃具钢的预备热处理为球化处理,以获得球状珠光体,便于加工,并为最终热处理做准备。机械加工后的最终热处理为淬火＋低温回火。热处理后的组织为细小回火马氏体、粒状合金碳化物和少量奥氏体。热处理后的硬度一般应达到 60 HRC 以上。

(2) 高速钢。高速钢是一种高合金刃具钢,和其他工具钢相比,其显著优点是它具有良好的热硬性,高速切削中刃部温度达 600 ℃时,其硬度无明显下降。它能比低合金工具钢具有更高的切削速度而不至于很快破坏,因此称为高速钢。其化学成分特点如下:

1) 高碳。高速钢的碳质量分数一般在 0.70% 以上,最高可达 1.5% 左右。高的含碳量主要是为了保证能与 W、Cr、V 等形成足够数量的碳化物;另外,还要有一定数量的碳溶于奥氏体,以保证马氏体的高硬度。

2) 加入 Cr、W、Mo、V 等合金元素。Cr 的加入是为了提高淬透性,W、Mo 的加入是为了保证高的热硬性。W 或 Mo 的碳化物在淬火加热时极难溶解,大约只有一半的量溶入奥氏体,而其余部分作为残余碳化物留下来,起到阻止奥氏体晶粒长大的作用。溶入的部分在 560 ℃左右回火时以 W_2C 或 Mo_2C 的形式析出，造成二次硬化。这种碳化物在 500 ℃～600 ℃温度范围内非常稳定，从而使钢具有良好的热硬性。V 的加入是为了提高耐磨性，细化晶粒。

与合金刃具钢类似，高速钢锻造后的预备热处理一般也采用等温退火工艺，以降低硬度、消除内应力，改善切削加工性能。高速钢的最终热处理为淬火＋回火。高速钢的优越性只有在正确的淬火和回火后才能发挥出来。高速钢的淬火工艺比较特殊。第一，高速钢中含有大量难溶合金碳化物，故高速钢的淬火加热温度都非常高，一般为 1 220 ℃～1 280 ℃，以使难溶碳化物分解并充分溶解于奥氏体，保证高速钢获得高热硬性；第二，高速钢合金元素含量高，导热性差，同时淬火加热温度高，若淬火加热速度过快，则容易引起零件的开裂。因此，高速钢淬火时通常要进行一次或二次预热。高速钢淬火后的组织为淬火马氏体＋粒状碳化物＋大量残余奥氏体。

高速钢淬火后的回火是为了消除淬火应力，稳定组织，减少残余奥氏体的数量，达到所需要的性能。为了保证高速钢得到高硬度及热硬性，高速钢一般都在二次硬化峰值温度或稍高一些的温度（通常为 550 ℃～570 ℃）下回火，并进行多次（一般是三次）回火。高速钢回火后的组织为回火马氏体＋碳化物＋少量残余奥氏体。

3. 常用钢种及牌号

低合金刃具钢典型钢种是 9SiCr，由于加 Si、Cr 提高了淬透性，其油中临界直径可达 40～50 mm，另外，由于 Si 等还提高耐回火性，使钢在 250 ℃～300 ℃下仍保持 60 HRC 以上的硬度。其广泛用于制造形状复杂、要求变形小的低速切削刃具，如丝锥、板牙等，也可用作冷冲模。

高速钢最常用的钢种为钨系的 W18Cr4V 和钨-钼系的 W6Mo5Cr4V2。这两种钢的组织性能相似，但前者的热硬性较好，后者的耐磨性、热塑性和韧性较好。高速钢主要用于制造高速切削刃具，如车刀、刨刀、铣刀、钻头等。

（二）合金模具钢

用来制造各种模具的钢称为模具钢。合金模具钢按其用途分为冷作模具钢和热作模具钢两大类。

1. 冷作模具钢

用于冷态金属成型的模具钢称为冷作模具钢，如制造各种冷冲模、冷镦模、冷挤压模和拉丝模等。这类模具工作时的实际温度一般不超过 300 ℃。

（1）性能特点及用途。冷模具工作时承受很大的压力、弯曲力、冲击荷载和摩擦。主要失效形式是磨损，也常出现崩刃、断裂和变形等失效现象。因此，冷作模具钢应具有高硬度（一般为 58～62 HRC）、高耐磨性、足够的韧性和疲劳抗力等优良性能。

冷作模具钢用于制造在冷态下使金属变形的模具，一般刃具钢材料，如 T10A、9SiCr、9Mn2V、CrWMn 钢等可以用来制造尺寸较小的轻载模具。对于截面尺寸大、形状复杂、重载的或要求精度、耐磨性较高的以及热处理变形小的模具，需采用冷作模具钢。

(2) 成分特点。

1) 高碳冷作模具钢 C 的质量分数一般在 1.0% 以上，个别甚至达到 2.0%，以保证高硬度和高耐磨性。

2) 加入 Cr、Mo、W、V 等提高耐磨性的合金元素。主加合金元素为 Cr，其质量分数高达 12%，铬与碳形成 Cr_7C_3 型碳化物，能极大地提高钢的耐磨性，还能大大改善钢的淬透性。辅加合金元素有 Mo、W、V 等，其除能改善钢的淬透性和回火稳定性外，还可细化晶粒，进一步提高钢的强度和韧性。

(3) 热处理特点及组织性能。与其他合金工具钢一样，冷作模具钢的热处理也包括球化退火的预备热处理，以及淬火+回火的最终热处理。最终热处理在加工成型后进行。热处理后，模具已达到很高的硬度，通常只能进行研磨和修整。

冷作模具钢在不同温度淬火后，在不同温度下回火时，其硬度不同。提高冷作模具钢的硬度有以下两种方法：

1) 一次硬化法。采用较低的淬火温度与较低的回火温度，如 Cr12 型钢采用 980 ℃左右的温度进行淬火，然后在 160 ℃～180 ℃低温回火，其硬度可达 61～63 HRC。采用这种热处理方法，模具的淬火变形小，耐磨性高，因而得到广泛的应用。

2) 二次硬化法。采用较高的淬火温度+多次高温回火。如 Cr12 钢采用 1 100 ℃淬火，淬火后残留奥氏体较多，硬度较低，为 40～50 HRC。但经过多次 510 ℃～520 ℃的回火，产生二次硬化，硬度可达 60～62 HRC，热硬性提高。但由于淬火加热温度较高，晶粒较粗大，韧性较前一种处理方法稍差。这种热处理主要适用于承受强烈磨损，在 400 ℃～500 ℃条件下工作，要求有一定热硬性的模具。

(4) 常用钢种。常用的冷作模具钢为 Cr12 型高铬冷作模具钢，如 Cr12、Cr12MoV 钢等。这类钢具有很高的硬度、耐磨性和淬透性，且热处理变形小，是一种性能优良的微变形钢，一般用于制作强韧性和耐磨性要求较高的模具。对强度、韧性和耐磨性要求更高的模具，如钢铁材料冷挤压模具，Cr12 型冷作模具钢也不能满足使用要求，这时须采用高速钢制造，如 W6Mo5Cr4V2 钢。

近年来，我国还发展了高强韧性的冷作模具钢。此类钢的成分与高速钢在正常淬火后基体的成分相近，故也称为基体钢。这种钢的强度和韧性较高，淬火变形小，并具有一定的耐磨性和热硬性，常用于制造冷挤压模。常用牌号有 5Cr4W2Mo3V、6CrMoNiWV 等。

2. 热作模具钢

热作模具钢是用于制造高温下使金属成型的模具，如各种热锻模、热压模、热挤压模和压铸模等，工作时型腔表面温度可达 600 ℃以上。

(1) 性能特点及用途。热模具工作时承受很大的冲击荷载、强烈的摩擦、剧烈的冷热循环所引起的不均匀热应变和热应力，以及高温氧化、出现崩裂、塌陷、磨损、龟裂等失效形式。因此，热作模具钢的主要性能要求如下：

1) 较高的热硬性和高温耐磨性；

2) 足够的强度和韧性，尤其是受冲击荷载较大的热锻模钢；

3）较高的热稳定性，在工作过程中不易氧化；
4）较高的抗热疲劳能力，以防止龟裂破坏；
5）由于热模具一般较大，所以还要求热模具钢有高淬透性和导热性。

合金热作模具钢主要用于制作热锻模和热压模。

(2) 成分特点。

1）中碳。这类钢中碳的质量分数一般为 0.3%～0.6%，以保证高强度、高韧性、较高的硬度（35～52 HRC）和较高的抗热疲劳性能。

2）加入较多的提高淬透性的元素 Cr、Ni、Mn、Si 等。Cr 是提高淬透性的主要元素，同时和 Ni 一起提高钢的回火稳定性。Ni 在强化铁素体的同时还增加钢的韧性，并与 Cr、Mo 一起提高钢的淬透性和耐热疲劳性能。

3）加入产生二次硬化的 Mo、W、V 等元素。Mo 还能防止第二类回火脆性，提高高温强度和回火稳定性。

(3) 热处理特点及组织性能。热作模具钢中热锻模钢的热处理和调质钢相似，淬火后高温（550 ℃左右）回火，以获得回火索氏体或回火屈氏体组织；热压模钢淬火后在略高于二次硬化峰值的温度（600 ℃左右）下回火，组织为回火马氏体、粒状碳化物和少量残余奥氏体，与高速钢类似。为了保证热硬性，要进行多次回火。

(4) 常用钢种和牌号。热锻模与热压模相比，前者对韧性要求高而对热硬性要求不太高，广泛应用的典型钢种有 5CrMnMo、5CrNiMo 及 5CrMnSiMoV。热压模受的冲击荷载较小，但对热硬性要求较高，常用钢种有 3Cr2W8V、4Cr5MoVSi 等。

(三) 合金量具钢

量具钢主要用于制造各种测量工具，如卡尺、千分尺、螺旋测微仪、块规、塞规等。

1. 性能特点及用途

量具在使用过程中要求测量精度高，不能因磨损或尺寸不稳定影响测量精度，对其性能的主要要求如下：

(1) 高硬度（大于 56 HRC）和高耐磨性；

(2) 高尺寸稳定性。热处理变形要小，在存放和使用过程中，尺寸不发生变化。

2. 成分特点

量具用钢的化学成分与低合金刃具钢相同，即为高碳（w_C=0.9%～1.5%）和加入提高淬透性的元素 Cr、W、Mn 等。

3. 常用量具用钢

尺寸小、形状简单、精度较低的量具，选用高碳钢制造；复杂的精密量具一般选用低合金刃具钢；高精度的精密量具（如塞规、量块等），应采用热处理变形小的 CrMn、CrWMn、GCr15 等钢制造。要求耐腐蚀的量具可用不锈钢制造。

量具用钢的选用示例见表 4-3。

表 4-3 量具用钢的选用示例

量具类别	建议选用钢种的牌号
平样板或卡板	10号、20号或50号、55号、60号、60Mn、65Mn
一般量规与块规	T10A、T12A、9SiCr
高精度量规与块规	Cr（刃具钢）、CrMn、GCr15
高精度且形状复杂的量规与量块	CrWMn（低变形钢）
抗蚀量具	4Cr13、9Cr18（不锈钢）

4. 热处理特点

量具钢的热处理方法与刃具钢相似，其预备热处理为球化退火，最终热处理为淬火＋低温回火。为减少变形和提高尺寸稳定性，在淬火和低温回火时要采取措施提高组织的稳定性。

（1）在保证硬度的前提下，尽量降低淬火温度，以减少残余奥氏体。

（2）淬火后立即进行 –70 ℃～–80 ℃的冷处理，使残余奥氏体尽可能地转变为马氏体，然后进行低温回火。

（3）精度要求高的量具，在淬火、冷处理和低温回火后，还需进行 120 ℃～130 ℃，几小时至几十小时的时效处理，使马氏体正方度降低、残余奥氏体稳定和消除残余应力。

五、特殊性能钢

特殊性能钢是指具有特殊物理、化学、力学性能的钢。用于制造在特殊条件下工作的零件或结构件。常用的有不锈钢、耐热钢等。

（一）不锈钢

凡在大气、河水、海水、盐碱和某些酸性溶液中，性能稳定，不生成氧化物的钢称为不锈钢。不锈钢在石油、化工、原子能、宇航、国防工业和一些尖端科学技术及日常生活中得到广泛的应用，例如用于制作化工装置中的各种管道、阀门和泵、医疗手术器械、防锈刃具和量具等。对不锈钢的主要性能要求是具有良好的抗蚀性，其次是要有一定的硬度、强度和耐磨性以及良好的加工性。

1. 不锈钢的化学成分特点及合金化

（1）碳含量较低。因 C 与钢中的合金元素 Cr 易在晶界处形成 Cr 的合金碳化物［主要为 $(Cr, Fe)_{23}C_6$ 型碳化物］，使碳化物周围贫 Cr、贫 Cr 区组织迅速被腐蚀，造成沿晶界发展的晶间腐蚀，使金属产生沿晶界脆断的危险。同时，随 C 的质量分数的增加，渗碳体及其他碳化物的质量分数也随之增加，致使微电池的数量增多。因此，为保证不锈钢具有良好的耐蚀性，不锈钢中的含碳量应低，且耐蚀性要求越高，含碳量应越低。大多数不锈钢的碳质量分数为 0.1%～0.2%。对碳质量分数要求较高（0.85%～0.95%）的不锈钢，应相应地提高 Cr 含量。

（2）加入最主要的合金元素 Cr。Cr 是不锈钢获得耐蚀性的最基本元素，Cr 能提高钢基体的电极电位。随铬含量的增加，钢的电极电位急剧升高。铬在氧化性介质（如水蒸气、大气、海水、氧化性酸等）中极易钝化，生成致密氧化膜，阻止金属进一步被氧化，从而使钢的耐蚀性大大提高。

（3）加入 Ni。Ni 是扩大奥氏体区的元素，在不锈钢中加入 Ni，可获得单一奥氏体组织，显著提高耐蚀性，同时还可提高韧性、强度以及改善其焊接性。

（4）加入 Ti 和 Nb。Ti、Nb 能优先同碳形成稳定碳化物，使 Cr 保留在基体中，避免晶界贫 Cr，从而减轻钢的晶界腐蚀倾向。

（5）加入其他合金元素。Cr 在非氧化性酸（如盐酸、稀硫酸等）中的钝化能力差，加入 Mo、Cu 等元素可提高钢在非氧化性酸中的耐蚀性。Si、Al 等元素与 Cr 的作用相似，可在钢表面生成钝化膜。Mn 可部分替代 Ni 以获得奥氏体组织，并提高 Cr 不锈钢在有机酸中的耐蚀性。

2. 常用不锈钢

不锈钢按化学成分的不同，可分为铬不锈钢、镍铬不锈钢、铬锰不锈钢等。按金相组织的特点，则可分为铁素体不锈钢、马氏体不锈钢、奥氏体不锈钢和奥氏体＋铁素体双相型不锈钢等。航空工业常用的是奥氏体不锈钢、马氏体不锈钢和双相型不锈钢。

（1）铁素体不锈钢。常用的铁素体不锈钢中，$w_C < 0.5\%$，$w_{Cr}=12\% \sim 30\%$，属于 Cr 不锈钢。这类钢是单相铁素体组织，从室温加热到高温，其组织也无显著变化。其抗大气与酸能力强，具有良好的高温抗氧化性。其力学性能不如马氏体不锈钢，故多用于受力不大的耐酸结构和作为抗氧化钢使用。

铁素体不锈钢按 Cr 含量的不同，分为三种类型：①Cr13 型，如 0Cr13Al、00Cr12，常用作耐热钢（如汽车排气阀等）；②Cr17 型，如 1Cr17、1Cr17Mo 等，可耐大气、稀硝酸等介质的腐蚀；③Cr27-30 型，如 00Cr30Mo、00Cr27Mo，是耐强腐蚀介质的耐酸钢。

（2）马氏体不锈钢。正火后能获得马氏体组织的不锈钢称为马氏体不锈钢。马氏体不锈钢中常用的有 Cr13 型钢（1Cr13、2Cr13、3Cr13、4Cr13 等）和 Cr18 型钢（9Cr18、1Cr17Ni2 等）。这类钢因只用铬进行合金化，只在氧化介质中耐蚀，在非氧化性介质中不能达到良好的钝化，耐蚀性很低。碳含量低的 1Cr13、2Cr13 钢耐蚀性较好，且有较好的机械性能。3Cr13、4Cr13 钢因碳含量增加，强度和耐磨性提高，但耐蚀性降低。

马氏体不锈钢采用的热处理工艺方法，通常是淬火＋回火。淬火加热温度较高（1 000 ℃～1 150 ℃）。其目的是使碳化物（$Cr_{23}C_6$）能充分溶入奥氏体，然后在油中快速冷却，以防碳化物析出，保证获得单相的马氏体组织。

回火温度为 200 ℃～780 ℃，根据使用要求来确定。通常分为两种情况：其一，1Cr13、2Cr13 钢，含碳量低，多做结构钢使用。为提高韧性，常采用 700 ℃左右的高温回火，回火后获得回火索氏体。其二，3Cr13、4Cr14 钢，含碳量较高，做工具、弹簧、轴承等用，为保持所需的硬度、强度，常采用 250 ℃左右的低温回火，获得回火马氏体组织，其中仍有大量的铬，故仍有较好的抗蚀性。

1Cr11Ni2W2MoVA 在 1Cr13 的基础上调整碳和铬的含量，并添加多种元素强化，从而具有很大的淬透性和很高的回火抗力，可在 600 ℃以下保持较高的综合机械性能和抗蚀性，故也称为马氏体不锈耐热钢。9Cr18 为高碳高铬马氏体不锈钢，淬火回火后具有比 4Cr13 更高的硬度和耐磨性。

(3) 奥氏体不锈钢。奥氏体不锈钢一般 Cr 的质量分数为 17%～19%，Ni 的质量分数为 8%～11%，属镍铬钢，典型的是 18-8 型不锈钢（1Cr18Ni9）。因镍的加入，扩大了奥氏体相区而获得单相奥氏体组织，故有很好的耐蚀性及耐热性。现已在 18-8 型的基础上发展了许多新钢种。

此外，奥氏体不锈钢的含碳量不能过高，否则易形成 $(Cr, Fe)_{23}C_6$。不但降低了奥氏体的含铬量，而且使钢成为两相，严重地影响抗蚀性。故其含碳量一般控制在 0.10% 左右，甚至控制在 0.03% 以下。

由于奥氏体不锈钢的含铬、镍量比马氏体不锈钢的高，且为单相奥氏体组织，因而具有更高的抗蚀性能，不仅能抗大气、海水、燃气的腐蚀，而且能耐酸蚀，抗氧化温度可达 850 ℃，具有一定的耐热性。奥氏体不锈钢没有磁性，故可用于制造电气、仪表零件，不受周围磁场和地球磁场的干扰。

奥氏体不锈钢晶格类型为面心立方，滑移系多，又是单相组织，因而塑性很好，热压与冷压加工性能相当优良，便于冲压加工成型。这种钢还具有良好的焊接性能。

奥氏体不锈钢加热、冷却无相变发生，因而不能热处理强化。经固溶处理后，强度、硬度均不如马氏体不锈钢。只能靠冷变形加工强化，通过加工硬化和形变诱发奥氏体部分转变成马氏体来实现强化，但塑性和抗蚀性又发生显著下降。

奥氏体不锈钢的切削性能较差，因为这类钢加工硬化现象严重，使切削区显著强化，增大切削阻力。加之它的导热性差，造成刀刃温度迅速上升，而且韧性增大，切屑剥离。故刀具使用寿命短、加工效率低、零件表面不光滑。

奥氏体不锈钢在航空上应用较多，用于既承受腐蚀又承受高温的航空零件。如超声速飞机蒙皮、隔热板；涡喷发动机的燃气导管、尾喷管；火箭发动机的液氧、液氟、液氢箱等。

(4) 奥氏体 + 铁素体不锈钢（双相型不锈钢）。双相型不锈钢是近年来发展起来的新型不锈钢，典型钢号 0Cr26Ni5Mo2。这类钢是在 18-8 型钢的基础上，提高 Cr 含量或加入铁素体形成元素而制成的一类具有奥氏体和铁素体双相组织的不锈钢。它的成分在 $w_{Cr} = 18\%～26\%$、$w_{Ni} = 4\%～7\%$ 的基础上，再根据不同用途加入锰、钼、硅等元素组合而成。双相型不锈钢通常采用 1 000 ℃～1 100 ℃ 淬火后，可获得铁素体及奥氏体组织。奥氏体的存在，降低了高铬铁素体钢的脆性，提高了强度、韧性和焊接性；而铁素体的存在，则提高了奥氏体钢的屈服强度、抗晶间腐蚀能力等。如 00Cr18Ni5Mo3Si2 双相不锈钢，其室温屈服强度比镍铬奥氏体钢提高一倍，而其塑性、冲击韧性仍较高，冷热加工性能及可焊接性也较好。

(5) 超高强度不锈钢。超高强度不锈钢是为弥补通用钢材比强度低、耐蚀性差而发展起来的另一类高合金超高强度钢，与其他超高强度钢相比，它具有优异的耐腐蚀性，而与上述不锈钢相比，它又具有优良的比强度。

超高强度不锈钢可分为冷作硬化奥氏体不锈钢、马氏体不锈钢、沉淀硬化不锈钢、时效不锈钢、相变诱导塑性不锈钢 4 大类，每一类在航空航天领域都可能有应用。如马氏体不锈钢中的 1Cr10Co6MoVNbBN、1Cr11Ni2W2MoVA 钢主要用来制造航空发动机耐蚀承力件（如压气机盘及其叶片、隔圈）；沉淀硬化不锈钢中的 0Cr17Ni4Cu4Nb 用于制造飞机要求高强度及耐蚀性的发动机压气机机匣、燃气导管、液体燃料储箱；0Cr17Ni7Al 用于制造飞机外壳结构件及导弹的压力容器及结构件；0Cr15Ni25Ti2MoAlVB 钢用于制造飞机发动机受热耐蚀零部件。

（二）耐热钢

耐热钢是指在高温下具有高的热化学稳定性和热强度的特殊钢，包括抗氧化钢和热强钢。

1. 抗氧化钢

抗氧化钢中加入合金元素铬、硅、铝等，它们与氧亲和力大，故优先被氧化，形成一层致密的、高熔点的氧化膜覆盖于钢表面，可将金属与外界的高温氧化物隔绝，从而避免进一步氧化。如钢中 $w_{Cr} = 20\% \sim 25\%$ 时，抗氧化温度可达 1 100 ℃。

实际应用的抗氧化钢，大多数是在铬钢、镍铬钢、铬锰氮钢基础上添加硅、铝制成的。和不锈钢一样，含碳量增多，会降低钢的抗氧化性，故一般抗氧化钢为低碳钢。

抗氧化钢分为铁素体和奥氏体两类。

2. 热强钢

金属在高温下长期承受荷载有两个特点：一是温度升高，金属原子间结合力减弱，强度下降；二是产生蠕变现象。

热强钢采用的合金元素如 Cr、Ni、Mo、W、Si 等，除具有提高高温强度的作用外，还可提高高温抗氧化性。常用的热强钢按正火状态下组织的不同，大致可分为珠光体钢、马氏体钢、奥氏体钢三类。

（1）珠光体型耐热钢。珠光体耐热钢的 C 的质量分数较低，一般为 0.08% ～ 0.20%，可保证钢具有良好的加工性，同时有利于钢中铁素体基体组织的稳定，其工作温度一般在 450 ℃～ 600 ℃范围内。通过 Mo、Cr 的固溶强化可以提高基体的抗蠕变能力。碳化物形成元素 V、Ti、Nb 等可产生沉淀强化。此外，Cr 还能提高钢的抗氧化性。按含碳量及应用特点可分为低碳珠光体热强钢和中碳珠光体热强钢，前者主要用于制造锅炉管等，常用牌号有 12CrMo、15CrMo、12Cr1MoV 等；后者则用来制造耐热紧固件、汽轮机转子、叶轮等。

（2）马氏体型热强钢。工作温度在 450 ℃～ 620 ℃范围内，对要求有更高的蠕变强度、耐蚀性和耐腐蚀磨损性的汽轮机叶片等零件，用珠光体热强钢制造是很难胜任的。在 Cr13 型不锈钢中加入 Mo、W、V 等合金元素，发展了马氏体型热强钢。常用的有 1Cr13 及在其基础上发展的 1Cr13Mo、1Cr11MoV、2Cr12MoVNbN 等。此外，为进一步提高这类钢的热强性，在 Cr13 型钢的基础上发展了 Cr12 型马氏体热强钢，其典型牌号有 1Cr11MoV 钢。马氏体型热强钢常用于制造 550 ℃以下工作的汽轮机叶片、涡轮机叶片、阀门等部件。

（3）奥氏体型热强钢。奥氏体型热强钢是在 18-8 型奥氏体不锈钢的基础上发展起来的，最常用的钢种有1Cr18Ni9Ti钢。奥氏体型热强钢的化学稳定性和热强性都高于珠光体型和马氏体型热强钢，高温和室温下还有较好的塑性和韧性、良好的焊接性，但切削加工性较差。在600 ℃以下具有足够的热强性。这类钢的热处理一般是在固溶淬火处理后，然后在高于使用温度约100 ℃的温度下进行时效处理，使组织稳定。它和Cr13钢一样，既是不锈钢又可作为耐热钢使用，可用于锅炉及汽轮机的过热管道和结构部件等。

如果工作温度超过700 ℃，则应考虑选用镍基（Ni-Cr合金）、铁基（Fe-Ni-Cr合金）等耐热合金；工作温度超过900 ℃，则应选用钼基、陶瓷合金等耐热合金；对于350 ℃以下工作的零件，则用一般的合金结构钢即可。

【情境案例分析】

为保证起落架能够承受巨大的荷载，同时满足长期使用的要求，材料应具有很高的强度、刚性和良好的韧性。目前，国外应用比较广泛的起落架用材，为低合金超高强度钢。其中，美国的300M钢是当今世界上强度最高、综合性能最好的飞机起落架用钢。300M钢的强度级别为1 900 M～2 100 MPa，1952年由美国国际镍公司研发成功，1964年开始用于制造C-5A大型军用运输机起落架。300M钢最大的优点是强度高、韧性好、疲劳性能优良、抗腐蚀性能强，是制造商首选的钢材，美国90%以上的军民用飞机起落架都用300M钢制造。

在我国航空工业发展过程中，先后研发出3种主要低合金超高强度钢。30号铬钢是我国早期航空工业用低合金超高强度钢，主要用于起落架等重要承力构件的制造，目前仍有应用。GC-4钢的抗拉强度达到1 900 MPa，一度用在歼八和强五飞机上，但由于冶金质量等原因，逐渐退出在起落架上的应用。20世纪80年代，我国成功研制出40号铬钢，与美国的300M钢性能相当，广泛用于飞机起落架和抗疲劳螺栓等关键零件的制造。

第三节　高温合金

【情境导入】

高性能航空发动机的设计和建造技术一直是一个世界级的尖端技术，要想独立制造出航空发动机，需要一个国家的整体的工业都要达到很高的水平，航空发动机也被称为"工业皇冠上的明珠"。航空发动机的许多部件都是在高温环境下工作的，其中涡轮叶片是航空发动机的核心部件，也是航发工作环境最为恶劣的部件。如今，许多航空设备上采用的是推重比7～8的第三代航空发动机，如美国的F-15、F-16、F-18，中国的歼10、歼11等战机，民航的各个系列如空客A320、波音737等。涡轮前进口温度为1 680～1 750 K。美国普拉特·惠特尼公司研发的F119发动机，推重比为10.8，涡轮前进口温度达到了1 900 K。这个温度已经超过碳钢的熔点，显然一般的材料已经无法承受，那什么材料可以担此重任呢？

【知识学习】

一、高温性能指标

高温下的结构零件有两方面的破坏因素：一是高温下产生氧化与腐蚀引起的破坏；二是高温下的热强度不足引起的破坏。所以衡量高温材料的主要性能指标有两项：热稳定性和热强度。

1. 热稳定性

在高温下，金属材料抵抗氧化腐蚀的能力，称为热稳定性。它是以一定温度下，单位时间内单位面积上金属损失掉或增加的质量来表示的，其单位为 $g/(m^2 \cdot h)$。在其他条件相同的情况下，失重或增重越少，热稳性就越高。

提高热稳定性的途径，其一是进行表面化学热处理，如渗铝、渗铬、渗硅等；其二是合金化，即在材料中加入适量的铝、铬、硅等元素。由于这些元素的存在，可在零件表面形成稳定、致密、牢固的氧化薄膜（Al_2O_3、Cr_2O_3、SiO_2 等），它们保护零件不再继续氧化，提高了其热稳定性。

由于铝、硅的加入会引起材料发脆，因此加入量很少，只能作为附加元素。在高温材料中，铬是用于提高热稳定性的主加元素，含铬量越高，抗氧化能力越强。如含铬量由 5% 递升到 12%、20%、30% 时，则其抗氧化温度可递升到 800 ℃、1 000 ℃、1 100 ℃。

2. 热强度

在高温下，金属抵抗变形和破坏的能力，称为热强度或高温强度。衡量金属材料高温强度的指标是蠕变极限和持久强度极限。

（1）蠕变极限。金属材料在高温下，即使应力远远小于 $\sigma_{0.2}$，也会随时间的延长而缓慢地发生塑性变形，这种现象称为蠕变。

金属在给定温度 T 下、规定的试验时间 t 内、发生一定蠕变伸长量 ε 的最大应力值称为蠕变极限，并以符号 "$\sigma^{T\varepsilon/t}$" 表示。例如：$\sigma^{800}_{0.2/500}=200$ MPa，即代表该材料在 800 ℃、500 h 内、发生不超过 0.2% 的蠕变所需要的最大应力为 200 MPa。必须明确，蠕变温度高于该材料的再结晶温度。蠕变强度的大小，表明金属在高温下抵抗缓慢塑性变形的能力。蠕变变形发展到一定程度，最后也能导致材料的断裂。金属材料、陶瓷材料在高温下会发生蠕变，高聚物在室温下就可能发生蠕变现象。对于长期在一定温度下承载的机件，就要考虑它的蠕变性能。

（2）持久强度极限。持久强度极限是指金属在一定温度 T 下，经过规定时间 t（h）不发生断裂的最大应力，以符号 "σ^T_t" 表示。例如 $\sigma^{800}_{100}=200$ MPa，即表示该材料在 800 ℃下、经 100 h 使金属不发生断裂的最大应力为 200 MPa。持久强度的大小，表明了金属材料在高温下抵抗断裂的能力。

3. 提高钢高温性能的途径

提高钢高温性能的途径有以下几个：

（1）提高再结晶温度。在钢中加入铬、钼、锰、铌等元素，可提高钢基体的固溶体的原子间结合力，使原子扩散困难，并能延缓再结晶过程的进行，能进一步提高热强度。

（2）利用析出弥散相而产生强化。在钢中加入钛、铌、钒、钨、钼以及铝、硼、氮等元素，形成稳定而又弥散分布的碳化物（TiC、NbC、VC、WC等）、氮化物、硼化物等难熔化合物和一些金属间化合物等，它们在较高温度也不易聚集长大，因而能起到阻碍位错移动、提高高温强度的作用。

（3）用熔点高的金属作为耐热合金的基体。熔点高，原子间的结合力大，高温下不易产生塑性变形，所以抗蠕变能力强。因此，高温合金常用铁、镍、钴等作为基体。

（4）适当粗化晶粒。高温长时间使用下的耐热钢，一般都是沿晶界断裂，因此采用粗晶粒的钢，其高温强度比细晶粒的钢好。

二、高温合金

制造航空发动机、火箭发动机及燃气轮机零部件如燃烧室、涡轮叶片、涡轮盘、导向叶片、尾喷管等所用的材料，需在高温（一般指600 ℃～1 100 ℃）氧化性和燃气腐蚀、振动、气流冲刷、高速旋转离心力的条件下长期工作，显然，耐热钢已不能满足上述要求，必须使用高温合金。

高温合金是指工作温度在600 ℃～1 000 ℃（或更高温度）下的合金，高温合金有较高的高温强度、良好的抗氧化性和抗热腐蚀性能，以及良好的抗疲劳性、断裂韧性、塑性等综合性能。按基体元素的不同，高温合金主要可分为铁基、镍基和钴基。按生产工艺的不同，高温合金又可分为变形高温合金（指可用压力加工方法使毛坯成型的合金）和铸造高温合金（指只能或主要以铸造方式成型，一般不能进行压力加工的合金）两大类。

我国高温合金牌号的命名考虑到合金的成型方式、强化类型与基体组元，采用汉语拼音字母符号做前缀，后接数字序号来表示。

变形高温合金的牌号以汉语拼音字母"GH"（"高合"汉语拼音首字母）+ 4位数字表示。"GH"后的第一位数字表示分类号，即高温合金的类型：1和2表示铁基或铁镍基高温合金，3和4表示镍基高温合金，5和6表示钴基高温合金（其中的奇数1、3和5为固溶强化型合金，偶数2、4和6为时效沉淀强化型合金）；"GH"后的第二、三、四位数字表示合金的编号，如GH4169表示时效沉淀强化型的镍基高温合金，合金编号为169。

铸造高温合金的牌号以汉语拼音字母"K"+ 3位数字表示。"K"后的第一位数字表示分类号，即合金的类型（其含义与变形合金相同）；第二、三位数字表示合金的编号，如K418表示时效沉淀强化型镍基铸造高温合金，合金编号为18。

此外，"FGH"表示粉末高温合金，"MGH"表示机械合金化粉末高温合金，"DZ"表示定向凝固铸造高温合金，"DD"表示定向单晶合金等。目前应用较多的高温合金有以下几类。

1. 铁基高温合金

铁基高温合金主要是奥氏体耐热合金钢。用奥氏体作为基体，是因为面心立方晶格原子间结合力较强，再结晶温度较高，比以往以铁素体为基体的钢具有更好的热强性。

这类合金的主加元素是Cr和Ni，有时还有相当数量的Mn。铬提高抗氧化性，镍和锰使基体变成奥氏体组织，加入的 W、Mo、V、Ti、Al 进一步提高再结晶温度和强化金属。常用的铁基高温合金如下：

（1）GH1035。GH1035 是固溶强化型铁基高温合金，其主要化学成分是 Cr22Ni38WTi，常用于 800 ℃ 以下工作的高温薄壁零件，在固溶状态下使用。

（2）GH2036。GH2036 是时效强化型铁基高温合金，其主要化学成分是 4Cr12Ni8MoV，热处理为 1 140 ℃ 淬火、水冷，然后在 650 ℃～670 ℃ 时效强化，常用来制造涡轮盘，在时效状态下使用。

2. 变形镍基高温合金

镍的熔点高，又是面心晶格，而且表面能形成致密的氧化膜，能防止 800 ℃ 以下剧烈氧化，因此是优良的耐热基体金属。在镍中还加入 Cr、W、Mo 等元素提高抗氧化性与热强性。

镍基高温合金是当前 700～1 000 ℃ 工作温度区使用较为广泛的高温合金，是在 Cr20Ni80 合金中加入 Al、Ti、Nb、Ta、W、Mo、Co 等强化元素发展起来的。固溶强化、晶格沉淀强化、碳化物强化以及晶界控制等的联合作用改善了合金的热强性。镍基高温合金根据加工工艺又可分为变形镍基高温合金和铸造镍基高温合金。

变形镍基高温合金有优良的热稳定性和热疲劳性，冷压和焊接性良好，常用作燃烧室联焰管、引燃管等。常用变形镍基高温合金如下：

（1）GH3039。GH3039 镍基高温合金的主要成分是 Cr20Ni75Mo2AlTiNb，常用作 900 ℃ 以下工作的火焰筒及加力燃烧室等冷压焊接零件。

（2）GH3044。GH3044 镍基高温合金的主要成分是 Cr25Ni60W15Ti，常用于 950～1 100 ℃ 工作的燃烧室、鱼鳞片内腹板等冷压焊接件。

（3）GH3128。GH3128 是我国研制的合金，目前主要用于制造 950 ℃ 以下长期工作的火焰筒、加力燃烧室、导向叶片等零件。

3. 铸造高温合金

高温合金很难切削加工，虽然尽量采用新型刀具材料，仍然不能解决问题，生产效率很低，所以近年来铸造高温合金得到很大发展。

同变形高温合金相比，铸造高温合金的优点是：可大幅度加入合金元素，避免因合金元素多而使工艺性能变坏的问题；使用温度可相对提高 20 ℃～30 ℃，甚至 80 ℃；可铸成精度高和形状复杂的零件；可以采用新工艺，如定向结晶消除横向晶界，控制冷却速度获得所需的晶粒度或使叶片边缘晶粒细化，以提高叶片的力学性能。

航空发动机的导向叶片通常采用铸造高温合金，以普通精密铸造工艺或定向凝固工艺生产。比较有代表性的钢种有 K214、K232、K406、K417、K403、K409、K418 等。

4. 其他高温合金

除上述高温合金外，还有钴基、钼基、粉末高温合金，它们可用于更高的工作温度。

钴基高温合金可使用于 700～1 050 ℃ 的高温，这类合金具有较高的熔点和较高的强度。采用精密铸造成型，可用来制造喷气发动机的涡轮机叶片等高温零件和结构件。

粉末高温合金，是首先生产表面不受氧化的细合金粉末，然后将粉末装入密封罐，以热挤压形成坯料，再进行锻造或轧制，最后加工成零件。

高温复合材料是在镍基合金的基础上，嵌入大量的 W、Mo、Nb 等金属丝，以增强其强度。例如，美国在 W25Cr15Ti2Al2 镍基合金中，加入占体积 7% 的直径为 0.4 mm 的钨丝，试验的持久强度极限为在 1 200 ℃下经过 100 h 使金属不发生断裂的最大应力为 100 MPa。

三、高温合金在航空发动机上的典型应用

在航空涡轮发动机上，高温合金主要用于燃烧室、导向叶片、涡轮叶片和涡轮盘 4 大类零部件，如图 4-8 所示。

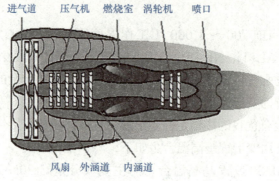

图 4-8　航空发动机结构示意

1. 燃烧室用高温合金

燃油雾化、油气混合、点火、燃烧等过程都是在燃烧室（也称火焰筒）内进行的，因此，燃烧室是发动机各部件中温度最高的区域。燃烧室内的燃气温度达到 1 500～2 000 ℃时，壁部合金材料承受的温度可达 800 ℃～900 ℃以上，局部处可达 1 100 ℃。用作燃烧室的合金除承受急热急冷的热应力和燃气的冲击外，不承受其他荷载。因此，燃烧室材料的工作特点是温度高、热应力大而机械应力小，常用易成型、可焊接的高温合金，如新型镍基和钴基高温合金。为了防止燃气冲刷、热腐蚀和隔热，常喷涂防护涂层。弥散强化合金不需涂层，即可用于制造耐 1 200 ℃的燃烧室。燃烧室用的材料均可用于制造加力燃烧室和尾喷管。

用于燃烧室的高温合金代表性牌号有 GH1140、GH3030、GH3039、GH3333、GH3018、GH3022、GH3128、GH3170。

板材合金除固溶强化的外，在用于温度较低、应力较大的部件时，也采用固溶加时效强化的合金，此种合金牌号有 GH21232、GH4141、GH4167、GH4163。

2. 导向器用高温合金

导向器也称导向叶片，它是涡轮发动机上受热冲击最大的零件之一。其失效方式通常为由热应力引起的扭曲、温度剧烈变化引起的热疲劳裂纹以及局部的烧伤。用作导向器的合金大多数采用熔模铸造生产。这样，合金中可以加入较多的 W、Mo、Nb、Al、Ti 等

固溶强化和时效强化元素。有些导向叶片则采用时效强化的合金板材焊接而成。目前，先进航空发动机多采用空心铸造叶片，其冷却效果好，可以提高合金的使用温度。国内导向叶片合金的使用温度可达 1 000～1 050 ℃，代表性精密铸造合金有 K214、K232、K406、K417、K403、K409、K418、K423B 等。

导向叶片合金除用普通精密铸造工艺生产外，还采用定向凝固工艺生产出定向合金和单晶合金，如图 4-9 所示。由于定向合金晶界与应力方向一致，单晶合金无晶界存在，因此合金的持久强度、热疲劳性大大提高，使用温度提高，并且有较好的薄壁性能。该类合金有 DZ3、DZ5、DZ22、DD3、DD402 等。

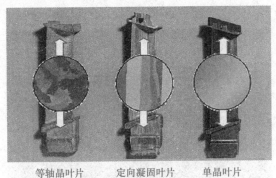

等轴晶叶片　　定向凝固叶片　　单晶叶片

图 4-9　不同凝固工艺生产的叶片

3. 涡轮叶片用高温合金

涡轮叶片是航空发动机上最关键的构件之一，又是最重要的转动部件，如图 4-10 所示。涡轮叶片的工作条件最为恶劣，除工作环境温度较高外，转动时还承受很大的离心力、振动力、气流的冲刷力等作用。制造涡轮叶片和涡轮盘的材料是影响发动机性能的重要因素。

用作制造航空发动机涡轮叶片的材料有时效强化型镍基变形高温合金，目前普通精铸、定向和单精铸造叶片合金也得到了广泛的应用。用作涡轮叶片合金的典型牌号有变形合金 GH4033、GH4037、GH4049、GH4118、GH4220 等，铸造合金 K403、K417、K418、K405、DZ3、DZ22 等。

图 4-10　发动机叶片

随着燃气涡轮进口温度的提高，普通精铸涡轮叶片已不能满足航空发动机的需要，先进航空发动机采用了单晶涡轮叶片，合金的使用温度可提高到 1 100～1 150 ℃，使航空发动机的性能进一步提高，如 DD402、DD3、DD6 单晶合金已部分应用。

4. 涡轮盘用高温合金

涡轮盘也是航空发动机上很重要的转动部件，如图 4-11 所示，在 4 大类部件中所占质量最大（大型涡轮盘单件质量达几百千克）。工作时，涡轮盘的温差相当大，产生的盘件径向热应力也很大。涡轮正常转动时带动涡轮叶片高速旋转，承受最大的离心力；榫齿部分所受的应力更为复杂，既有拉应力，又有扭曲应力等。每个发动机启动和停车过程，构成一次大应力低周疲劳。

图 4-11　发动机涡轮盘

用作涡轮盘的合金绝大多数是屈服强度很高的、晶粒细小的 Fe 基或 Ni 基高温合金。典型合金有 GH2132、GH2135、GH2901、GH4761 等，其使用温度可达 650 ℃～700 ℃。另外，有些机种选用镍基合金，如 GH4033A、GH4698，使用温度可达 700 ℃～750 ℃。

高温合金的变形抗力比普通钢大得多，而且变形温度范围很窄。随着航空发动机性能的不断提高，用作涡轮盘合金的合金元素也增多，随之而来的合金偏析会加重，变形抗力会增大，使采用常规的冶金工艺来生产涡轮盘已经变得越来越困难。因此，现代新型的发动机都采用粉末涡轮盘，即采用粉末冶金工艺生产涡轮盘。粉末涡轮盘合金具有组织均匀、晶粒细小、强度高、塑性好等优点，是现代先进航空发动机上使用的理想材料。此外，还开发了利用喷涂成型工艺生产的涡轮盘——喷射盘，其成本更低，并有一定的性能优势。

总之，随着飞机发动机性能的不断提高，其使用温度也越来越高。现代试验型发动机的涡轮进口温度已达到 1 650 ℃，有的要求达到 1 930 ℃。而镍基高温合金的极限使用温度是 1 200 ℃左右，各国的研究者都在致力于开发新的高温合金材料和新的制造工艺。现正在研制定向单晶、定向共晶、钨丝增强镍基合金和陶瓷材料，以及弥散强化镍基合金和新型粉末涡轮盘合金，以适应更先进发动机的涡轮叶片和涡轮盘的需要。

【情境案例分析】

现有研究表明，在其他条件不变的情况下，涡扇发动机涡轮前温度每提升 100 ℃，该发动机的最大推力就可以提升近 20%。所以，在材料耐高温能力和涡轮叶片冷却技术允许的情况下，尽可能提升发动机涡轮前温度是提升发动机推力的重要手段。

而想要提升发动机涡轮前温度也就需要涡轮叶片有着更强的耐高温能力，第三代发动机涡轮叶片大多使用第一代单晶和定向凝固高温合金，再加上气膜冷却单通道空心技术给叶片降温，使得涡轮叶片的使用温度可达 1 600～1 750 K，发动机的推重比为 7～8，例如我国的涡扇-10 系列发动机就属于第三代发动机。

而到了第四代涡扇发动机，使用的是第二代单晶镍基合金技术，通过添加钴、铼、钌等稀有元素提升微观结构，再加上多通道高压空气冷却技术使得涡轮叶片的使用温度达到 1 800～2 000 K，推重比可以达到 9～11，欧洲 EJ-200、美国的 F-119、F-135 等涡扇发动机则都属于第四代航空发动机。

【学习小结】

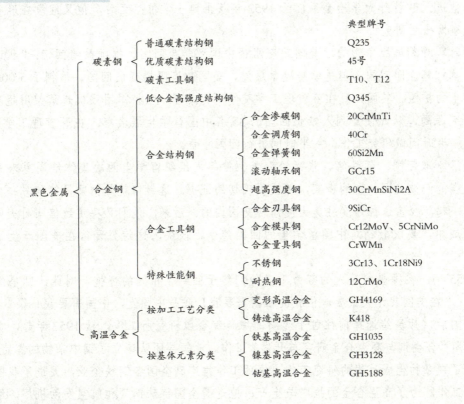

【拓展知识】

"中国高温合金之父"——师昌绪

师昌绪，我国著名材料科学家、战略科学家，中国科学院、中国工程院资深院士，国家最高科学技术奖获得者，2014 感动中国年度人物。"中国高温合金之父"是国外同行送给他的称号。因为他，这一涉及航空航天军事领域的核心材料在我国从无到有，摆脱国外掣肘；也是他，一辈子和各种各样的材料打交道，在高温合金、合金钢等领域为中国创造了多项第一。

1918年，师昌绪出生于河北徐水大营村一个四世同堂的大家庭。父亲师克和为清朝秀才，以教书为业，母亲则是一名普通的家庭主妇。1937年，抗日战争爆发，师昌绪随家人到河南，入读冀绥平津联合中学。

20世纪三四十年代军阀混战、日寇入侵，师昌绪此刻便立下"强国之志"，暗下决心要使中国强盛起来。"当时有一个说法，一个国家贫穷，主要是地下东西没开采出来。"为了实现实业救国梦，1940年中学毕业后，他步行到陕南，考入国立西北工学院矿冶系。大学时代的师昌绪非常刻苦，每天都学习到深夜，两三点又起床看书，成为全校5名"林森奖学金"获得者之一。

1945年大学毕业后，师昌绪到国民政府资源委员会所属的四川电化冶炼厂从事炼铜方面的技术工作。在厂两年多，他考取了国外留学资格，并于1948年赴美国密苏里大学矿冶学院从事真空冶金研究。短短一年时间，他完成了研究生学习，获得硕士学位；1950，他进入欧特丹大学冶金系，于1952年获得博士学位；之后，他又继续在麻省理工学院从事博士后研究。

当时，受朝鲜战争影响，美国政府阻挠中国留学生回国。据师昌绪回忆："我读完学位以后本打算立即回国，但是朝鲜战争爆发，美国政府阻挠我们回国，吊销了5 000名中国留学生的护照。其间，我在麻省理工学院做研究助理，主持军用飞机起落架用超高强度钢的研究课题，从此便被列入禁止回国的35名中国留学生黑名单。在麻省理工学院的3年，我一半时间做研究工作，一半时间进行回国斗争。

为了争取回国，师昌绪、张兴钤、李恒德等人组织留学生两次集体给周恩来总理写信，报告他们被美国扣留的事实，并提供确切的证据。这封信就是由师昌绪和另一名中国留学生一起，秘密送往印度驻美大使馆转交国内的。后来，他们又决定致信当时美国总统艾森豪威尔，要求撤销对中国留学生的回国禁令。很快，这封公开信在美国产生了很大反响。

1955年，在师昌绪等人的努力下，他们终于回到了祖国的怀抱。对此，师昌绪激动地表示："在美国我无关紧要，但我的祖国需要我！我是中国人，中国需要我！"

回国后，师昌绪选择前往位于沈阳的中科院金属研究所工作，从1957年起，负责金属研究所"合金钢与高温合金研究与开发"工作。他领导团队建立了钢中杂物的鉴定方法，并开展了夹杂物生成过程的研究工作。这项工作推广到全国各钢铁企业，促进了我国改进钢质量工作。为了高温合金的推广与生产，他走遍全国特殊钢厂和航空发动机厂，解决生产中出现的问题，被人们称为"材料医生"。

1964年10月的一天，时任航空研究院副总工程师的荣科到访，他问师昌绪："空心叶片，你能不能做？我已经拿脑袋担保了。"师昌绪愣了一下，马上明白过来：荣科是让他研制航空发动机用的"高温合金空心叶片"。在航空发动机中，这是最核心、难度最大的一个技术要点。当时，只有美国掌握这项技术。

"我也没见过空心叶片,也不知道怎么做。"40多年后,师昌绪在回忆当年科研经历时说到,"但当时就想,美国人做出来了,我们怎么做不出来?中国人不比美国人笨,只要肯做,就一定能做出来!"带着这份信念,师昌绪立即组织起100余人的攻关队伍,和大家一起日夜奋战在金属所简陋的精密铸造试验室里。他们与发动机设计和制造厂等合力攻关,攻克了型芯定位、造型、浇铸等一道道难关,于1965年研制出我国第一代铸造多孔空心叶片,这使我国航空发动机性能上了一个新台阶,只比美国晚了5年。而英国在这之后走完这段路程,整整用了15年时间。

师昌绪先生曾在其回忆录中这样写道:"人生在世,首先要有一个正确的人生观,要对人类有所贡献。作为一个中国人,就要对中国做出贡献,这是人生的第一要义。"正如其所言,他一直在为我国的科技事业呕心沥血、不遗余力地奋斗着。

1984年,66岁的师昌绪先生被调回北京,从科研第一线转战科研战略管理工作。20世纪90年代,他参与提出设立中国工程院,提出设立国家纳米科学技术指导协调委员会、中国新材料科技重大专项等一系列建议。

2000年,师昌绪先生就我国出现的"纳米热"给国务院科教领导小组写了《纳米科学技术的现状及本人对我国如何开展这项工作的意见》的报告,建议国家对"纳米科技"予以重视并指导协调使其有序发展,他的意见很快被国务院采纳。他还倡导并参与了我国高强碳纤维的研发与应用,目前T300级国产纤维生产已立足国内。

2011年1月14日,师昌绪先生获得国家最高科技奖的荣誉,成为中国第17个国家最高科技奖获得者。然而他总是摆摆手说:这个荣誉不是我一个人的,而是属于整个材料科学界。

"八载隔洋同对月,一心挫霸誓归国。归来是他的梦,盈满对祖国的情。有胆识,敢担当,空心涡轮叶片,是他送给祖国的翅膀。两院元勋,三世书香。一介书生,国之栋梁。"2014感动中国组委会给予师昌绪先生的颁奖词或许是对师昌绪先生最好的注解。

【学习自测】

一、填空题

1. 钢当中的有益杂质元素是_____和_____。
2. 钢中硫的有害影响主要是_____,磷的有害影响主要是_____。
3. 合金钢按用途可分为_____、合金工具钢和特殊性能钢三类。
4. 以铁、镍、钴为基,能在600 ℃以上的高温及一定应力作用下长期工作的一类金属材料叫作_____。
5. 将牌号T10A、Q235、08F填入下列空格:普通碳素结构_____、钢碳素工具钢_____、优质碳素结构钢_____。
6. 工具钢的含碳量一般较_____。
7. 机器零件用钢按含碳量分,渗碳钢属于_____碳钢。

8. 机器零件用钢按含碳量分，调质钢属于_____碳钢。
9. 机器零件用钢按含碳量分，轴承钢属于_____碳钢。

二、选择题

1. 下述金属中硬度最高的是（   ）。
   A．20号钢　　B．45号钢　　C．T8钢　　D．T12钢
2. 常温下，影响合金钢硬度的主要因素是（   ）。
   A．合金钢的含碳量　　　　B．合金钢中奥氏体颗粒的大小
   C．合金钢的含锰量　　　　D．合金钢中基体铁颗粒的分布情况
3. 45号钢是指含碳量为（   ）左右的优质碳素结构钢。
   A．4.5%　　　　　　　　B．45%
   C．0.045%　　　　　　　D．0.45%
4. 下列哪种元素会导致碳素钢的冷脆性？（   ）
   A．磷　　　B．碳　　　C．硅　　　D．硫
5. w_C=1.3%的钢比w_C=0.77%的钢（   ）。
   A．强度低、硬度低　　　　B．强度高、硬度高
   C．强度低、硬度高　　　　D．强度高、硬度低
6. T8钢是指含碳量为（   ）左右的碳素工具钢。
   A．8%　　　　　　　　　B．0.8%
   C．0.08%　　　　　　　　D．0.008%
7. 以下说法错误的是（   ）。
   A．硫会使钢产生"热脆性"
   B．磷会使钢产生"冷脆性"
   C．钢的强度和硬度随碳含量的升高而升高，所以碳含量越多越好
   D．一定含量的锰和硅可以提高钢的强度和硬度

三、简答题

1. 钢中常存杂质元素有哪些？它们对钢的性能有何影响？
2. 说明合金钢的分类和牌号表示方法。
3. 合金调质钢中常含有哪些合金元素？它们在调质钢中各起什么作用？
4. 制作刀具的材料有哪些类别？列表比较它们的化学成分、热处理方法、性能特点及主要用途。
5. 提高合金耐蚀性的主要合金元素是哪两种？其作用是什么？
6. 提高金属材料的抗氧化性主要有哪些途径？
7. 变形镍基高温合金在成分、热处理、性能和应用上有什么特点？
8. 铸造镍基高温合金在成分、热处理、性能和应用上有什么特点？
9. 什么叫作疲劳断裂？导致疲劳断裂的荷载具有怎样的特征？

10. 解释下列牌号中的符号及数字的含义，并指出它们属于哪种类型的钢：

20A、20Cr、40CrNiMoA、T8、09Mn2、9Mn2V、GCr15、CrWMn、9SiCr、60Si2Mn、Cr12MoV、1Cr13、1Cr18Ni9、0Cr18Ni9、GH3030、GH4167、K214、K409、DZ22、DD402

11. 航空发动机的工作特点是什么？分别列出发动机涡轮盘、涡轮叶片和燃烧室的选材特点。

第五章 飞机结构中有色金属材料的应用

【学习目标】

【知识目标】

1. 掌握铝合金性能特点、分类及牌号；
2. 熟悉铝合金在飞机上的应用；
3. 掌握钛合金的基本特性、分类、牌号及在飞机上的应用；
4. 掌握镁合金的基本特性、分类、牌号及在飞机上的应用；
5. 熟悉铜合金的性能、分类和牌号。

【技能目标】

1. 能够辨识铝合金的牌号、分析其性能特点及应用范围；
2. 能够辨识钛合金、镁合金、铜合金的牌号及性能特点；
3. 可以根据不同飞机结构的工作特点选择合适的材料。

【素质目标】

1. 主动学习专业相关知识，积极拓宽专业视野；
2. 培养理论联系实际的学习和工作能力。

金属种类繁多，通常把金属分为黑色金属和有色金属两大类。黑色金属包括铁、铬、锰及其合金。除黑色金属（Fe、Cr、Mn）以外的金属，称为有色金属或非铁金属。

铝、钛、镁等金属的密度小，分别为 2.7 g/cm³、4.5 g/cm³ 和 1.74 g/cm³，因此，这几种金属被称为轻金属，其相应的合金称为轻合金。轻合金具有密度小、比强度高、比刚度大、耐热、耐腐蚀、良好的导电性、导热性等特点，在航空航天领域的应用十分广泛。

当前，飞机、发动机上有色金属的用量已大大超过黑色金属。铝、钛、镁（Al、Ti、Mg）是飞机结构中不可缺少的结构材料，用量最多。在民用飞机结构（不含发动机）中，以质量计，铝合金占机体结构质量的 50%～80%。例如，在 MD-82 飞机中，铝合金为 17.1 t，占 74.5%，钛合金为 272 kg，占 1.2%。在波音 747 飞机中，铝合金为 18.6 t，占 81%，钛合金占 4%。在波音 777 飞机中，铝合金约占机体结构质量的 70%，钛合金占 7%。波音 787 飞机例外，钛合金占 14%，铝合金占 20%。

第一节 铝及铝合金

【情境导入】

在航天领域,进入空中的航天运载器,每减轻 1 kg,其发射费用将节省约 2 万美元,因此结构减重在航天领域可谓"克克计较"。在航空领域,战斗机质量若减小 15%,则可缩短飞机滑跑距离 15%,增加航程 20%,提高有效荷载 30%。因此,世界各国十分重视研制和开发航空航天用轻质结构材料。

飞机上的蒙皮、梁、肋、桁条、隔框等零部件和乘员舱、前机身、中机身、后机身、垂尾、襟翼、升降副翼和水平尾翼等部位使用环境存在较大的差异,但在许多飞机上,这些零部件都可以使用铝合金来制造。例如波音 767 客机的这些零部件就是由铝合金制成的,且它采用的铝合金约占机体结构质量 81%,这样不仅满足了使用要求,还大大减轻了飞机的质量。那为什么铝合金可以应用在如此多的场合呢?

【知识学习】

一、铝合金的分类及牌号

铝为银白色而具光泽的金属,为地壳中含量最高的金属元素。铝是一种密度小、抗腐蚀的结构材料,通过合金化可以使其强化,根据其不同成分,还可通过热处理或冷加工使之进一步强化。铝合金的分类方法有很多,常按加工工艺不同分为变形铝合金和铸造铝合金。

1. 变形铝合金的牌号

航空上通常采用美国铝业协会(AA)标准,铝或铝合金的牌号用四位数字表示。我国变形铝合金的新牌号分类方法与之基本相同,第一位和第三、四位也用数字表示,只是第二位采用英文字母。具体含义见表 5-1。我国变形铝合金的旧牌号采用汉语拼音字母加顺序号表示,防锈铝、硬铝、超硬铝、锻铝分别用"LF"(铝防)、"LY"(铝硬)、"LC"(铝超)、"LD"(铝锻)和后面的顺序号来表示。例如 LF5 表示 5 号防锈铝,LY11 表示 11 号硬铝,LC4 表示 4 号超硬铝,LD8 表示 8 号锻铝,其余类推。

2. 铸造铝合金的牌号

铸造铝合金用汉语拼音字母加数字"ZL1××"~"ZL4××"表示,其中"ZL"表示铸造铝合金;紧跟字母 ZL 之后的一位数字代表不同的主要合金元素,如 ZL1×× 为铝硅合金,ZL2×× 为铝铜合金,ZL3×× 为铝镁合金,ZL4×× 为铝锌合金;最后两位数字没有特殊意义,仅用来识别同一组中的不同合金,有时在这两位数字后面还有一位字母,表示是对该合金的改型。

表 5-1 纯铝及变形铝合金的编号方法

位数	美国铝业协会（AA）标准		我国标准 GB/T 16474—2011	
	纯铝	铝合金	纯铝	铝合金
第一位	阿拉伯数字，表示铝及铝合金的组别。1—表示铝含量不小于99.00%的纯铝；2~9表示铝合金，组别按下列主要合金元素划分：2—Cu；3—Mn；4—Si；5—Mg；6—Mg+Si；7—Zn；8—其他元素；9—备用组			
第二位	阿拉伯数字，表示合金元素或杂质极限含量控制情况。0表示其杂质极限含量无特殊控制；1~9表示受控杂质或合金元素的个数	阿拉伯数字，表示改型情况。0表示原始合金；2~9表示改型合金	英文大写字母，表示原始纯铝的改型情况。A表示原始纯铝；B~Y（C、I、L、N、O、P、Q、Z除外）表示原始纯铝的改型，其元素含量略有变化	英文大写字母，表示原始合金的改型情况。A表示原始合金；B~Y（C、I、L、N、O、P、Q、Z除外）表示原始合金的改型，其化学成分略有变化
最后两位	阿拉伯数字，表示最低铝百分含量（99.××%）中小数点后面的两位	阿拉伯数字，无特殊意义，仅用来识别同一组中的不同合金	阿拉伯数字，表示最低铝百分含量（99.××%）中小数点后面的两位	阿拉伯数字，无特殊意义，仅用来识别同一组中的不同合金

二、工业纯铝

工业纯铝具有以下特性：

（1）密度小，只有 2.7 g/cm³，仅为钢铁的三分之一。熔点较低，为 660 ℃。

（2）面心立方晶格结构，塑性很好，δ=35%~40%；强度低，σ_b=80~100 MPa；硬度很低，不能通过热处理强化。

（3）导电性、导热性好，仅次于银、铜，铝的导电率为铜的 60%，但密度仅为铜之三分之一。

（4）良好的耐蚀性。铝与氧能生成一层致密的组织：Al_2O_3 薄膜，阻止铝的进一步氧化，可以作为铝合金的包铝层，起防腐作用。如包铝层为 1.5% 厚度的 2024 薄板和中厚板。铝表面如再经阳极处理等表面处理，其耐蚀性更佳。

（5）用途。纯铝除是炼制铝合金的主要原料外，在航空上还用作导线、隔热铝箔等。纯铝不用于结构件，纯铝铆钉剪切强度低，用于飞机非结构件的连接。

三、变形铝合金

由于纯铝的强度低，不适用于制作承力结构零件，航空上大量使用的是铝合金。以铝为基础，加入一种或几种其他元素构成的合金，称为铝合金。主要添加合金元素有 Cu、Mg、Zn、Mn、Si 等。以压力加工方法生产的铝合金，称为变形铝合金。常用的有防锈铝、硬铝、超硬铝、锻铝。

1. 变形铝合金的热处理

变形铝合金由于应用面广，生产量大，产品的品种、规格、性能等多样化，在有色金属材料这个领域中具有广泛的代表性。

（1）变形铝合金的分类。变形铝合金有的可以热处理强化，有的不可热处理强化。

不可热处理强化的铝合金：防锈铝（按抗蚀性能分）；

可以热处理强化的铝合金：硬铝、超硬铝、锻铝（按力学性能分）。

1×××、3×××、5×××等系列铝或铝合金为不可热处理强化的铝合金；

2×××、6×××、7×××等系列铝合金为可以热处理强化的铝合金。

（2）变形铝合金的热处理。铝合金常用的热处理方法有退火、固溶处理、时效。

退火：软化处理，获得稳定组织或优良的工艺塑性。

固溶处理、时效：强化处理，提高强度性能。

1）退火。铝合金退火的目的是降低强度、硬度，提高塑性，便于加工，通常有完全退火和不完全退火。

完全退火：获得最大的成型性，以便随后进行变形量较大的成型工艺。

不完全退火：部分消除加工硬化效应，以便随后进行变形量较小的成型工艺。

2）铝合金的固溶处理（淬火处理）。铝合金的固溶处理（淬火处理）的目的是获得过饱和的铝基固溶体，以便通过随后的时效处理来提高它的强度和硬度。

固溶处理原理与钢不同，将铝合金加热到规定温度，并保温至规定时间（让金属化合物全部溶入固溶体），再将铝合金在冷却剂中快速冷却（使金属化合物来不及析出），铝合金淬火后得到过饱和、不稳定的固溶体，强度、硬度不高，而塑性很好，所以称为固溶处理。

以 Al-Cu 合金为例，Cu 在 α 固溶体中的溶解度室温时最大为 0.5%，加热到 548 ℃时极限溶解度为 5.65%；将 4%Cu 的 Al-Cu 合金加热到 550 ℃保温一段时间后，在水中快冷时，强化相 $CuAl_2$ 来不及析出，在室温下得到过饱和 α 固溶体；其强度为 $\sigma_b \approx 250$ MPa （未淬火时 $\sigma_b \approx 200$ MPa）。固溶处理得到的过饱和 α 固溶体不稳定，有分解出强化相过渡到稳定状态的倾向。

3）时效或时效硬化。铝合金固溶处理后强度、硬度较小，但固溶处理后在一定温度下，放置一段时间，强度和硬度明显提高。这种现象称为时效或时效硬化现象。其原因是随着时间的增加，强化相从过饱和 α 固溶体中缓慢析出，使强度和硬度明显提高。

根据时效温度的不同，时效可分为自然时效和人工时效。

①自然时效：淬火处理后室温下自发强化。自然时效的开始阶段（孕育期）强度和硬度基本上不变或升高极少，此时易于进行各种冷加工。当超过孕育期后，强度和硬度急剧升高。如 2024-T42 状态，指 2024 材料经固溶处理，在室温下放置 96 h，此时强度和硬度明显提高。

②人工时效：淬火后在烘箱内加热到一定温度并保温一定时间。如 7075-T62 状态，指 7075 材料经固溶处理后，在 120 ℃保温 24 h，然后空冷，使其强度和硬度明显提高。

当时效温度过高或在一定温度下时效时间过长时，并不能得到最高强度和硬度状态，这种现象称为过时效。超硬铝合金进行过时效处理的目的是改善耐应力腐蚀或晶间腐蚀的性能。如 7075-T73 状态，指 7075 材料经固溶处理后，在 107 ℃保温 8.5 h 后继续升温到 176 ℃并保温 10.5 h，然后空冷。又称为二级时效，与 T62 相比，σ_b 降低了大约 13%，但耐应力腐蚀或晶间腐蚀能力大大提高。

2. 铝合金的基本状态

（1）铝合金热处理状态表示法。

1）O——可热处理强化和不可热处理强化铝合金的退火状态。

2）F——铝合金处在制造状态（对热处理未加控制），对于铸铝表示材料处于铸造状态。

3）T——与其后面的数字表示可热处理强化铝合金的热处理状态，几种常用的热处理状态如下：

① -T3：固溶热处理后冷作硬化和自然时效。只有供货厂提供的材料可有这种状态。

② -T31：固溶热处理后通过矫平拉伸冷作硬化后自然时效。2024铆钉是一种典型的应用。

③ -T3511：固溶热处理，通过拉伸来消除内应力，并允许略加矫直，然后自然时效。应用于2024挤压型材。

④ -T42：由用户进行固溶热处理和自然时效到基本稳定状态，适用2024-O和6061-O铝合金。

⑤ -T6：固溶热处理后人工时效，冷作产生的影响不大。

⑥ -T62：由用户固溶热处理和随后人工时效。

⑦ -T73：固溶热处理和过时效，适用7×××铝合金。

航空公司可进行的热处理只有 -T42、-T62、-T73。

（2）铝合金的应变硬化表示法。对于不可进行热处理强化而通过变形强化的铝合金，用字母"H"和后面的一位或几位数表示其强化处理状态：

H1×——冷加工达到所需尺寸产生应变硬化。

第二位数表示硬化程度。如：H12——1/4硬化；H14——半硬化；H16——3/4硬化；H18——完全硬化；H19——超硬化。

H2×——冷加工应变硬化后，不完全退火。

第二位数表示硬化程度，同H1×的表示方法。

H3——应变硬化，并进行消除内应力的稳定化处理。

3. 常用变形铝合金

根据性能和用途，变形铝合金又分为防锈铝、硬铝、超硬铝和锻铝等。

（1）防锈铝。耐蚀性好，有良好的塑性和焊接性，不能热处理强化，可通过冷作硬化来提高强度和硬度，主要有Al-Mn系和Al-Mg系防锈铝。

Al-Mn系：有少量锰，强度很低，仅限飞机非结构件，如小的整流罩。

Al-Mg系：有少量镁和铬，强度较高，应变硬化后强度可达280 MPa左右，不做结构件，仅限于非结构件，如飞机油箱、防锈蒙皮、液压管、铆钉（5056-H32）等。5456是Al-Mg系中强度最高的合金，它具有很高的抗腐蚀性，但不能在应变硬化状态下用于温度高于100 ℃的场合，因为可导致对应力腐蚀开裂的敏感性。

（2）硬铝（Al-Cu-Mg系）。硬铝通常表面需包纯铝（将工业纯铝板放在硬铝铸锭的上下两侧，进行热轧，纯铝即焊合在硬铝板材的表面）、进行阳极化处理或涂阿洛丁，使表面形成一层致密的氧化膜，起防腐作用。

合金通过固溶处理与时效强化，具有较高的强度、较高的抗疲劳性能和断裂韧性，裂纹扩展速率较低。因此用在疲劳问题比较突出的部位，如机翼下翼面的蒙皮和桁条、水平尾翼上翼面的蒙皮和桁条、机身蒙皮等。

2024 是硬铝的最典型代表，其性能随状态而有明显区别，-T3、-T4 状态具有高韧性，-T6、-T8 状态则有较好的强度、抗腐蚀性能。

冰箱铆钉：使用前应经固溶处理，淬火后放在冰箱内冷冻保存（延迟时效硬化），使用时从冰箱中取出，如 2024-T4，2017-T4，具有较高的剪切强度，用在受力大的部位。2024-T4 铆钉在铆后 11 h 只达到一半的剪切强度，约 4 d 后达到最高。

外场铆钉 2117-T3，即时可用，具有较高的剪切强度和良好的耐腐蚀性。

2A12 是我国飞机上应用最广的材料之一，$\sigma_b \approx 460$ MPa，是这类合金中强度最高的，比强度与高强度钢相近，缺点是晶间腐蚀倾向大，用于制造蒙皮、翼肋、隔框等受力构件。

（3）超硬铝（Al-Mg-Zn-Cu 系）。主要是通过固溶处理与时效强化来提高强度，属于强度最高的铝合金系列。7075 是最典型代表，-T6 状态具有最高的强度和最低的韧性，对应力腐蚀开裂敏感，一般不推荐用于低温场合。而 -T73 状态具有最低强度、相当高的韧性和优良的抗应力腐蚀开裂性能和剥蚀性能。

7A04 合金是强度最高的一类合金，其 $\sigma_b \approx 600$ MPa，$\sigma_{0.2} \approx 500$ MPa。7A04 是比较成熟和在飞机上广泛应用的超硬铝，常用来制造要求屈服强度较高的飞机结构件，如机翼蒙皮、桁条、隔框等，甚至可代替部分高强度钢制造起落架、机翼、大梁。缺点是应力腐蚀倾向大，缺口敏感性大。

（4）锻铝（Al-Mg-Si-Cu 系）。热塑性好，韧性高，适合锻造。其中 6061 是最典型代表，具有广泛的用途。2A14 强度较好，接近硬铝，主要用于制造结构受载很大的、形状复杂的锻件。

四、铸造铝合金

用来直接浇铸各种形状的机械零件的铝合金，称为铸造铝合金。它流动性好，但塑性差。这类铝合金所含合金元素的量较多，它的强度和塑性较小，有良好的铸造性，适于铸造形状复杂的零件。

1. Al-Si 系

铝硅系铸造铝合金，又称为硅铝明，其特点是铸造性能好，线收缩小，流动性好，热裂倾向小，具有较高的抗蚀性和足够的强度，在工业上应用十分广泛。这类合金最常见的是 ZL102，硅含量为 10%～13%。它的最大优点是铸造性能好，但强度低，铸件致密度不高，经过变质处理后可提高合金的力学性能。该合金不能进行热处理强化，主要在退火状态下使用。为了提高铝硅系合金的强度，满足较大负荷零件的要求，可在该合金成分的基础上加入铜、锰、镁、镍等元素。

2. Al-Cu 系

铝铜系铸造铝合金的铜含量不低于 4%。由于铜在铝中有较大的溶解度，且随温度的改变而改变，因此这类合金可以通过时效强化提高强度，并且时效强化的效果能够保持到较高温度，使合金具有较高的热强性。由于合金中只含少量共晶体，故铸造性能不好，抗蚀性和比强度也较优质硅铝明低，此类合金主要用于制造在200 ℃～300 ℃条件下工作、要求较高强度的零件，如增压器的导风叶轮等。

3. Al-Mg 系

铝镁系铸造铝合金应用最广的是 ZL301。该类合金的特点是密度小，强度高，比其他铸造铝合金耐蚀性好。但铸造性能不如铝硅合金好，流动性差，线收缩率大，铸造工艺复杂。它一般多用于制造承受冲击荷载，耐海水腐蚀，外形不太复杂便于铸造的零件，如舰船零件。

4. Al-Zn 系

铝锌系铸造铝合金，与 ZL102 相类似。这类合金铸造性能很好，流动性好，易充满铸型，但密度较大，耐蚀性差。由于在铸造条件下锌原子很难从过饱和固溶体中析出，因而合金铸造冷却时能够自行淬火，经自然时效后就有较高的强度。该合金可以在不经热处理的铸态下直接使用，常用于汽车、拖拉机发动机的零件。

国外航空航天最常用的两种铸造铝合金为 A201-T7 和 A357-T6。

A201 所含的主要合金元素是铜，是一种高强度、可热处理的铸造铝合金。-T7 状态为过时效状态，具有高强度、中等延展性、最佳抗应力腐蚀开裂性能。

A357 是可热处理的铝 - 硅 - 镁合金，一般用于永久型铸件与优质铸件，具有优良的铸造性能。

■ 五、铝合金在飞机上的应用

变形铝合金 1×××～8××× 在航空航天器制造中都得到应用，但用得最多的是 2××× 系及 7××× 系合金，其次是 6××× 系与 5××× 系合金，用得不多的是 8××× 系合金（主要是铝 - 锂合金），用得最少的是 1××× 系合金、4××× 系合金，几乎没有在结构制造中得到应用（图 5-1）。如果按材料的热处理状态来分，航空航天器用的铝材中可热处理强化的铝合金约占 92%，而不可热处理强化的铝合金仅占 8% 左右。

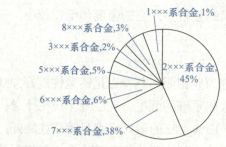

图 5-1　各系铝合金在民用客机中应用比例

铝合金在飞机上主要是用作结构材料，如蒙皮、框架、螺旋桨、油箱、壁板和起落架支柱等。铝合金在航空航天中的应用开发可分为下面几个阶段：20 世纪 50 年代主要目标是减轻质量和提高合金比刚度、比强度；20 世纪 60—70 年代主要目标是提高合金耐久性（疲劳性能）和损伤容限，开发出 7××× 系合金 T73 和 T76 热处理制度、7050铝合金和高纯合金；20世纪80年代由于燃油价格上涨而要求进一步减轻结构质量；20世纪90年代至今，铝合金的发展目标是进一步减重，并进一步提高合金的耐久性和损伤容限，例如开发出高强度、高韧性、高抗腐蚀性能的新型铝合金，大量采用厚板加工成复杂的整体结构部件代替以前用很多零件装配的部件，不但能减轻结构质量，而且可保证性能的稳定，要实现这一点必须开发出低内应力的厚板；进入21世纪后，各国围绕大型和高速飞机及航天器的需要，研发了一批新型的Al-Li合金材料，基本上满足了航空航天工业高速发展的需求。例如，客机的进舱门过去是由近50个零件组装的，可用一块厚板数控铣削而成，不但生产成本下降，而且门的强度有所提高。飞机的上、下机翼也可以用厚板铣成。

铝合金在飞机上应用广泛，表5-2～表5-4简单列出了铝合金在不同型号飞机上的应用。

表5-2　铝合金在MD-82飞机上的应用

典型结构	零件	合金牌号及状态	典型结构	零件	合金牌号及状态
主起落架	安装接头	7075-T73锻件	水平尾翼	蒙皮	7075-T73
机身	蒙皮	2014-T6、2024-T351		肋腹板、梁腹板	7075-T6
	长桁、框	7075-T6		梁缘条	7075-T73
机翼	上蒙皮	7075-T76	垂直尾翼	蒙皮	2014-T6、7075-T6、2024-T62
	下蒙皮	2024-T3			
	上下翼面长桁	7075-T6		梁缘条、长桁	2014-T6
	梁腹板、翼肋腹板、翼肋缘条	7075-T6		梁腹板、肋	7075-T6

表5-3　铝合金在波音707/727/737/747飞机上的应用

典型结构	零件	合金牌号及状态	典型结构	零件	合金牌号及状态
机身及机翼	隔框、紧固件	7075-T73锻件	水平尾翼	下表面	2024-T3
机身	蒙皮	2024-T3		上表面	7075-T6
	长桁	7075-T6	垂直尾翼	蒙皮	7075-T6
机翼	上蒙皮、长桁、弦梁	7178/7075-T6		长桁	7075-T6
	下蒙皮、长桁、弦梁	2024-T3			

表5-4　铝合金在波音737/757/767飞机上的应用

典型结构	零件	合金牌号及状态	典型结构	零件	合金牌号及状态
机翼	上蒙皮	7150-T651板材	机身及机翼	隔框、紧固件	7075-T73、7050-T736、7175-T736锻件
	长桁	7150-T6511挤压件	水平尾翼	蒙皮、长桁	7075-T6
	下蒙皮	2324-T39	垂直尾翼	蒙皮、长桁	7075-T6
	长桁、弦梁	2224-T3511挤压件			

【情境案例分析】

　　铝合金是工业中应用最广泛的一类有色金属结构材料，通常添加铜、锌、锰、硅、镁等合金元素，添加不同的合金元素可以使铝合金的性能大不相同。在航空方面，铝合金可谓重中之重，大量采用铝合金加工而成的复杂的整体结构件代替以前用很多零件装配而成的部件，不但能减轻结构质量，提高载质量和航程，而且能保证飞机性能的稳定。其中，高强铝合金主要用于飞机机身部件、发动机舱、座椅、操纵系统等，在大多数情况下可替代铝模锻件；耐热铝合金与普通结构合金和高强度铝合金相比合金化程度更高，多用于制备温度达200～400 ℃的靠近电动机的机舱、空气交换系统的零件；耐蚀铝合金具有足够高的性能指标，其强度、塑性、冲击韧性、疲劳性能和可焊性都较好，且具有耐蚀性，这样就可用于易腐蚀的部位。另外，有些航空铝合金有良好的低温性能，可在液氢和液氧环境下工作，因而是制造液体火箭的好材料。发射"阿波罗"号飞船的"土星"5号运载火箭各级的燃料箱、氧化剂箱、箱间段、级间段、尾段和仪器舱都是用航空铝合金制造的。

第二节　钛及钛合金

【情境导入】

　　20世纪50年代末，喷气式飞机的速度已超过2倍声速，给飞机材料带来了热障问题。当飞机在同温层飞行（大气的温度为 -56 ℃），其速度等于声速（1 200 km/h）时，飞机表面的温度为 -18 ℃；2倍于声速时，其温度为98 ℃；3倍于声速时，其温度为300 ℃。但是，当飞机速度达到2倍声速时，铝合金的强度便会显著降低；当速度达到3倍声速时，铝合金机体会在空中碎裂，发生十分可怕的空难。铝合金耐高温性能差，在200 ℃时强度已下降到常温值的1/2左右，因此用铝合金材料制造的飞机蒙皮可承受的气动加热一般不超过2.2马赫（飞行器的飞行速度v与当地声速a的比值称为马赫数），所以到目前为止，世界上实用型的超音速飞机大多数都控制在2.2马赫以内，这样可以充分发挥飞机的结构效率。那工程师们是如何使飞机突破更高速度的呢？

【知识学习】

■ 一、工业纯钛的基本特性

　　(1) 密度为 4.5 g/cm³，介于钢和铝之间。
　　(2) 熔点为 1 668 ℃，具有较高的热强度。
　　(3) 在常温下能在表面形成致密的氧化膜，抗氧化能力优于大多数奥氏体不锈钢，在大气、海水中有优良的抗腐蚀性，在酸碱中很稳定。

(4) 同素异构转变。钛合金在 882.5 ℃发生同素异构转变。在 882.5 ℃以下为密排六方晶格的 α-Ti，882.5 ℃以上为体心立方晶格的 β-Ti。

α-Ti 具有良好的塑性，但 σ_s、σ_b 接近，σ_s/σ_b=0.7～0.9，弹性模量 E 值小，压力加工性能不如钢。

(5) 工业纯钛和一般纯金属不同，具有相当高的强度、良好的塑性、焊接性和较高的热强度。

工业纯钛常以退火状态供应，在退火状态下，其 σ_b=450～600 MPa，$\sigma_{0.2}$=230～500 MPa，延伸率 δ=15%～30%，硬度 HV=160～200。可制造 350 ℃以下的飞机构件，如飞机蒙皮、隔热板。

(6) 按杂质含量分为 3 个等级：TA1、TA2、TA3；具有单相 α 组织，故工业纯钛归入 α 型钛合金。

二、钛合金

1. 钛的合金化及分类

以钛为基础，加入一种或几种其他元素构成的合金，称为钛合金。

加入钛中的合金元素（Al、V、Sn、Mo 等）起固溶强化作用，溶入 α-Ti 形成 α 固溶体，溶入 β-Ti 形成 β 固溶体。

根据使用状态的组织，钛合金分为 3 类，牌号分别以 TA、TB、TC 加上编号来表示。

(1) α 型钛合金，如 TA4（Ti-3Al）、TA7（Ti-5Al-2.5Sn）；

(2) β 型钛合金，如 TB1（Ti-3Al-8Mo-11Cr）、TB2（Ti-5Mo-5V-8Cr-3Al）；

(3) α+β 型钛合金，如 TC4（Ti-6Al-4V）、TC10（Ti-6Al-6V-2Sn）。

2. 钛合金的热处理

(1) 消除内应力的热处理。对构件加温，在 525 ℃下保温 6 h 后空冷。处理后，表面会起皮或色泽发暗，可把构件浸在酸性溶液中进行酸洗（10%～20% 硝酸 +1%～3% 氢氟酸，温度为室温或稍高）。

(2) 完全退火。将构件加热到 538 ℃～900 ℃，保温 16 min 至数小时（取决于构件厚度和冷加工量）后空冷。处理后构件表面出现起皮现象，可进行碱性清洗。完全退火后，韧性和延展性提高，改善了机加工性能。

3. 钛合金的主要性质

(1) 优点。

1) 比强度高。其强度一般为 600 MPa～1 110 MPa，最高强度可达 1 500 MPa，具有比各种合金都高的比强度，这是它作为航空材料的主要原因。

2) 热强度高。熔点高，再结晶温度也高，具有较高的热强度。能在 600 ℃下长期工作，可向 800 ℃～900 ℃高温发展，可与耐热钢相媲美。

3) 抗蚀性好。在表面形成一层致密、牢固的 TiO_2 膜，能抵抗大气的腐蚀，海水中抗蚀性仅次于铂，在高温下仍具有良好的耐蚀性，耐蚀性超过不锈钢。

(2) 缺点。

1) 工艺性能差，导热性小，摩擦系数大，切削加工异常困难，切削加工性差。

2) 高温易吸收氢、氧等而变脆，所以热加工只能在真空或保护气氛中进行。

在室温下与酸接触或在 550 °F 以上处在含氢物质中，也会引起氢脆。去氢处理方法是在真空中进行加热。由于其屈服强度高，弹性模量较低，冷压加工成型时回弹较大，一般需要采用热压加工成型。

3) 耐磨性差。

4) 生产工艺复杂，成本较高。

4. 常用钛合金

(1) α型钛合金。α型钛合金的主要合金元素是铝，还有中性元素锡和锆。其中铝使合金大大地强化。α型钛合金不能热处理强化，只能退火状态下使用。

α型钛合金在室温下本质上只有单一相存在，这点与纯钛相近。α型钛合金室温强度不高，组织稳定，抗氧化性好，具有良好的焊接性、低温韧性和高温持久强度（高于β型和α+β型），用于飞机上受力不大的板材或管材结构件。

美国钛合金 Ti-5Al-2.5Sn（相当于 TA7）为全α钛合金，可用于制造 500 °C 下长期工作的零件，如超音速飞机中的涡轮机匣；在低温下仍然具有优良的力学性能，被用于阿波罗宇宙飞船装载火箭燃料的氮和氦增压气体、液氢压力容器以及结构管道等。

近α钛合金基本上是全部的α相结构但含有少量的β相，主要应用于航空发动机中工作温度低于 600 °C 的零部件。

(2) β型钛合金。室温下基本上是单一的β相，可热处理强化，时效硬化后达到较高的强度水平，甚至可代替超高强度钢。

时效状态的β型钛合金，具有较高的强度和一定的断裂韧性。退火状态的β型钛合金，具有优良的冲压性能、中等强度和断裂韧性。但合金化复杂，组织不稳定，耐热性不高。

TB1、TB2 钛合金应用较少，常用于 250 °C 以下长期工作或 350 °C 以下短时工作的零件，主要应用于压气机叶片、轴、轮盘等重荷载旋转件、成型性好的飞机构件或紧固件。

美国钛合金 Ti-13-11Cr-3Al，退火状态下有很好的加工性和韧性，通常固溶处理和时效后使用，是一种弹簧材料，有很好的弹性。Ti-10V-2Fe-3Al 比 Ti-6Al-4V 有更高的强度，具有低温锻造及精密模锻特性。该材料已应用于波音 777 飞机的锻件。

(3) α+β型钛合金。兼有α、β型钛合金的优点，通过热处理可以进一步强化。热强度高，塑性好，便于成型，但大多数焊接性能不好。

α+β型钛合金应用很广泛。其中 Ti-6Al-4V（TC4）是使用最多的、综合性能最好的多用途钛合金。淬火时效后，其强度 $\sigma_b \approx 1\,110$ MPa。退火状态下，$\sigma_b \approx 950$ MPa，最高工作温度 400 °C，用于制造飞机压气机盘、叶片及飞机构件等，如应用在 MD-82 机身尾段吊挂处蒙皮（退火状态）、肋（退火状态）、后梁（退火状态），B737-700 水平尾翼与机身连接的接头，B747 主起落支撑梁模锻件等。

三、钛合金在飞机上的应用

自 20 世纪 50 年代起,钛合金作为工业新金属材料在全世界范围出现后,航空工业钛材用量已占到全世界钛材市场一半以上。目前,飞机的结构材料主要是铝合金、钛合金、钢、镁合金及复合材料,其中有优异减重效果的钛合金在各个国家商用及军用飞机上的用量占比越来越高,如图 5-2 所示。波音第一架客机波音 707 机身钛合金仅占到总质量分数的 0.2%,到最新一代客机波音 787,钛合金占比已达 15%。我国的大飞机 C919 的钛合金用量与波音 777 相当,占到 9%～10%,而俄罗斯新一代客机 MS-21 钛合金用量占比达到 25%。在国外第三代战斗机上钛合金用量占机体结构质量的 20%～25%,在第五代战斗机 F-22 上高达 41%。

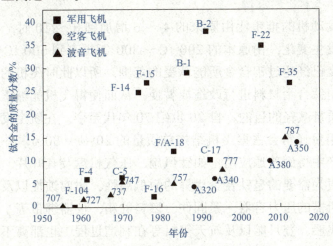

图 5-2 钛合金在飞机上的应用

表 5-5 列出了钛合金在航空航天领域的部分应用情况。

表 5-5 钛合金在航空航天领域的应用

应用领域		材料的使用特性	应用部位
航空工业	喷气发动机	在 500 ℃以下具有较高的屈服强度/密度比和疲劳强度/密度比,良好的热稳定性,优异的抗大气腐蚀性能,可减轻结构质量	在 500 ℃以下的部位使用:压气盘、静叶片、动叶片、机壳、燃烧室外壳、排气机构外壳、中心体、喷气管等
	机身	在 300 ℃下,比强度高	防火壁、蒙皮、大梁、起落架、翼肋、隔框、紧固件、导管、舱门、拉杆等
火箭、导弹及宇宙飞船工业		在常温及超低温下,比强度高,并具有足够的韧性及塑性	高压容器、燃料贮箱、火箭发动机及导弹壳体、飞船船舱蒙皮及结构骨架、主起落架、登月舱等

1. 钛合金在飞机机架中的应用

在航空航天工业领域的发展中,钛合金作为一种新的关键结构材料,钛合金在使用温度和密度等方面介于铁与铝这两种金属材料之间,但是钛合金材料比强度高并且有着非常强的抗腐蚀能力和耐低温能力。20 世纪 60 年代初,钛合金材料在飞机中的应用,逐渐由后机身部分向中机身部分等其他承力构件进行延伸。随着我国国防事业的不断建设和发展，在军用飞机中钛合金材料的使用量也有了很大程度的增长，钛合金材料在军用飞机整体结构中的比重已经占据了20%～25%。

除此之外，随着世界综合经济水平的日益提高，为了能够满足社会发展的基本需求，钛合金材料逐渐在民用飞机的研究制造中得到较为广泛的应用，例如，波音747民用飞机中，钛合金使用的总用量就已经达3 600 kg。另外，马赫数不到2.5的飞机，其对钛合金的应用主要是为了减轻飞机的整体质量而利用钛合金材料代替钢材料。除此之外，就美国高空高速侦察机SR-71系列的飞机，其马赫数便是3.0，该侦察机飞行最高可以达到2.6万米的高空，所以这种飞机在建造过程中所使用的主要结构材料便是钛合金，并且钛合金占据整体飞机质量的93%，故有"全钛飞机"之称。

2. 钛合金在压气机中的应用

通常，航空发动机的推重比由原来的4～6增加到8～10时，飞机压气机的出口温度也会随之发生变化，由原本的200 ℃～300 ℃提高到500 ℃～600 ℃，这个时候由于使用温度已经超过铝合金所能承受的范围，所以此时飞机的低压压气机盘及其叶片便需要利用钛合金材料进行改造或替换，从而使得飞机能够正常使用，同时也实现了飞机结构质量减轻的目的。自20世纪70年代至今，在航空发动机的制造过程中，钛合金的使用量通常会占据飞机结构总质量的20%～30%，并且主要在压气机部件的制造和生产中得到普遍应用，如钛风扇、压气机盘及其叶片、轴承壳体等部件的制造。航天器更为需要的是钛合金优异的耐低温性、耐腐蚀性以及高比强度，并利用其制造航天器所需的压力容器、紧固件、燃料贮箱、仪器绑带等。除此之外，人造地球卫星、载人飞船、登月舱以及航天飞机等在制造过程中也都离不开钛合金板材焊接件的使用。

3. 钛合金在燃气发动机制造中的应用

钛合金材料在航空航天事业发展中，在制造飞机发动机过程中也有着非常重要的应用。迄今为止，我国在制造燃气涡轮发动机的时候，钛合金材料的使用便占据了发动机总体结构质量的三分之一，然而，通过对相关数据的调查和研究发现，英国、美国等工业发达国家早在20世纪中期钛合金技术便已经在飞机生产制造过程中得到了应用，并且通过钛合金材料及其技术实现了喷气式发动机某些结构的改进。钛合金材料在飞机发动机制造中最早得到应用的便是压缩机叶片，随着飞机制造技术的不断发展，钛合金压缩盘也逐渐得到了应用和发展。目前，喷气式发动机在风扇叶片等构件的制造过程中大多数使用的是新型钛合金材料。

【情境案例分析】

长期以来，人们把飞机速度达到声速2～3倍的区域看作难以逾越的"热障"，因此必须寻找更加优异的材料，钛合金就是这些新型材料中的佼佼者。钛合金在温度达到550 ℃时，强度仍无明显的变化，它能胜任飞机以3～4倍声速下的飞行，因而钛合金受到航空航天界的特别关注。美国的SR-71高空高速侦察机是唯一能在M3以上飞行的实用型飞机，可在24 000 m的高空以3.2马赫的速度飞行，它使用93%的钛合金作飞机的结构材料,等于给飞机穿了一身防高温的钛铠甲,号称"全钛飞机",从而使飞机能在3.2马赫的"热障"条件下飞行。

第三节　镁及镁合金

【情境导入】

轻量化是航空航天构件材料的重要发展方向之一。镁合金是目前实际应用的最轻的金属结构材料,纯镁的密度为 1.74 g/cm³,约为铝合金的 2/3、锌合金的 1/3、钢铁的 1/4、钛合金的 2/5,与多数工程塑料相当。镁合金的应用能带来巨大的减重效益和飞行器战技性能的显著提升。商用飞机与汽车减去相同质量带来的燃油费用节省,前者是后者的近 100 倍,而战斗机的燃油费用节省又是商用飞机的近 10 倍,更重要的是其机动性能改善可极大提高其战斗力和生存能力。在航空航天领域,镁合金被应用于制造飞机、导弹、飞船、卫星上的重要构件,以减轻零件质量,提高飞行器的机动性能,降低航天器的发射成本。但与铝合金相比,镁合金的用量一般是远不及铝合金的,这是为什么呢?

【知识学习】

一、镁及镁合金的基本特性

1. 纯镁特性

(1) 密度为 1.74 g/cm³,很轻,只有铝的 2/3、钛的 2/5。熔点为 651 ℃,压铸成型性能好。弹性模量在常用航空材料中是最低的。

(2) 镁属密排六方晶格,故室温和低温塑性较低,当温度提高到 150～225 ℃时,塑性较好,能进行各种形式的热变形加工。

(3) 强度低,铸态时 $\sigma_b \approx 115$ MPa,冷变形状态时 $\sigma_b \approx 200$ MPa。镁的化学活性很强,在空气中容易氧化,特别是在高温下,若氧化反应放出的热量不能及时发散,则容易引起燃烧;镁在空气中极易氧化形成疏松的氧化膜;镁的电极电位很低,电化次序在常用金属中居最后一位,所以镁的抗蚀性差。纯镁不宜做结构材料。

2. 镁合金性能

镁化学性质非常活泼,然而在合金中很稳定。在镁中加入 Al、Zn、Mn 等合金元素形成镁合金,其强度 σ_b=300 M～350 MPa,最高可达 600 MPa 以上,是航空工业应用较多的一种轻有色金属合金。

(1) 比强度高于铝合金和钢。

(2) 减振性好,弹性模量小,可做飞机起落架轮毂材料。

(3) 塑性差,不宜做冲压零件。

(4) 切削性很好。

(5) 抗腐蚀性差，应注意防止电化学腐蚀。

镁合金的强度和弹性模量虽比钢、铝低，但有较高的比强度和比刚度，在相同质量的构件中采用镁合金，可使构件获得更高的刚度。镁合金有很好的减振性能，适合制造承受冲击荷载和振动的零部件。镁合金和其他金属直接装配接触，极易发生接触腐蚀，如无法避免，必须采用涂层、涂漆或镀层等隔离措施加以保护。

3. 镁合金分类及牌号

按加工特点分为变形镁合金和铸造镁合金。变形镁合金牌号用 MB 表示，如 MB15（相当于美国牌号 AK60A）；铸造镁合金牌号用 ZM 表示，如 ZM5（相当于美国牌号 AZ91C）。

二、变形镁合金

航空工程应用较多的变形镁合金是 MB15，属 Mg-Zn-Zr 系合金，$\sigma_{0.2} \approx 250$ MPa，是镁合金中最高的。MB15 是可热处理强化的高强度变形镁合金，热挤压后在人工时效（160～170 ℃，10～24 h）状态下使用，主要用于热挤压制品及模锻件。

该合金室温强度高，室温拉伸强度、屈服强度、塑性、韧性均优于其他镁合金，综合性能好，具有良好的热塑性变形能力（热加工变形后在空气中冷却，相当于淬火）、切削性、耐腐蚀性能，但焊接性能差。可用于制造 150 ℃温度下工作的受力构件，是生产和应用历史较久的合金之一，是国内外广泛用于宇航的结构材料。表 5-6 列出了常用变形镁合金的性能与应用。

表 5-6 常用变形镁合金的性能与应用

牌号	制品形式、状态	主要性能	应用
MB2	锻件、模锻件，热锻状态，不可热处理强化	热塑性好，应力腐蚀倾向小	航空发动机零件
MB3	板材，退火状态，不可热处理强化	中等室温强度，有应力腐蚀倾向	导弹蒙皮、壁板及飞机内部零件
MB8	板材，退火状态，不可热处理强化	力学性能有所改善，没有应力腐蚀倾向	飞机的蒙皮、壁板、汽油和滑油系统的附件
MB15	挤压件、模锻件，人工时效，可热处理强化	室温强度高，综合性能好	可制造承受一定荷载的翼肋、座舱滑轨、机身长桁及操纵系统的摇臂、支座等受力构件，工作温度不超过 150 ℃
MB22	板材，热轧状态，不经过热处理	高温瞬时强度和压缩屈服强度优于其他镁合金，无应力腐蚀倾向	300 ℃以下短期工作的宇航结构材料
MB25	挤压件、热挤压状态，人工时效。模锻件，热锻状态，不经过热处理	室温拉伸强度、屈服强度、高温瞬时强度均优于 MB15	可以替代部分中等强度的铝合金，用于飞机的受力构件

三、铸造镁合金

ZM1 属 Mg-Zn-Zr 系,是铸造镁合金中抗拉强度和屈服强度最高的一种合金,抗蚀性良好,铸造工艺性能差。在 ZM1 基础上加稀土元素(Re)得到 ZM2、ZM8,铸造性能得以改善,但强度、塑性下降,适合铸造 170 ℃～200 ℃工作的发动机机匣、整流舱、电机壳体等零件。

ZM5 属 Mg-Al-Zn 系,含 Al 量较高,能热处理强化(淬火+人工时效)。具有较高的比强度、良好的铸造性能,可以焊接。该合金应用广泛,可用于制造飞机、发动机、仪表等承受较高荷载的结构体或壳体等。表 5-7 列出了常用铸造镁合金的性能与应用。

表 5-7 常用铸造镁合金的性能与应用

代号	制品形式、状态	主要性能	应用
ZM1	铸件、人工时效	拉伸强度、屈服强度高,塑性好,有热裂倾向	飞机机轮铸件、形状简单的各种飞机受力构件
ZM2	铸件、人工时效	较高的强度、中等塑性,高温蠕变强度、瞬时强度、疲劳强度突出	飞机、发动机、导弹的各种铸件,也可用在 170 ℃～200 ℃下长期工作的零件
ZM4	铸件、人工时效(200 ℃～250 ℃,5～12 h,空冷)	室温强度低,200 ℃～250 ℃具有良好的持久和抗蠕变性能	高温下要求高气密性的铸件,150 ℃～250 ℃长期工作的发动机、附件和仪表等壳体、机匣零件
ZM5	铸件,固溶处理或人工时效	高的流动性,热裂倾向小。固溶处理:较高的拉伸强度、塑性和中等屈服强度。人工时效:塑性降低,屈服强度提高	使用最广泛,飞机的框、翼肋、油箱隔板、导弹和副油箱的挂架及各种支臂、支座、轮毂等,发动机的进气机匣、附件机匣、附件和仪表的各种壳体
ZM9	铸件,稳定化时效	室温性能较好。300 ℃下具有优良的抗蠕变强度和持久强度	航空发动机、附件的机匣和壳体等零件,可在 300 ℃下长期工作

四、镁合金在飞机上的应用

镁合金作为目前密度最小的金属结构材料之一,广泛应用于航空航天工业。

镁合金的特点可满足航空航天等高科技领域对轻质材料吸噪、减振、防辐射的要求,可大大改善飞行器的气体动力学性能和明显减轻结构质量。从 20 世纪 40 年代开始,镁合金首先在航空航天部门得到了优先应用。

在国外,B-36 重型轰炸机每架用 4 086 kg 镁合金薄板;喷气式战斗机"洛克希德 F-80"的机翼采用镁板,使结构零件的数量从 47 758 个减少到 16 050 个;"德热来奈"飞船的启动火箭"大力神"曾使用了 600 kg 的变形镁合金;"季斯卡维列尔"卫星中使用了 675 kg 的变形镁合金;直径约 1 m 的"维热尔"火箭壳体是用镁合金挤压管材制造的。

我国用于航空航天工业中的镁合金主要有铸造稀土镁合金 ZM2、ZM3、ZM4、ZM5、ZM6、ZM9 和变形稀土镁合金 MB25、MB26。其中 ZM2 应用于涡喷-7、涡喷-13 发动机的前机匣、后机匣和主机匣等零件。ZM3 用于制造歼-6 飞机涡喷-6 发动机的前舱铸件和涡喷-11 发动机的离心机匣；用 ZM4 制造飞机液压恒速装置壳体。某涡桨发动机的附件传动机匣和减速器机匣采用 ZM5 制造，我国研制的昆仑号发动机附件机匣采用 ZM5 镁合金，某燃气涡轮启动机的附件传动后机匣选用 ZM6 镁合金，某型直升机主减速器主机匣采用 ZM6 镁合金可在海洋环境下使用，MB25 可以制造飞机机身长桁和操作系统的栓臂、支座等受力构件。我国的歼击机、轰炸机、直升机、运输机、机载雷达、地空导弹、运载火箭、人造卫星和飞船上均选用了稀土镁合金构件。据有关资料介绍，某一型号的飞机选用了近 400 件镁合金结构件。我军研制生产的红旗-9B 导弹，其弹体就是采用高强度镁合金材料制造的，由此把弹体总质量控制到了 1 200 kg，体积也大为缩小，最高速度提升到 6 马赫。

随着镁合金生产技术和性能的改进，镁合金在航空航天领域上的应用会有上升的趋势。在航空航天方面用作飞机的起落架、舱门、连杆机构、壁板、加强框、隔框、舱面、副翼蒙皮、战术航空导弹舱段等，尤其是密度最小的 Mg-Li 合金，兼有强度、韧性和可塑性方面的优势，备受航空航天业的青睐。

【情境案例分析】

镁合金具有高的比强度和比刚度、高阻尼、电磁屏蔽、良好的尺寸稳定性、导热导电性，以及优异的铸造、切削加工性能和易回收利用等优点，被誉为"21 世纪绿色工程材料"。然而，镁合金存在以下缺点：耐蚀性差，燃点低；材料强度偏低，尤其是高温强度和抗蠕变性差；镁合金铸件容易形成缩松和热裂纹，成品率低，镁合金变形件塑性加工条件控制困难，导致组织与力学性能不稳定。正是这些缺点限制了其在航空航天领域的应用。

第四节　铜及铜合金

【情境导入】

枪械是战争时击杀敌人和破坏物资最简单的工具，尽管其使用环境充满着血腥、暴力，甚至恐怖，但它是集物理学、化学、材料学、空气动力学以及加工工艺于一身的现代文明产物。

枪械所使用的子弹由弹壳、底火、发射药、弹头四部分组成。发射时由撞针撞击底火，使发射药燃烧，产生气体将弹头推出。其中的弹壳是枪弹上最复杂的零件之一，用于装填发射药，并且把弹头和底火连接在一起，发射时还要承受火药燃气压力和枪械自动机的力量。它是由什么材料制成的呢？

> 【知识学习】

一、纯铜的特点

纯铜外观呈紫色，又称紫铜。纯铜具有以下特点：

(1) 密度为 8.9 g/cm³，熔点为 1 083 ℃。

(2) 具有很高的导电性、导热性，仅次于银。

(3) 具有良好的耐蚀性（指在大气、淡水、海水中及非氧化性酸性类介质中耐蚀的金属本质）。但纯铜及合金与其他金属接触时能产生接触腐蚀，因此，许多铜及合金在使用时应进行表面处理。

(4) 具有抗磁性，可制造具有抗磁干扰的罗盘、航空仪器等。

(5) 为面心立方晶格，强度低，退火状态：σ_b=250 M～270 MPa，塑性很好，δ=30%～45%；良好的延展性，易于冷、热加工。

工业纯铜有 T1、T2、T3、T4 四种牌号，序号越大，纯度越差，主要制造电线、电缆、电刷、铜管及电气设备零件。

二、铜合金的特点和应用

铜合金按制造工艺可分为变形合金和铸造合金两大类，除高锡、高铅、高锰等专用的铸造铜合金外，大部分铜合金既可做变形合金，也可做铸造合金。

铜合金习惯上按合金成分分类，按主加合金元素不同，分为黄铜（加 Zn）和青铜（加 Sn、Al、Be 等）。

(1) 黄铜。以锌为主要合金元素的铜合金，称为黄铜。黄铜一般含 60%～95% 铜，不能热处理强化，其退火状态下使用，表面处理采用酸洗和钝化。

只含锌的黄铜称为普通黄铜，黄铜牌号用字母"H"开头，常用的牌号有 H80、H70、H68 等。数字表示平均含铜量的百分数。如 H68，表示 w_{Cu}=68%，w_{Zn}=32%。这类黄铜塑性好，具有极好的冷加工性，适宜冷轧板材、冷拉线材、管材、深冲零件，是航空工业应用最广和最经济的结构铜合金。

H70、H68 又称三七黄铜，常作弹壳，故又称"弹壳黄铜"。H70、H68 有中等的强度和较高的塑性，良好的冷、热加工性能，特别适于制造外形复杂的深冲、深拉和模压件。合金耐腐蚀性好，容易焊接和切削加工，是最常见的黄铜之一。但有应力腐蚀破坏倾向，冷作硬化的材料和制品应进行消除应力退火。

硅黄铜 ZCuZn16Si4（字母 Z 代表铸造铜合金，Cu79%～81%，Si 2.5%～4.5%，Zn 余量）是最常见的铸造铜合金。属 Cu-Zn-Si 系的铸造复杂黄铜，该合金在大气、淡水、海水中能形成致密的 SiO_2 保护膜，大大提高耐蚀能力，有优良的铸造工艺性能。该合金不能热处理强化，进行消除应力退火（450 ℃，2～3 h），σ_b=470 M～520 MPa，特别适合浇铸外形复杂的薄壁铸件，如仪表壳体等。

(2) 青铜。铜与除锌以外的元素组成的铜合金，称为青铜。青铜应用相当普遍。

1) 锡青铜。以锡为主要合金元素的铜合金，称为锡青铜，如青铜器时代的青铜。锡青铜在大气、海水中耐蚀性好，具有良好的耐磨性、抗磁性、低温韧性。通过铸造方法获得滑动轴承、涡轮、齿轮。由于该合金具有优良的弹性，因此可通过压力加工方法制造如航空仪表、弹簧片、电极等零件。

锡青铜 QSn6.5-0.1（Sn 6%～7%，P 0.1%～0.25%）属 Cu-Sn-P 三元系合金，具有高的强度、硬度、弹性、抗微塑性变形能力，有很好的冷热加工性和优良的抗蚀性。抗拉强度最高可达 1 130 MPa，不能热处理强化，表面处理采用酸洗和光亮处理，可用于制造主要弹性元件和高强度的耐磨零件。

铸造锡青铜 ZCuSn10P1 属高锡、高磷含量的 Cu-Sn-P 三元系，是此类锡青铜中力学性能最好的合金之一。300 ℃以下有足够的热稳定性，抗拉强度最高可达 365 MPa，不能热处理强化，进行消除应力退火（400～500 ℃空冷），可制造重荷载、高滑动速度和较高温度下工作的耐磨零件。

2) 特殊青铜。特殊青铜是指不含锡的青铜。根据主要合金元素的不同，有铝青铜、硅青铜、铍青铜等。大多数特殊青铜比锡青铜有更好的机械性能、耐磨性、耐蚀性。

铝青铜 QAl9-4（Al 8%～10%，Fe 2%～4%）是 Cu-Al-Fe 三元系的铝青铜，铁同铝形成微粒状的 $FeAl_3$ 化合物，大大提高合金的强度、硬度和耐磨性，最大屈服强度可达 800 MPa，不能热处理强化，表面处理为酸洗和光亮处理。该合金具有高强度、耐磨、耐寒、耐腐蚀性能，是航空以及其他工业部门广泛使用的主要结构材料之一。

铝青铜 QAl10-4-4（Al 9.5%～11%，Ni 3.5%～5.5%，Fe 3.5%～5.5%）是 Cu-Al-Ni-Fe 四元系的复杂铝青铜，镍元素明显提高强度、硬度、热稳定性和耐蚀性，最大屈服强度可达 843 MPa，可热处理强化，表面处理为酸洗和光亮处理。该合金是各国通用的高强度、高耐蚀性的结构铜合金，可制造 400 ℃以下工作的零件。

铍青铜 QBe2（Be 1.8%～2.1%，Ni 0.2%～0.5%）属 Cu-Be-Ni 系，是可热处理强化的合金，热处理后得到很高的强度、硬度与弹性极限，是工业中常见的高强度工程结构材料和高弹性的功能材料。

当 w_{Be}=1.7%～2.5%，铍青铜是时效硬化效果极大的合金，经淬火（780 ℃水冷，σ_b=500 M～550 MPa，δ=25%～35%），冷压成型，再人工时效（300～350 ℃，2 h），该合金具有很高的强度、硬度与弹性极限（σ_b=1 250 M～1 400 MPa，δ=2%～4%，HB=300～400），远超过其他铜合金，甚至可以和高强度钢相媲美，而且耐磨性、耐蚀性很高，是综合性能很好的一种合金。它可以制作精密仪表、仪器中重要的弹性元件，如钟表齿轮，高温、高压、高速工作的轴承，航空航海罗盘等。

【情境案例分析】

传统的弹壳采用含铜 60%～70% 的黄铜（铜锌合金）制造，铜作为制造弹壳的最好原料，具有不易生锈、保存时间长、自润滑性及导热性好、延展性高、精度高、易于加工等一系列优点。子弹都是以极高的速度被射出的,一瞬间产生的摩擦力与热量不可小觑,这便会对枪管造成磨损,影响枪械的使用周期以及精准度。由于黄铜的硬度低、韧性高,拥有"自润"的能力,铜壳子弹在发射出去时能够在一定程度上降低对枪管的磨损,避免弹药气体泄漏导致射程变短、精准度下降,所以弹壳的首选材料是黄铜。

【学习小结】

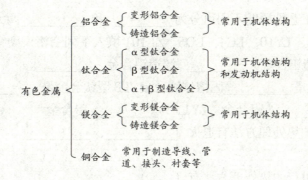

【拓展知识】

铝锂合金

铝锂合金是一类密度小、弹性模量高、比强度和比刚度高的新型铝合金,在航空航天领域有广泛的应用前景。在铝合金中添加金属锂元素,每添加1%的金属锂,其密度降低3%,而弹性模量可提高5%～6%,并可以保证合金在淬火和人工时效后硬化效果显著,铝锂合金的材料制备及零件制造工艺与普通铝合金没有太大差别。一般情况下,可以沿用普通铝合金的技术和设备,相对于碳纤维复合材料来说,铝锂合金的成型、维修都比复合材料方便,成本也相对较低,因此,铝锂合金有明显的价格优势和性能优势,被认为是21世纪航空航天工业最具竞争力的轻质高强结构材料之一。

新型铝锂合金主要产品形式有中厚板、薄板、挤压型材等,国外已认证或在飞机上使用的产品牌号主要有美铝的2099、2199、2397和加铝的2196、2098、2198等,部分铝锂合金具备AMS材料规范,主要应用于地板梁、机身蒙皮、长桁、框、梁、腹板等部位。

我国的C919大型客机采用的是第三代铝锂合金,该材料解决了第二代铝锂合金的各向异性问题,材料的屈服强度也提高了40%。C919飞机的机身蒙皮、长桁、地板梁、座椅滑轨、边界梁、客舱地板支撑立柱等部件都使用了第三代铝锂合金,其机体结构质量占比达到7.4%,获得综合减重7%的收益。

C919大型客机前机身大部段首次采用第三代铝锂合金材料,作为前机身供应商的中航工业洪都为此专门建设了一个面积近20万平方米的大部件装配厂房,引进了全球第二台蒙皮镜像铣设备。为了能够更好地了解新材料的性能,洪都用了近3年时间开展材料性能测试工作，先后完成了 2 500 多件试验件测试。新材料需要新的加工工艺与之匹配，洪都在 C919 大型客机前机身段研制过程中，先后攻克铝锂合金蒙皮喷丸强化、铝锂合金型材滚弯成型制造、蒙皮镜像铣切加工、铝锂合金型材热压下陷制造、铝锂合金蒙皮喷丸校形等关键技术。

【学习自测】

一、填空题

1. 铝合金根据工艺性质的不同可分为_____和_____两大类。
2. 将牌号 LF21、LY10、LC4、LD5、ZL101 填入下列空格：硬铝_____，防锈铝_____，锻造铝合金_____，铸造铝合金_____。
3. TA 型钛合金是_____固溶体钛合金，TB 型钛合金是_____固溶体钛合金。
4. LF11 为_____铝合金，LY11 为_____铝合金。
5. 铝合金常用的热处理方法有退火、_____、_____。

二、选择题

1. 铝合金可以进行的热处理方法有（   ）。
   A. 固溶   B. 时效   C. 淬火   D. 以上都是
2. 铝合金的强化方法有（   ）。
   A. 固溶强化   B. 时效强化   C. 形变强化   D. 以上都是
3. 将相应的牌号填在括号里：超硬铝（   ）。
   A. LF21   B. LY10
   C. LD2   D. LC4
4. 以下说法错误的是（   ）。
   A. 在工业生产中，通常把铁及其合金称为黑色金属
   B. 铝合金都可以进行热处理强化
   C. 铝合金密度小，耐蚀，易加工成型
   D. 铝合金分为变形铝合金及铸造铝合金
5. 铝合金材料经时效处理后，其强度、硬度和延展性有何变化？（   ）
   A. 强度、硬度提高，延展性降低
   B. 强度、硬度降低，延展性提高
   C. 延展性、硬度提高，强度降低
   D. 强度、延展性降低，硬度提高
6. 普通黄铜是由（   ）组成的。
   A. 铜与锌   B. 铁与碳   C. 铜与镍   D. 铜与锡
7. 以下金属的密度最低的是（   ）。
   A. 镁合金   B. 钛合金   C. 钢   D. 铜合金

三、简答题
1. 铝合金是怎样分类的?
2. 变形铝合金有哪些热处理方式?
3. 铝合金在飞机上有哪些典型应用?
4. 相较于铝合金,钛合金有什么优缺点?
5. 镁合金的哪些特点限制了它的使用范围?

第六章 06 飞机结构中非金属材料的应用

【学习目标】

【知识目标】
1. 熟悉航空用非金属材料的主要种类和作用;
2. 了解陶瓷材料、纺织材料的性能特点和应用;
3. 了解绝缘材料、绝热材料的性能特点和应用;
4. 了解密封材料、表面涂料的性能特点和应用。

【技能目标】
能根据不同的应用场景及工艺要求合理选用材料。

【素质目标】
1. 具有自主学习的态度;
2. 具备创新意识;
3. 具有航空报国的爱国情怀。

航空领域许多设备和结构不但要求强度高,还需要重量轻,要求使用比强度和比模量高的材料。随着材料科学的发展,非金属材料如陶瓷、塑料、橡胶、复合材料等越来越多地被运用到飞机设计中。这些非金属材料不仅仅是金属材料的替代品,有些甚至成为不可替代的独立使用的材料。

第一节　陶瓷材料与纺织材料

【情境导入】

陶瓷材料是人们生活中常见的物品,中国的瓷器文明是中国 5 000 年文明非常重要的组成部分。那你知道除碗、碟等日用陶瓷、洗手台、马桶等卫生陶瓷之外,陶瓷材料还可在哪些领域里面使用呢?航空航天领域里用上陶瓷又会呈现出什么样的奇异景象呢?

【知识学习】

一、陶瓷材料

(一) 陶瓷材料的分类

陶瓷属无机非金属材料。传统上的"陶瓷"是陶器和瓷器的统称。普通陶瓷又称传统陶瓷，其主要原料是黏土（$Al_2O_3 \cdot 2SiO_2 \cdot H_2O$）、石英（$SiO_2$）和长石（$K_2O \cdot Al_2O_3 \cdot 6SiO_2$）。通过调整三者比例，可得到不同的抗电性能、耐热性能和机械性能。一般普通陶瓷坚硬，但脆性大，绝缘性和耐蚀性极好。普通陶瓷通常分为日用陶瓷和工业陶瓷两类。随着现代工业的发展，人们也逐渐将玻璃、水泥和耐火材料与陶瓷一起作为无机非金属材料，称为传统陶瓷材料，这四类材料的化学组成均为硅酸盐类，故也称为硅酸盐材料。现代陶瓷又称新型陶瓷、精细陶瓷或特种陶瓷，常用非硅酸盐类化工原料或人工合成原料，如氧化物（氧化铝、氧化锆、氧化钛等）和非氧化物（氮化硅、碳化硼等）制造。

因此，陶瓷材料是指以天然矿物或人工合成的各种化合物为基本原料，经粉碎、配料、成型和高温烧结等工序而制成的无机非金属固体材料。陶瓷材料与金属材料、高分子材料是当今社会应用最广泛的三大材料。先进陶瓷与金属相比，具有高硬度、高强度、耐高温（耐火）、耐磨损、耐腐蚀、耐酸碱、抗氧化、绝缘、无磁性、化学稳定性好等优异性能，所以它常常用在金属材料无法胜任的环境中。

陶瓷材料可按性能、用途和化学组成来分类，见表6-1。

表6-1 陶瓷材料的分类

普通陶瓷（传统陶瓷）	特种陶瓷（近代陶瓷、现代陶瓷、工程陶瓷）					其他硅酸盐陶瓷
	按性能分类	按化学成分分类				
		氧化物陶瓷	氮化物陶瓷	碳化物陶瓷	复合陶瓷	
1. 日用陶瓷 2. 建筑陶瓷 3. 绝缘陶瓷 4. 化工陶瓷（耐酸陶瓷） 5. 多孔陶瓷（隔热保温）	1. 高温陶瓷 2. 高强度陶瓷 3. 耐磨陶瓷 4. 耐酸陶瓷 5. 压电陶瓷 6. 电介陶瓷 7. 光学陶瓷 8. 磁性陶瓷 9. 生物陶瓷	1. 氧化铝陶瓷 2. 氧化铍陶瓷 3. 氧化锆陶瓷 4. 氧化镁陶瓷	1. 氮化硅陶瓷 2. 氮化硼陶瓷 3. 氮化铝陶瓷	1. 碳化硅陶瓷 2. 碳化硼陶瓷	1. 金属陶瓷 2. 纤维增强陶瓷	1. 玻璃 2. 铸石 3. 水泥 4. 耐火材料

(二) 陶瓷材料在航空工程中的应用

随着航空航天技术的发展，陶瓷材料耐高温、硬度高、热膨胀系数小、抗氧化、耐化学腐蚀等优异性能，越来越多地为人们所重视（图6-1）。

陶瓷可用于如火箭排气堆中的热保护系统、航天飞机的隔热瓦、发动机部件等高温区，若将陶瓷涂层嵌入飞机的挡风玻璃中，则这种涂层是透明的且导电，能把雾和冰从玻璃上清除。陶瓷纤维能用作飞机和航天飞机的防火和隔热的保护系统，因为它们耐热，质量轻且不腐蚀，此外，还具有高熔融温度、高回弹性、高拉伸强度和化学惰性等其他优异性能。

图 6-1 航空航天陶瓷轴承

氮化硅非氧化物陶瓷具有优异的高温强度，优异的断裂韧性、高硬度和独特的摩擦学性质。其应用于航空航天可产生卓越的机械可靠性和耐磨性，允许部件在最小润滑条件下使用而不产生磨损，如喷气式发动机的点火器、轴承、衬套和其他磨损部件。

未来发动机的发展将使陶瓷基复合材料得到越来越多的应用。要使涡轮进口温度超过 1 650 ℃，使用目前常用的镍基合金叶片是不可能的。美国综合高性能涡轮发动机技术计划指出：21 世纪要发展推重比达 20、巡航高度 21 000 m、马赫数为 3～4 的航空器，涡轮进口温度将达 2 000～2 200 ℃，为此提出采用陶瓷基复合材料代替高温合金，采用陶瓷基复合材料制造叶片盘整体结构的涡轮可减重 30%。在燃烧室系统中，提出需要耐 1 204 ℃和 1 316 ℃的陶瓷，用来制造燃烧室的衬套、喷嘴及火焰稳定器喷嘴架等。在排气喷管系统中，提出需耐 –40～1 538 ℃或更高温度使用的陶瓷基复合材料。

陶瓷基复合材料用于航天器外壳。碳纤维或碳化硅等陶瓷纤维增强陶瓷基复合材料已成为制造航天器外壳和火箭喷嘴等不可或缺的材料。

HfB_2、ZrB_2、ZrC 等用于超高温陶瓷涂层。随着超高声速飞行器的发展，对其表面抗烧蚀和抗大气冲刷的要求也越来越高，HfB_2、ZrB_2、ZrC 等超高温陶瓷作为高温涂层材料对提升飞行器表面的抗烧蚀和抗冲刷能力有着不可替代的作用。

氮化物复合材料用于高温透波材料。氮化硅、氮化硼等氮化物陶瓷具有耐高温、介电常数和介电损耗低、抗蠕变和抗氧化等优异性能，可用作新一代透波材料；六方氮化硼陶瓷的导热性好、微波穿透能力强，可用作雷达窗口材料；同时其密度较小，可用作飞行器的高温结构材料。

但是陶瓷材料脆性大，经受不住机械冲击和热冲击，因此增韧和提高高温断裂强度是发展结构陶瓷的两大难题。在增韧方面，目前 SiCr/SiC、$SiCW/Si_3N_4$ 等复合材料的研究已取得可喜进展，高温断裂强度也分别达到 750 MPa 和 800 MPa，已用于制造高性能燃气喷管和导弹喷管。另外，晶须增强陶瓷也被认为是很有希望提高断裂韧性的材料。

二、纺织材料

（一）纺织材料的分类

现代生产的大多数飞机都是金属结构或复合材料结构。但许多轻型飞机，如滑翔机、教练机仍使用蒙布来覆盖机翼、机身和操纵面。纺织材料所用的原料有天然纤维和人造纤维两类。

1. 天然纤维纺织材料

天然纤维纺织材料主要有棉布和亚麻布，也称为有机纤维材料。将棉花或亚麻纤维纺成纱，纱的粗细用支数来表示：纱的支数是指重为 1 克的纱线所具有的米数。如纱的支数是 40 支，就是说这种纱线长度为 40 m 时的质量为 1 g。纱的支数越大，纱也就越细。

布由纵线和横线交织而成。纵线常称为经线，即沿着布料长度的方向。横线常称为纬线，即横过布料宽度的方向。

布的特性是用布的经向和纬向的抗拉强度、断裂时的延伸率和 1 m^2 的质量这些数据表示的。

2. 人造纤维纺织材料

人造纤维纺织材料主要有玻璃纤维和热收缩的合成纤维。

玻璃纤维布是将玻璃纤维按长度截成相当于天然纤维的长度，这样的纤维称为绒棉状纤维。用玻璃绒棉可以纺织成玻璃纱和玻璃线。在制造玻璃布或玻璃带时既可用绒棉状玻璃纤维，又可用连续状玻璃纤维。

热收缩合成纤维主要有聚酰胺（尼龙）、丙烯酸纤维（奥纶）和聚酯纤维（涤纶）。

（二）常用航空纺织材料及其特性

航空工程常用的纺织材料主要是有机纤维和合成纤维布两大类。有机纤维和合成纤维都被用来制造覆盖飞机的蒙布。

1. 棉布

A 级棉布是一种由高级长纤维棉织成的，且经过丝光处理的 4 盎司/码^2 蒙布。经过压光以减少厚度，并压平绒毛使其表面光滑。经向和纬向每英寸宽度上都有 80～84 根织线。经向和纬向的最小拉伸强度是 80 磅/英寸（1 盎司=0.062 5 磅=0.028 35 kg）。这个等级和质量的布适合做飞机的蒙布。

2. 涤纶布

涤纶是一种很光滑的单丝聚酯纤维，它是由二甲苯盐酸和乙二酸冷凝而成的。标准式样和质量的涤纶布是重约 3.7 盎司/码^2 的平纹编织品。经向和纬向的最小拉伸强度约 148 磅/英寸，可用来代替 A 级棉布制作飞机蒙布。

3. 玻璃布

玻璃布或玻璃纤维布是由拉制的细玻璃丝制成的，这种玻璃丝能编织成强而坚韧的织品，用作飞机蒙布的玻璃布是一种平纹编织品，质量约为 4.5 盎司/码^2。

玻璃布的特点是：不受潮湿、霉、化学试剂或酸的影响，而且耐火性能良好。

玻璃纤维纺织品在飞机上的作用主要表现在以下几方面。玻璃线用于缝合耐热和耐酸金属软管的封口；玻璃带用作需要绝热和绝缘导管的包卷；玻璃布用作制造耐酸的制品；玻璃纤维纺织材料还可以制作复合材料和绝热材料。

【情境案例分析】

由于先进陶瓷特定的精细结构和其高强、高硬、耐磨、耐腐蚀、耐高温、导电、绝缘、磁性、透光、半导体以及压电、声光、超导、生物相容等一系列优良性能，被广泛应用于国防、化工、冶金、电子、机械、航空航天、生物医学等国民经济的各个领域。

电子工业是先进陶瓷产业最大的终端应用市场。电子陶瓷是指在电子设备中作为安装、固定、支撑、保护、绝缘、隔离及连接各种无线电元器件的陶瓷材料。目前，电子陶瓷材料元器件主要包括光纤陶瓷插芯、陶瓷封装基座、陶瓷基片、陶瓷基体、接线端子、片式多层陶瓷电容器等，主要材质有氧化物、氮化物、碳化物以及硼化物等。

汽车发动机的主要零部件，如活塞、气缸盖、气门、排气管、涡轮烟压器、氧传感器及火花塞等都用先进的陶瓷材料来制造，并研制出无水冷的绝热陶瓷发动机。

生物陶瓷是指用作特定的生物或生理功能的一类陶瓷材料，即直接用于人体或与人体直接相关的生物、医用、生物化学等的陶瓷材料。因其具有良好的生物相容性和稳定的物化性质等特点，被广泛应用于骨科、牙科、整形外科、口腔外科、心血管外科、眼外科等方面。

波音777商用飞机燃油箱上的60个超声波燃油箱探头均使用压电陶瓷材料。将超声波换能器安装在每个燃料箱中的多个位置，将脉冲电场施加到陶瓷材料上，陶瓷材料通过振荡响应，所得到的声波从燃料的表面反射并由压电陶瓷换能器接收，数字信号处理器解释声波的"飞行时间"，以便连续地指示存在的燃料量。类似的超声波燃料探测器也用于战斗机和其他水平的感测应用，因为它们能提供高度精确的读数，而不管飞机的取向如何。

2020年12月载"土"而归的中国"嫦娥五号"月球探测器上，红外线成像光谱仪控制器超声电机的心脏是压电陶瓷，月基光学望远镜上的主镜、次镜和导向镜是上海硅酸盐所研制的高致密碳化硅特种陶瓷材料，作为供电器的基板则是氧化锆材料，除此之外，还有陶瓷轴承和纳米陶瓷铝合金，复合稀土隔膜材料也被应用于月球探测器的关键部位。

第二节　绝缘材料与绝热材料

【情境导入】

民航飞机巡航时一般在平流层飞行，飞行高度在8 000 m以上，机外温度低于-30 ℃。万米高空空气又稀薄，在这样极寒缺氧的情况下，人一般存活不了几十分钟。你知道飞机是使用了什么样的材料隔绝了外面的寒冷，使得机舱温度维持在一个舒适的范围吗？

【知识学习】

■ 一、绝缘材料

飞机上装有电源,如发电机、蓄电池和大量用电设备,此外,飞机上还装有无线电设备。为确保飞机上的电气电子设备安全顺利地工作,不发生故障,必须保证相关部位具有可靠的绝缘性能。随着飞机电气电子设备日益发展和复杂化,绝缘材料的应用更加广泛,对绝缘材料的要求也越来越高。

(一)对绝缘材料的要求

1. 具有高的绝缘性

材料的绝缘性用表面电阻系数、体积电阻系数和电压击穿强度等指标来表示。理想的绝缘材料不会发生漏电现象,但实际上都会漏过一些电流,而漏过电流数量的多少由绝缘材料的电阻系数大小而决定。

电压击穿强度,是绝缘材料在试验条件下被击穿时所需的电位强度。绝缘材料在被击穿的顷刻间,电阻显著降低,发生短路,甚至被烧化、烧焦或着火,导线和设备被击坏。

2. 最小的吸湿性

绝缘材料受潮后,会使表面电阻系数和体积电阻系数降低,漏过的电流数量增加,从而影响绝缘性能。

3. 其他性能要求

绝缘材料还应具有一定的耐温性能、一定的机械强度、良好的化学稳定性,容易加工和紧固,相对密度小、价格低等特点。

(二)绝缘材料在航空工程的应用

航空工程常用的绝缘材料可分为有机绝缘材料和无机绝缘材料两类。

1. 有机绝缘材料

有机绝缘材料包括橡胶、塑料、绝缘树脂、绝缘清漆、蜡以及用这些有机物浸渍的纸、线、布、绸等制成的绝缘物。

包卷导线用的棉纱和丝线,制造绝缘层时用的纸、棉布和绸等,都是绝缘性差、容易吸湿、不耐温但容易缠绕的材料。为了减少吸湿,提高绝缘性能,将棉纱和丝线、纸、棉布、绸用绝缘树脂、绝缘清漆浸渍,便可以获得很好的绝缘效果。

2. 无机绝缘材料

无机绝缘材料,也就是矿物电介质,常用的有瓷、云母和云母层合胶片等。

(1)瓷。用作绝缘材料的瓷是由黏土、长石和石英等原料,按一定比例配制成瓷泥,经模型或手工成型后,再经干燥、烧制和上釉等工序制成的。

瓷的优点:很高的绝缘性,硬度高,电压击穿强度高,不吸湿,耐热性和化学稳定性好,抗压强度大,价格低等。

瓷的缺点:有机绝缘材料大,质脆,受力时不易产生塑性变形,急剧受热时容易开裂。

(2)云母。云母是层片状矿物,能分裂成薄而柔软的片。云母的主要特点是绝缘性能好，不吸湿，耐热性好（1 200 ℃～1 500 ℃时才熔化），化学稳定性好。飞机上用来制作航空发动机的电嘴、高频率电容器、真空管等零件。

（3）云母层合胶片。云母层合胶片是采用云母和醇酸清漆胶合而成的。耐热的云母层合胶片是用水玻璃胶合而成的，工作温度范围可达600 ℃～700 ℃，具有云母的优点，但击穿电压强度较低。飞机上主要用来制作垫圈、垫片、直流电发生器中整流片绝缘物、电热设备的绝缘物等。

二、绝热材料

在飞机上，为了减少各种加热装置的热能损失，以及避免与发动机接触的零件过热，常用绝热材料来保温、隔热。绝热材料一般都具有隔声减振性能，所以绝热材料也可以同时是隔声材料。

飞机上常用的绝热材料有毡、絮垫、石棉、水玻璃等。

（一）毡

毡是用密集纤维制成的轻软而坚固的制品，飞机上常用的是羊毛絮压制成的毛毡。毛毡有很好的绝热隔声性能，可做绝热、隔声、密封、减振、过滤等用途的材料。如用作飞机座舱部分（隔框等）的绝热隔声层，滑油管（润滑油管）的绝热层，作动筒中的防尘密封圈、滑油滤芯，启动车和航空蓄电池的减振垫或保温套等。

（二）絮垫

絮垫是在松软的纤细层两面包覆棉布或玻璃布缝合制成的，根据所用的纤维层不同，可分为以下几种：

1. 毛絮垫

毛絮垫的纤维层为经过加工的鹿毛，其特点是轻而导热性小，但成本较高，常用作座舱及热气输送管的保温材料。

2. 棉絮垫

棉絮垫的纤维层为经过防火处理的棉花，其保温性较毛絮垫差，吸水性较大，但成本较低，常用作毛絮垫的代用品。

3. 尼龙絮垫

尼龙絮垫的纤维层为尼龙纤维，其特点是吸湿性小，多用在易吸湿而又难以维护的结构部分。

4. 玻璃絮垫

玻璃絮垫的纤维层为玻璃纤维，其特点是耐热性高，主要用作高温零件的绝热、隔声材料。

（三）石棉

石棉是一种矿物纤维，可以纺织成石棉线、石棉带、石棉绳、石棉布，也可制成石棉纸、石棉板等。

石棉不燃烧，有很好的耐热性，熔点约为1 500 ℃。石棉工作温度范围为600 ℃～800 ℃，是良好的隔热材料。它还有很好的抗酸碱性和较小的吸湿性。缺点是强度较小，质脆易断。

石棉制品在飞机上主要用作喷气式发动机隔热盘的绝热层，延伸管处的隔热层及发动机附近受高温影响的导管、导线和绝热层等。

（四）水玻璃

水玻璃是硅酸钠的水溶液，为暗灰色黏性半透明的液体。涂在零件上后能形成坚硬的玻璃状薄膜。水玻璃粘结力很强，不燃烧并能隔热。它呈碱性特征，对金属有腐蚀作用。水玻璃在飞机上常用来涂在经过石棉或毡缠绕的导管和电缆等的表面，起胶合、保温、隔热等作用。

【情境案例分析】

飞机正是采用了毡、絮垫、石棉等隔热材料，使得机舱具有了隔热、隔声的效果。C919国产大飞机机舱采用我国自行研制的"超细航空级玻璃棉"，这种航空级玻璃棉贴覆于机舱内，用于机舱内的隔声、隔热保温，隔声性能将有助于飞机降低噪声，提高飞机内部乘客的舒适性；同时，优良的隔热保温性能使飞机降低能耗和油耗，提高飞机的经济性和国际市场竞争性。"超细航空级玻璃棉"的纤维直径只有 $2\sim4~\mu m$，不仅具有导热系数更低、保温效果更好的特点，而且能大大降低物体的"保温层"所需的厚度（图6-2）。该成果的应用使C919机舱的隔热隔声性能比肩国际最高水准，性能比目前最先进的美国波音公司标准还要高出近10%。

图6-2　玻璃棉

第三节　密封材料与航空涂料

【情境导入】

1986年1月28日16时39分，美国挑战者号航天飞机在佛罗里达州的上空发射升空，73秒时挑战者号已经达到了16 600 m的高空，突然之间，随着一股火光迸出，航天飞机瞬间爆炸，机体化为碎片，只留下了一团向外发散的浓烟。爆炸发生后，7名宇航员全部丧生。这架耗资12亿美元的航天飞机为什么会发生突然性的爆炸呢？

【知识学习】

一、密封材料

密封材料是起密封、减振作用的材料。飞机在高空飞行必须有气密座舱并配置氧气增压、加温装置以及空调系统，而座舱和系统管路都离不开密封技术。一架远程飞机要带大量的燃料，如果飞机质量有 180 t，其中燃料贮量有 100 t 以上。这需要密封剂将机翼和机身未占用结构空间封闭起来贮存燃油，形成机翼、机身整体油箱功能。飞机上常用的密封材料有各种密封圈、垫和密封腻子等。它们能保证飞机、发动机各系统的附件之间结合紧密，防止漏气、漏油、漏水、压伤或振坏。

（一）对密封材料性质的要求

密封材料应具有良好的密封性、足够的强度、足够的耐汽油和滑油性，具有较大的工作适应范围，具有重复使用的可能性和低的价格，还应具有吸水性和防腐蚀性能。

（二）密封材料的分类

按产品形态分，飞机上常用的密封材料有密封胶、密封垫、密封腻子、密封圈和刮圈（片）几类。

1. 密封胶

飞机上使用的密封胶，主要牌号有 XM-18 密封胶、XM-22 密封胶。

XM-18 密封胶主要用于飞机座舱和座舱盖以及金属板材铆接、螺栓连接结构的缝内或表面密封，还可用在与燃油、水接触的螺栓、铆钉及其他金属结合处缝内或表面的密封。

XM-22 密封胶主要用于飞机的机翼、机身和整体燃油箱的密封，尤其适用尺寸大而不便于加温处理以及挠曲变形大的机件。

2. 密封垫

飞机上常用的密封垫材料有金属、非金属和复合材料，非金属垫又分为橡皮垫、橡胶石棉垫和纤维垫等。

（1）金属垫。金属垫是用塑性较好的金属制成的，常用的有纯铜垫、黄铜垫、纯铅垫、硬铝垫、软钢垫等。金属垫与其他密封垫相比，有较大的强度和塑性，其中软钢垫和硬铝垫强度更大，但密封受力时变形量较小，这类垫主要用于结合面受力较大的附件。

（2）橡皮垫。橡皮垫是在橡胶中加入各种配合剂再经硫化处理后制成的。不同橡胶制成的橡皮垫，其性能和用途也不完全相同。

用天然橡胶制成的橡皮垫，抗油性差，通常用作防止漏气、漏水的垫子；用丁腈橡胶和聚硫橡胶等制成的橡皮垫，抗油性好，通常用作燃油、滑油、液压系统的密封垫。注意各系统的橡皮垫不能随便代替。

（3）橡胶石棉垫。橡胶石棉垫是以橡胶、石棉等材料混合后经硫化处理而制成的，根据使用的橡胶不同，分为耐油和不耐油两种。

耐油橡胶石棉垫是用丁腈橡胶制成的，主要用作燃油、滑油系统的密封垫。不耐油的橡胶石棉垫再根据使用温度和压力不同，分为高压、中压和低压三种。

高压橡胶石棉垫适用温度 450 ℃及压力 60 kgf/cm² 以下，其牌号为 XB-450，常用作飞机冷气、座舱密封等系统的密封垫。

中压橡胶石棉垫适用温度 350 ℃及压力 40 kgf/cm² 以下，其牌号为 XB-350。

低压橡胶石棉垫适用温度 200 ℃及压力 15 kgf/cm² 以下，其牌号为 XB-200。中压和低压橡胶石棉垫一般用于维修地面设备。

橡胶石棉垫的主要缺点是脆性较大，弯曲时容易折断，故在拆装这种垫子时应加以注意。

(4) 纤维垫。飞机上常用的纤维垫有纸垫和钢纸垫两类。纸垫是用甘油和蓖麻油或动物胶浸润过的纸板制成的。这类垫的抗油性好，常用作燃油、滑油、液压等系统的密封垫。其缺点是能吸收水分，吸水后对金属有腐蚀作用，故不宜用作防水垫子。

钢纸垫是将棉织品碎屑经氯化锌溶液处理后制成的。它具有良好的抗油性、一定的弹性和绝缘性，缺点是容易吸收水分。

钢纸板分硬纸板和软纸板两类。硬钢纸板较光亮，无油渍，主要用作飞机冷气系统的密封。软钢纸板为深褐色，无光泽，有浓厚的油渍（用蓖麻油和甘油浸润过），主要用于燃油、滑油和液压等系统的密封垫。

(5) 复合垫。飞机上常用的复合垫有铜包石棉垫和涂胶铜丝石棉垫两种。铜包石棉垫是用两层薄铜片，中间夹以石棉压制而成的。它能耐高温、高压，多用在高温零件结合处。如用作喷气式发动机燃烧室传焰管和活塞式发动机排气管、电嘴等零件的密封垫。

涂胶铜丝石棉垫，是由纯铜丝或黄铜丝与石棉线织成的布，经橡胶及石墨处理后制成的，用来密封工作在 150 ℃以下零件结合处。

3. 密封腻子

飞机上常用的密封腻子是牌号为 JLYZ11 的座舱密封腻子。它是以聚硫橡胶为主，并加入石棉和白垩等制成的。这种密封腻子有良好的塑性，能长期保持原有成分的物理、机械性质，不易干燥，对镁合金有腐蚀作用，主要用来密封飞机座舱玻璃与铝合金框架的结合处。也可用来封严飞机上管路等的间隙和孔洞，以防止油液、水分或气体等渗入或泄漏。

4. 密封圈和密封皮碗

飞机上还使用到各类密封圈、密封条等零件进行密封。其中属于"动态密封件"的密封皮碗，使用在如作动筒、油泵、选择阀门等的运动附件上，用合成橡胶或天然橡胶制成。常用的密封皮碗的外形有 O 形、V 形和 U 形，应根据特定的用途而选用。

需要注意，制造密封圈的材料是按工作条件、温度和液压油品种进行选材配方的。如果不慎将一个特定设计用于静止部件的密封圈装用于运动部件，很可能出现密封失效。因此使用时应注意标注在密封圈专用包装袋上的标记和件号。

5. 刮圈

刮圈的功用是清洁和润滑裸露于外的作动筒或活塞杆表面，一方面防止灰尘污屑渗入系统，另一方面保护活塞杆不受刮伤。

刮圈有金属或毡质两类成品，但在使用时常常两者共用（将毡制件装于金属制件之后），以达到更佳的效果。

(三)橡胶密封材料

由橡胶制成的密封件在飞机上起非常重要的作用,初步估计一架大型客机使用橡胶密封件超过万件,密封剂用量达 1 t。橡胶材料可分为通用橡胶和特殊橡胶。

1. 通用橡胶

通用橡胶是一批国民经济领域最早获得应用的弹性材料,在航空工业中仍在使用一些通用橡胶(如天然橡胶、丁苯橡胶、氯丁橡胶、乙丙橡胶和丁腈橡胶),工艺成熟,多年来使用效果很好。

(1)天然橡胶。天然橡胶是用湿热带生长的橡胶树的乳浆加工成的天然弹性材料。天然橡胶中的橡胶烃是异戊二烯(C_5H_8)聚合体,其化学结构为

$$\left[CH_2-\underset{\underset{CH_3}{|}}{C}=CH-CH_2 \right]_n$$

天然橡胶大分子间作用力小,易变性和流动,在应力作用时立体规整结构导致定向结晶效应,使拉伸强度显著增高,所以天然橡胶是自补强橡胶。未填充补强填料硫化胶强度可达 17 M ~ 25 MPa,经炭黑补强可达 27 M ~ 35 MPa,伸长率可达 700% ~ 1 000%。冲击荷载下的回弹率达 60% 以上,所以天然橡胶是一种高强度和高弹性的橡胶材料。

天然橡胶在航空中的主要应用有制作机身密封圈、垫片、客窗气囊、胶套、胶管、衬套等。

(2)丁苯橡胶。丁苯橡胶是丁二烯和苯乙烯单体,通过乳液或溶液聚合成的高分子聚合物。航空武器装备主要使用丁苯 –10 橡胶为基的胶料,因为该胶料具有优异的低温性能。不会出现天然橡胶长期低温下会产生的结晶现象,因而广泛用于低温冷气系统。

(3)氯丁橡胶。氯丁橡胶是以 2-氯 -1, 3-丁二烯为主要原料,通过均聚或共聚而成的一种高分子弹性体。它的分子链上有极性较强的氯原子保护双键并降低其活性,因此氯丁橡胶有较好的耐热性,使用温度比天然橡胶高 30 ℃~ 50 ℃。氯丁橡胶具有优良的耐臭氧老化性能,在通用橡胶中仅次于乙丙橡胶和丁基橡胶,常被用作低压电缆的保护层及低压电线的绝缘层,但不能用于高频高压电绝缘层材料。氯丁橡胶也适于制造耐大气、耐臭氧并兼有耐油要求的橡胶零件和阻燃橡胶制品,如歼击机空气系统密封垫、液压系统管线的紧箍和支托。

(4)乙丙橡胶。乙丙橡胶为乙烯、丙烯的二元共聚物。乙丙橡胶有优异的耐热性、耐臭氧性、耐化学介质、耐水及良好的电绝缘等性能,适于制造在磷酸酯液压油中空气和冷气系统工作的橡胶密封件、型材和阀门件。

(5)丁腈橡胶。丁腈橡胶是丁二烯和丙烯腈单体经乳液聚合成的无规共聚物。在航空工业上,用得最多的丁腈橡胶是丁腈 -18、丁腈 -26 和丁腈 -40,主要用于制造耐油橡胶制品,如密封圈、阀门等。

(6)硅橡胶与氟硅橡胶。由于尖端工业迅速发展,出现了一批有特殊性能的弹性体(如氟醚橡胶、氟硅橡胶和耐辐射高苯基含量硅橡胶)。

硅橡胶是由线形高聚合度的聚有机硅氧烷生胶经加工硫化后成弹性体。典型结构有聚

二甲基硅氧烷。硅橡胶是典型的半无机半有机聚合物，既有无机高分子的耐热性，又有有机高分子的柔顺性。与通用橡胶比，具有更高的稳定性，如耐热性、耐候老化性和化学稳定性，还有中等的耐辐射性能、极佳的电绝缘性和阻燃性能。

加入补强填料，制成高强度硅橡胶；加入硅油，制成高抗撕硅橡胶；加入白炭黑，制成耐疲劳硅橡胶；加入无机填料，提高硅橡胶导热性，可用于散热片、密封垫和加热辊。

氟硅橡胶是以硅氧键为主链结构，侧链上引入氟烷基和氟芳基的线性聚合物。应用广泛的有甲基（γ-三氟丙基）硅橡胶。氟硅橡胶具有氟橡胶与硅橡胶的许多优良性能，有较好的耐高温、低温，耐臭氧和耐天候老化性，还兼有良好的耐石油基油料性能，适于制造耐油密封制品，如发动机空气、燃油系统密封件、电绝缘件等。

（7）氟橡胶与氟醚橡胶。氟橡胶与氟醚橡胶又称为氟弹性体，是在主链和侧链上碳原子上含有氟原子的高分子聚合物。其具有优异的耐热、耐油和良好的综合力学性能，在航天中用于制造高温部位的活动和固定密封件，包括O形、矩形、V形密封圈和唇形密封皮碗，也用于耐酸、耐碱的导管和密垫片。

2. 特殊橡胶

特殊功能橡胶在橡胶中加入某些填料使材料具有特殊功能。

（1）阻尼减振橡胶。在橡胶基胶中加入阻尼填料提高材料力学损耗系数，可以提高减振降噪作用。如涡轮螺旋桨发动机支架的橡胶减振器可降低发动机的振动向飞机的传递。仪器、仪表与发动机及外部各种振源的振动要相隔离，我国生产的低刚度航空仪表橡胶-金属减振器已成系列产品，广泛用于各种型号飞机的仪器仪表减振。

（2）导电橡胶。导电橡胶通过添加填料，使高分子材料具有导电性。按导电性能的差异，导电橡胶又可分为半导电橡胶、防静电橡胶、导电橡胶和高导电橡胶。所用的填料多为乙炔炭黑、石墨、碳纤维、防静电剂等。导电橡胶制备简单，主要分为导电硅橡胶和导电乙丙橡胶。前三类导电橡胶用导电炭黑填料即可，而高导电橡胶材料一般采用硅橡胶和氟硅橡胶为基胶，以银粉、化学镀银粉为填料，质轻且氧化稳定性好。

（3）阻燃防火橡胶。大多数橡胶是可燃易燃材料，燃烧时火焰传播速度快，不易熄灭。在飞机和发动机舱的管道、导线堵头及束缚卡箍等部件应使用防火橡胶材料。一般是向橡胶中加入阻燃剂，制备阻燃橡胶；也可加入黏土，制成橡胶/黏土纳米复合材料，显著提高橡胶的阻燃性。

二、航空涂料

（一）涂层的作用

凡涂敷到物体表面上，干燥之后能结成坚韧完整的保护薄膜的物质，称为涂料。最早使用的涂料是以植物种子中榨取的油或漆树中取出的漆液为主要原料加工制成的，习惯上称为油漆材料或油漆。

涂料在航空工程的作用主要有四个方面：

（1）防护金属零件不受腐蚀；

（2）使飞机着色，起到装饰、伪装和标志的作用；

(3) 使飞机增进流线型，改善空气动力性能，提高反辐射能力；

(4) 在飞机电器上起绝缘、绝热作用。

航空工业的发展，对航空涂料提出了很高的要求。飞机的飞行环境是很恶劣的，飞机飞行速度快，其表面壳体和气流摩擦产生大量气动热能，这种热能可使飞机表面温度达到 100 ℃～300 ℃及以上。飞机飞行高度为 10 000～15 000 ft（1 ft ≈ 0.304 8 m）时，其环境温度可达 −45 ℃，这种冷热变换又是在很短时间内发生的，涂在飞机表面的涂料应满足这种温度急剧变化的要求。另外，飞机在高空飞行时又要受到各种辐射线的侵蚀。若在湿热地区降落或停放，其表面又将凝结大量的水分。因此，飞机面漆必须能适应这些环境的影响。

对航空涂层的要求可以归纳为以下几点：

(1) 涂膜要具有致密性和化学稳定性，足以防止空气和电解质的腐蚀。

(2) 涂膜要具有足够的强度和硬度，能抵抗含有杂质的气流的侵蚀。

(3) 涂膜能紧密地与金属粘结，并具有足够的弹性，以便在飞机振动时不产生剥落和龟裂。

(4) 涂膜要光滑，以减小飞机的飞行阻力。

(5) 有足够的耐温性和耐寒性。

(6) 涂层质量要轻。

(7) 涂刷方便、干燥快、价格低。

(二) 涂料的基本组成

目前使用的涂料大多是以植物油或树脂为主要成膜物质，以低分子有机物为溶剂，并根据需要加入增塑剂、干燥剂、颜料和填料等组成的。

1. 主要成膜物质

主要成膜物质是涂料的最重要的成分，它的作用是使涂料很好地和底层材料黏附并形成一层保护膜，同时作为其他组成成分的粘合剂。常用的主要成膜物质有植物油、天然树脂及合成树脂三类。

(1) 植物油。植物油是涂料中使用最早的主要成膜物质，是制造油基涂料的主要原料。根据成膜情况不同，植物油可分为三类：能干燥结成硬膜的称为干性油（如桐油、亚麻油等）；干燥结膜很慢的称为半干性油（如豆油、棉籽油等）；不能干燥结膜的称为不干性油（如蓖麻油、橄榄油等）。用作涂料主要成膜物质的一般是干性油。在干性油中，桐油干燥得较快，形成的膜坚硬，抗水性也较好。

(2) 天然树脂。天然树脂硬度较大，黏附性和防水性较好，且涂层表面光滑。常用的天然树脂有松香、虫胶和沥青等。

(3) 合成树脂。目前涂料中，合成树脂应用较广，品种也最多，航空工业常用的有醇酸树脂、酚醛树脂、环氧树脂、氨基树脂、过氯乙烯树脂、丙烯酸树脂、聚酯树脂等。

2. 溶剂

溶剂用来溶解成膜物质，使涂料具有适当的黏度，便于使用。涂料成膜后，溶剂应能够全部挥发掉。目前使用较多的溶剂有以下两类：

(1) 油基涂料溶剂。常用的油基涂料溶剂有松节油、松香水、二甲苯等。

(2) 树脂涂料溶剂。常用的树脂涂料溶剂有酯、酮、醇、苯、醚等。也有的树脂涂料使用油基涂料的溶剂。一般溶剂都容易挥发，容易燃烧，大部分溶剂的蒸气对人体有毒。

3. 增塑剂

增塑剂的作用是提高涂层的韧性和弹性，常用的有蓖麻油、苯二甲酸二丁酯、磷酸三甲酚酯及某些合成树脂。

4. 催干剂

催干剂的作用是加速涂料的干燥过程，常用的有铅、锰、钴、铁、锌、钙等金属的氧化物或盐类。

5. 颜料（染料）

颜料（染料）是瓷漆（又叫色漆）的重要组成部分，它除给涂料必要的色彩之外，还能增加涂料的防护性能、耐热性能及延长涂膜的寿命。

6. 填料

填料可以改进涂层的物理、化学和光学性能，以满足某些特殊性能的要求（如消光、打磨性能），并可降低涂料的成本。使用较多的填料有石膏粉、高岭土、滑石粉等。

（三）常用航空涂料

航空涂料是指用于飞机上的涂料，按使用部位可分为飞机蒙皮涂料、飞机舱室涂料、飞机发动机涂料、飞机零部件涂料、特殊专用涂料（包括隔热涂料、防火涂料和示温涂料）等；按成分可以分为酚醛树脂漆类、醇酸树脂漆类、硝基漆类和过氯乙烯漆类。

1. 酚醛树脂漆类

酚醛树脂漆类是以酚醛树脂和干性油为主要成膜物质的一类涂料，根据组成和功用不同又可分为酚醛清漆、酚醛磁漆和酚醛底漆。

(1) 酚醛清漆。清漆不含填料和颜料，酚醛清漆是以酚醛树脂与桐油熬炼后，加入适当的催干剂，溶于有机溶剂中而成为一种透明的液体。

酚醛树脂在清漆中的功用是增加漆膜的硬度，改善漆膜的光泽，改善漆膜的耐水性和耐化学性，提高漆膜的耐久性，缩短干燥时间。

酚醛清漆在飞机上主要用于涂饰木器表面，因清漆透明，故可显示木器的底色和花纹，也可用作各种油性瓷漆表面罩光。

(2) 酚醛磁漆。酚醛磁漆是在酚醛树脂和干性油组成的油漆料中，加入颜料和少量填充料经研磨而制成的。由于使用颜料的色别不同，而分成各色磁漆。它主要用于金属表面和木质表面的涂饰，以达到装饰和保护的目的。

(3) 酚醛底漆。底漆是直接涂在材料表面上的色漆，它是在清漆中加入对金属和木材没有腐蚀性的颜料制成的。酚醛底漆主要由酚醛树脂、干性油、溶剂和颜料组成，其主要作用是防止金属构件锈蚀，具有防锈、耐热、防潮、附着力强等优点。

2. 醇酸树脂漆类

醇酸树脂漆是以醇酸树脂为主要成膜物质的一类涂料。其品种很多，按外观可分为醇酸清漆、醇酸磁漆、醇酸无光漆和醇酸半无光漆。按配套涂层的不同，可分为底漆和面漆。其中无光漆由于不反射光，可用于仪表板的喷涂。

3. 硝基漆类

硝基漆是以硝化棉为主要成膜物质的一类涂料。由于一般用喷涂施工，所以俗称喷漆。这类油漆干燥迅速，漆膜光泽较好，坚硬耐磨，可以擦蜡打光，便于整饰，而且调整组分比例就能制出多种规格的品种，适应金属、木材及皮革、织物等各种物件的需要，因此获得了广泛应用。它的缺点是漆膜耐水性、耐久性、耐化学药品性及耐溶剂性较差。油漆中固体成分含量很低，因此成膜很薄，必须喷涂多次，要消耗大量溶剂，经济性差，而且大部分溶剂有毒性，有害人体健康。

4. 过氯乙烯漆类

过氯乙烯漆是以过氯乙烯树脂为主要成膜物质的一类涂料。这类油漆施工方便，干燥快，有良好的大气稳定性、化学稳定性、耐水性、抗菌性和耐寒性，具有不延燃的性能，在火源撤离后能迅速熄灭。它的缺点是附着力较小，耐热性较差，油漆中固体成分含量低，成膜薄，需要喷涂多层才能得到一定厚度的漆膜。

常用的有 G52-2 过氯乙烯防腐清漆，用在要求防火、防霉、耐酸碱等的零件上；G04-2 各色过氯乙烯磁漆，用于金属、木材及织物表面；G06-4 过氯乙烯底漆，用于钢铁或木质表面打底；G98-1 过氯乙烯胶液，用于织物与木材或金属材料的粘合。

（四）油漆清除剂（褪漆剂）及使用

有时要使用褪漆剂清除旧油漆涂层，普通用途的清漆和瓷漆清除剂是一种非自燃的水清洗型油漆清除剂，由活性溶剂、胺、氨水、稀释剂、乳化剂、稳定的氯化溶剂和甲酚的混合物组成，可从金属表面清除清漆和磁漆涂层。而其他种类的漆（如环氧树脂涂层、荧光油漆），都各有相应的最有效的清除剂。一般褪漆剂及其蒸气都有毒性，并对塑料、橡胶等制件有腐蚀作用，因此，千万不能与丙烯酸窗户、塑料表面和橡皮制件接触，褪漆前应用覆盖材料盖住这些部位。褪漆前还应仔细阅读褪漆剂的使用说明，要注意在阴凉通风的环境中施工，并做好劳动保护，褪漆不尽的部位，不能使用机械工具硬刮，应再次使用褪漆剂。

【情境案例分析】

挑战者号航天飞机爆炸事故的调查结果令人瞠目结舌，一切竟然毁于一个造价为 900 美元的橡胶圈。在航天飞机的固体火箭燃料助推器上有一个密封垫，垫上有一个 O 形密封圈，它利用火箭发动机燃烧所引起的升温而膨胀，避免固体火箭燃料助推器的火焰从缝隙蹿出，从而起到密封的作用。然而这个密封圈为人工合成橡胶的材料，这种材料不耐低温，发射当天恰好当地气温过低，监测器记录到 O 形环处的温度远低于它的设计承限温度，过低的温度导致密封圈硬化失效。火焰从固体火箭燃料助推器中蹿出，直接烧穿有着 40 000 L 的液态氢的外挂燃料仓，于是爆炸在一瞬之间发生了。

【学习小结】

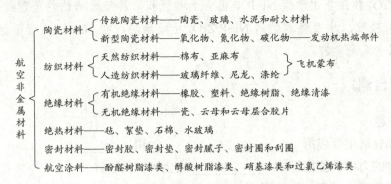

【拓展知识】

高温防护涂层材料

飞机上很多部件的工作环境非常恶劣，比如发动机涡轮，工作温度高，受力复杂，最易损坏。为了保护这些热端部件在高温下免受氧化腐蚀并延长使用寿命，人们对高温结构材料和高温涂层进行了大量研究。发展至今，高温涂层从传统意义上的铝化物涂层发展到今天的热障涂层以及智能型涂层，从单层涂层发展到多层的梯度涂层，从合金涂层发展到目前的陶瓷涂层以及复合型涂层。材料和技术的进步使发动机热端的工作性能已有了非常大的改善。

1. 高温抗氧化涂层

渗铝涂层，渗铝涂层是通过在钛合金表面形成以 $TiAl_3$ 相为主的铝化物涂层，$TiAl_3$ 相中含有充足的 Al，高温下可以形成保护性的 Al_2O_3 膜，因此具有很好的抗氧化性；Al_2O_3 陶瓷氧化物涂层是在钛合金表面制备一层陶瓷氧化物涂层，可以隔离气体介质、降低合金的氧化速度，有效保护基体合金。

2. 热障涂层

这种涂层结构分为基体合金、粘结层、热生长氧化物层、面层。基体为 Ni 基单晶高温合金，面层为气相沉积的微米级厚度陶瓷隔热层，粘结层为 Pt/Ni-Al 涂层，改善金属基体与陶瓷面层之间的物理相容性，热生长氧化物层主要成分为 α-Al_2O_3。热障涂层应用于高温合金叶片有着明显的经济效益。

3. 高温耐磨和封严涂层

封严涂层被广泛用于发动机的不同零部件之间，如转子轴、鼓筒、轴承、转动叶片叶尖、压气机、涡轮之间的封严装置表面，以控制间隙和减少泄漏。采用超声速火焰喷涂或者等离子喷涂工艺等方法制备的 Cr_3C_2-NiCr 涂层可以在 450 ℃～980 ℃氧化或者空气介质中，作为封严涂层使用，是应用最为广泛的金属/陶瓷复合材料。在高温条件下 Cr_3C_2-NiCr 涂层具有耐磨损、耐冲蚀和抗高温气体腐蚀和氧化的特性，能大幅度延长工件寿命。

4. 纳米功能复合涂层

将纳米 ZrO_2 颗粒与化学镀 Ni-P 非晶合金共沉积，再经适当的热处理使 Ni-P 非晶合金晶化成纳米颗粒，从而得到纳米 Ni-P/ZrO_2 功能涂层，在 600 ℃高温下经长时间加热后，复合涂层仍光亮如初。

【学习自测】

一、填空题

1. 非金属材料主要包括_____、_____和_____。
2. 聚合物的力学性能指标中，_____比金属材料的好。
3. 橡胶是优良的减振材料和耐磨、阻尼材料，因为它具有突出的_____。
4. 陶瓷材料的_____强度较低，而_____强度较高。
5. 聚合物的三种力学状态是_____、_____和_____，它们相应是塑料、_____和胶粘剂的使用状态。
6. 涂料的基本组成包括_____、_____和填料、_____和助剂。

二、选择题

1. 制作电源插座选用（　　），制作飞机窗玻璃选用（　　），制作化工管道选用（　　），制作齿轮选用（　　）。
   A. 酚醛树脂　　B. 聚氯乙烯　　C. 聚甲基丙烯酸甲酯　　D. 尼龙
2. 橡胶是优良的减振材料和摩阻材料，因为它具有突出的（　　）。
   A. 高弹性　　B. 黏弹性　　C. 减摩性　　D. 以上都不对
3. 综合性能好，可以生产多种材料的橡胶是（　　）。
   A. PUR　　B. NR　　C. Q　　D. BR
4. PVC 即（　　）。
   A. 聚四氟乙烯　　B. 聚乙烯　　C. 聚氯乙烯　　D. 聚苯乙烯
5. 合成橡胶的性能特点，不正确的是（　　）。
   A. 耐磨性　　B. 储能性小　　C. 高弹性　　D. 弹性模量小
6. 常用的有机胶粘剂是（　　）。
   A. 热塑性玻璃钢　　B. 复合材料　　C. 合成纤维　　D. 合成材料
7. Al_2O_3 陶瓷可用作（　　），SiC 陶瓷可用作（　　）。
   A. 气缸　　B. 高温模具　　C. 叶片　　D. 火花塞
8. 传统陶瓷材料的主要原料有（　　）。
   A. 树脂　　B. 生胶　　C. 黏土　　D. 金属氧化物
9. 常用的航空涂料主要有（　　）。
   A. 酚醛树脂漆类　　　　　　B. 醇酸树脂漆类
   C. 硝基漆类　　　　　　　　D. 过氯乙烯漆类
10. 下面涂料的常用的成膜物质有（　　）。
    A. 植物油　　B. 天然树脂　　C. 合成树脂　　D. 粘合剂

三、简答题

1. 从不同角度说明陶瓷材料的定义。
2. 简述陶瓷材料的优缺点及在航空领域的应用。
3. 在纺织材料中,纱的粗细用什么量表示?
4. 简述常用航空纺织材料及其特性。
5. 对航空绝缘材料有哪些基本要求?
6. 航空常用的有机绝缘材料和无机绝缘材料分别主要有哪几种?
7. 常用的航空绝热材料有哪些?各有哪些特点?
8. 航空密封材料应具有哪些性质?密封材料分为哪几类?
9. 航空涂料的作用有哪些?对航空涂料的要求是什么?
10. 涂料由哪些成分组成?分别起什么作用?
11. 简述常用航空涂料有哪几种。

第七章 07 飞机结构中复合材料的应用

【学习目标】

【知识目标】

1. 掌握复合材料的定义、组成与命名；
2. 熟悉复合材料的分类；
3. 了解复合材料的特点；
4. 掌握聚合物基复合材料的常用增强体和基体；
5. 了解金属基、陶瓷基复合材料的性能特点及应用；
6. 了解碳/碳复合材料的性能特点及应用。

【技能目标】

掌握先进复合材料在飞行器上的应用。

【素质目标】

1. 具有较强的自我学习、自我调整能力，具备创新意识；
2. 养成热爱科学、实事求是的学风。

第一节　先进复合材料

【情境导入】

在公元12世纪，蒙古勇士使用竹子来制作竹弓，弓的压缩（内侧）侧的一角和片状的角覆盖在竹芯上。他们用丝绸将结构紧密包裹，并用松脂将其密封，其强度几乎与900年后的现代弓箭强度一样。

此前，中国科学家宣布成功用竹子建造了一列高铁车厢，让全世界都很是关注，据称，中国工程师花费了整整12年之久才成功研发出这列车厢，相比传统的金属车厢，这种主体车厢质量更轻、更加节能，未来它的广泛使用有望大幅降低中国下一代高铁车身质量，极大降低了列车运行的能耗。用竹子建造的高铁你见过吗？这种高铁车厢能保证行驶安全吗？这种高铁车厢和普通高铁车厢相比又有何优势呢？

【知识学习】

■ 一、复合材料的组成与命名

复合材料是人类采用人工设计和合成的方法,将两种或两种以上的单一材料制成具有新特性的新型材料,其利用特有的复合效应,对原有组分材料的特性进行优化设计,展现出一系列新特性。由于可利用材料的多样性以及优越的可设计性,复合材料能够得到单一的传统材料所不能得到的理想力学性能,使复合材料的性能,特别是弹性模量、强度以及韧性的综合性能,可以在很大的范围内变化,满足实际工程中更广泛的特殊需要。

现代航空工业中,将基体与碳、玻璃、凯芙拉或陶瓷等高强度纤维粘合在一起,用来制造质量轻、作战能力更高、节省燃油的高效的飞机结构,这种具备质量轻,较高的比强度、比模量,较好的延展性,抗腐蚀、隔热、隔声、减振、耐高(低)温等优质特性的复合材料,我们称为先进复合材料(Advanced Composites Material,简称 ACM),其广泛应用于飞机航空航天、医学、机械、建筑等行业的主承力结构和次承力结构。

(一)复合材料的组成

复合材料是由两种或两种以上材料独立物理相,通过复合工艺组合构成的新型材料,基本单元一般是由增强体、基体和界面三个单元组成。

(1)增强体:一种分散相,主要承载相,并起着提高强度(或韧性)的作用,改善复合材料的性能。

(2)基体:一种连续相,粘结、保护增强相并把外加荷载造成的应力传递到增强体上去,并保护增强体免受外界环境侵蚀。

(3)界面:两相彼此之间有明显的界面,界面将纤维和基体连接在一起,并实现增强体与基体间的荷载传递,从而构成了具有高强度、高模量的新型材料。

(二)复合材料的命名

复合材料在世界各国还没有统一的名称和命名方法,比较共同的趋势是根据增强体和基体的名称来命名,通常有以下三种情况:

(1)强调基体时以基体材料的名称为主,如树脂基复合材料、金属基复合材料、陶瓷基复合材料等。

(2)强调增强体时以增强体材料的名称为主,如玻璃纤维增强复合材料、碳纤维增强复合材料、陶瓷颗粒增强复合材料等。

(3)基体材料名称与增强体材料名称并用,这种命名方法常用来表示某一种具体的复合材料,习惯上把增强体材料的名称放在前面,基体材料的名称放在后面,以"/"分隔。

目前复合材料命名的主要形式为"增强体"+"/"+"基体"+"复合材料",如"玻璃纤维增强环氧树脂复合材料",或简称为"玻璃纤维/环氧树脂复合材料或玻璃纤维/环氧";碳纤维和金属基体构成的复合材料可写为"碳/金属复合材料";碳纤维和碳构成的复合材料叫"碳/碳复合材料"。

国外还常用英文编号来表示,如 MMC(Metal Matrix Composite)表示金属基复合材料，FRP（Fiber Reinforced Plastics）表示纤维增强塑料，而玻璃纤维/环氧树脂则表示为 GF/Epoxy，或 G/Ep(G-Ep)。

若要对具体复合材料商品进行描述，可采用具体的商品名称命名增强体和基体如："T300/narmco5208"表示增强纤维为型号 T300 的碳纤维，基体型号为 narmco5208 的树脂。

二、复合材料的分类

（一）按增强相的结构形态与特征分类

按照增强相的结构形态与特征分类，复合材料可以分为纤维增强复合材料、颗粒增强复合材料、片状增强复合材料、叠层复合材料等，如图 7-1 所示。

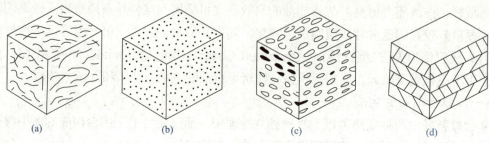

图 7-1 复合材料强化相的不同结构形态和特征
(a) 纤维增强复合材料；(b) 颗粒增强复合材料；(c) 片状增强复合材料；(d) 叠层复合材料

其中，在飞机结构中纤维增强复合材料应用十分广泛，常见的种类有定向纤维复合材料、连续纤维或不连续纤维复合材料、编织纤维复合材料等。

1. 定向纤维复合材料

定向纤维复合材料是在复合材料中所有的纤维都是相互平行排列的，在纤维排列的方向上力学性能较好，但在其垂直方向上的性能较弱。大多数纤维强化复合材料都是各向异性的（图 7-2）。

2. 连续纤维（长纤维）或不连续纤维（短切）复合材料

连续纤维（长纤维）复合材料中，纤维长度与构件等长，具有各向异性的特点；不连续纤维（短切）复合材料中，增强纤维以短小的无规则的形式分散于基体材料中，性能呈现各向同性（图 7-3）。

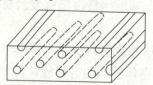 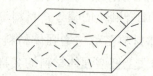

图 7-2 定向纤维复合材料　　图 7-3 不连续纤维（短切）复合材料

3. 编织纤维复合材料

增强纤维在基体中的排列，也可采用编织体的形式，包括二维和三维编织体，如图 7-4 所示的二维编织，如图 7-5 所示的三维编织。

 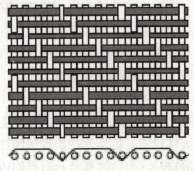

图 7-4　纤维的二维编织结构
(a) 平纹编织；(b) 缎纹编织

图 7-5　纤维的三维编织结构

(二) 按增强相的材料种类分类

(1) 碳纤维复合材料：以碳纤维为增强纤维构成的复合材料。

(2) 玻璃纤维复合材料：以玻璃纤维为增强纤维构成的复合材料。

(3) 芳纶纤维复合材料：以芳纶纤维为增强纤维构成的复合材料。

(4) 陶瓷纤维复合材料：以陶瓷纤维（如氧化铝纤维、碳化硅纤维、硼纤维等）为增强纤维构成的复合材料。

(5) 金属纤维复合材料：以金属纤维（如钨丝、不锈钢丝等）为增强纤维构成的复合材料。

此外，如果用两种或两种以上纤维增强同一基体制成的复合材料称为混杂复合材料。混杂复合材料可以看成两种或多种单一纤维复合材料的互相复合，即复合材料的"复合材料"。

(三) 按基体材料分类

除上述分类方法外，复合材料还经常按其基体材料分类，包括金属基、聚合物基、陶瓷基。

1. 金属基复合材料

金属基复合材料具有良好的耐高温性能、良好的横向性能、较高的抗压缩与剪切强度，这主要是因为金属基体良好的强度、韧性、界面粘结的结合。常见的金属基复合材料包括硼纤维强化铝合金、SiC 纤维或晶须强化铝合金、SiC 强化钛合金、碳纤维强化镁、铜或铝等。其应用包括汽车发动机的活塞头、发动机的曲轴连杆、气体涡轮机叶片、雷达罩、电子集成电路芯片以及外壳等。

2. 聚合物基复合材料

聚合物基复合材料是复合材料工业的主流。它具有优异的室温性能且成本较低。基体包括各种热固性树脂，近年来也出现热塑性聚合物用玻璃纤维、碳纤维、硼纤维以及有机纤维聚合物等材料。聚合物基复合材料的传统应用是作为承受较轻荷载的飞机结构。我国 C919 大飞机的制造中也采用了部分复合材料，其类型见表 7-1。现在聚合物基复合材料广泛地应用于城市建设中的 I 形梁、各种汽车零件、钢带轮胎及体育用品等。

3. 陶瓷基复合材料

陶瓷具有优异的抗氧化和抗蠕变性能，但是很脆，传统陶瓷的断裂韧性为 $1\sim 5$ $MPa/m^{-0.5}$ 的数量级，因而限制了其应用。而由陶瓷纤维强化陶瓷基体的陶瓷基复合材料的断裂韧性可以达到 $15\sim 20$ $MPa/m^{-0.5}$，非常有希望应用于汽车与飞行器中气体涡轮机的受热部件，如叶片、盘、活塞以及转子等。

（四）按材料作用分类

（1）结构复合材料：以承受荷载为主要目的。主要使用力学性能，以满足高强度、高模量、耐冲击、耐磨损的要求。

（2）功能复合材料：主要使用功能特性，利用其在电、磁、声、光、热、阻尼、烧蚀等方面的特殊性能，如压电功能复合材料、阻尼功能复合材料、磁性复合材料等。

三、复合材料的特点

复合材料在飞机上的应用能追溯到 20 世纪 70 年代初期，由于复合材料的优异特性，其应用越来越广泛，用量的增加也使其成本得以下降。与金属材料相比，复合材料具有下列特性：

（1）可综合发挥各种组成材料的优点，使一种材料具有多种性能，具有天然材料所没有的性能，例如，玻璃纤维增强环氧基复合材料，既有类似钢材的强度，又具有塑料的介电性能和耐腐蚀性能。

（2）通过设计可以使其强度和刚度满足荷载和功能需求，例如，针对材料某方向上的强度，可安排定向的连续纤维排列。

（3）制造工艺较为简单，可避免多次加工工序。

（4）抗疲劳损伤能力较强。

与金属材料相比，飞机上采用复合材料，主要是因为先进复合材料具备独特的优点。

1. 高的比强度和比模量

比强度为强度与密度之比，比模量为模量与密度之比。在飞机结构中，由于减重的需求，比强度和比模量是度量材料承载的一个极其重要的指标，相较于铝合金结构，复合材料的应用可使飞机减重 25%～35%，各类材料的性能特点见表 7-1。

表 7-1 复合材料与金属材料的性能对比

类别	材料	性能				
		密度 / (g·cm^{-3})	抗拉强度 / MPa	弹性模量 / GPa	比强度 / (10^5 N·m·kg^{-1})	比模量 / (10^6 N·m·kg^{-1})
金属	钢	7.8	1020	210	1.29	27
	铝合金	2.8	470	75	1.68	26.8
	钛合金	4.5	1000	110	2.22	24.4
复合材料	碳纤维/环氧树脂	1.45	1500	140	10.34	97
	碳化硅纤维/环氧树脂	2.2	1090	102	4.96	46.4
	硼纤维/环氧树脂	2.1	1344	206	6.4	98
	硼纤维/铝	2.65	1000	200	3.78	75
	玻璃钢	2.0	1040	40	5.2	20

2. 耐疲劳性能好

金属材料的疲劳破坏常常是没有明显预兆的突发性破坏,而纤维增强的复合材料中的纤维与基体的界面能阻止材料受力所致裂纹的扩展,因此,其疲劳破坏总是从纤维的薄弱环节开始逐渐扩展到结合面上,破坏前有明显的预兆。大多数金属材料的疲劳强度极限是其抗拉强度的 20% ~ 50%,而碳纤维复合材料的疲劳强度极限可为其抗拉强度的 70% ~ 80%。

3. 安全性能好

过载时,纤维增强复合材料中的少量纤维断裂,荷载会迅速重新分配到未破坏的纤维上,使整个构件在短期内不至于失去承载能力。

4. 减振性好

结构的自振频率除与结构本身的形状有关外,还与材料比模量的平方根成正比,因为复合材料的比模量高,因此,其自振频率也高,可以避免构件在一般工作状态下产生共振。另外,复合材料的纤维与基体的界面具有较大的吸振能力,使材料的振动阻尼很高。有试验证明,轻合金梁需要 9 s 才能停止振动,而碳纤维复合材料梁只需 2.5 s 就会停止同样大小的振动。

5. 具有多种功能性

由于复合材料是由多种物理、化学性质不同的材料组合设计而成的,因此,其呈现出多种多样的特性,如:

(1)优良的导热、导电性能。金属基复合材料中金属基体占很高的体积百分比,因此仍保留金属所具备的良好导热和导电性;良好的导热性可以有效传热和减少构件的热损伤,保证电子元器件的尺寸稳定性,良好的导电性可以防止飞行器构件产生静电聚集的问题。

(2)热膨胀系数小、尺寸稳定性好,碳纤维、硼纤维等均具有很小的热膨胀系数,又具有很高的模量,特别是超高模量的石墨纤维具有负的热膨胀系数。通过调整各组分的配比，可获得构件和方向上的不同的热膨胀系数。

（3）耐磨性好。采用陶瓷颗粒增强的金属基复合材料具有很好的耐磨性。陶瓷材料具有硬度高、耐磨、化学性能稳定等优点，用它们来增强金属不仅提高了材料的强度和刚度，还提高了复合材料的硬度和耐磨性。如 SiC/Al 复合材料的高耐磨性在汽车、机械工业中有很广泛的应用前景，可用于汽车发动机、刹车盘、活塞等重要零件。

（4）优良的耐腐蚀性能。复合材料拥有良好的耐腐蚀性能，不仅限于大气腐蚀，如，玻璃纤维酚醛树脂复合材料可在含氯离子的酸性介质中长期使用。

（5）良好的高温性能。陶瓷基、金属基复合材料的高温性能比聚合物基复合材料更好，如钨丝增强耐热合金，其 1 100 ℃、100 h 高温持久强度为 207 MPa，石墨纤维增铝基复合材料在 500 ℃下仍具有 600 MPa 的高温强度。碳纤维和碳化硅纤维增强碳化硅基体复合材料可在 1 700 ℃和 1 200 ℃下保持室温时的抗拉强度，并具有较好的抗压性能。

当然，复合材料与传统材料相比，也有限制其应用的缺点：

（1）材料昂贵。航空用高性能纤维、晶须等材料价格高，且复合材料构件的质量控制非常严格，导致复合材料生产成本远高于传统材料。

（2）能量吸收能力差，易发生冲击损伤。特别是层叠复合材料，在受到冲击时，在内部易产生大范围基体开裂和分层，而外表面往往目视不可见，但压缩承载能力已大幅度下降。

（3）与金属材料进行连接时，容易造成腐蚀问题。特别是在使用碳或石墨纤维时，必须采用相应的防腐措施。

【情境案例分析】

竹纤维是从竹子中提取出的纤维，主要成分是纤维素、半纤维素和木质素，已经成为世界第五大天然植物纤维，虽然竹纤维的强度低于碳纤维、玻璃纤维，但其密度较小（仅为 0.5～0.9 g/cm^3），其优势在于成本更低（仅需 0.84～1.42 美元/kg），生产时几乎不排放污染物，可回收性强。

中国研制的竹纤维高铁车厢也经过了特殊设计。为了保证足够的车体强度，车身大架等关键部件还是使用了高强度的传统复合材料制造，而在车厢壁板等强度要求较低的部件上大量使用竹纤维复合材料。通过各种材料的灵活使用，这列竹纤维车厢的质量比传统车厢下降了近三分之一，行驶时的能耗则下降了近一倍。如果用它制造一列完整的高铁列车，这列高铁整体质量会比传统高铁下降四分之一，所需的能耗则会降低近 30%，运行时可以节省大量能源。

第二节　聚合物基复合材料

【情境导入】

2009年，波音787，又称为"梦想飞机（Dreamliner）"，获得认证后开始交付并投入运营。之所以被称为"梦想飞机"，是因为这架飞机能够打造人们飞行过程中的完美感受。它增加了内部空间，使乘坐空间变大，提高了飞机客舱压力，增大了舱内空气湿度，机舱的舷窗也更大了，可以使乘客更好地观看窗外的美景。航空公司也对这架"梦想飞机"很感兴趣，踊跃订购了近千架，波音787满载里程为 8 000 mile（1 mile ≈ 1.609 km），并且可以节省20%燃油，且货运能力优于同尺寸飞机20%到45%。那究竟是什么使波音787性能如此优异呢？

【知识学习】

聚合物基复合材料（PMC）被广泛应用于航空航天结构，与铝合金结构相比，聚合物基复合材料（以碳纤维/环氧树脂复合材料为例）具有以下优势：

（1）减重：由于比强度和比模量大，且结构一体化更易实现，减少了连接数量和紧固件数量，因此聚合物基复合材料结构比铝合金结构减重15%～20%。

（2）性能提升：聚合物基复合材料结构气动外形更光滑，对服役环境的适应性增加，结构降噪性、阻燃性更好。

（3）修理费用降低：由于聚合物基复合材料的疲劳抗力更好，抗腐蚀能力更强，耐磨性更好，使维修周期更长，修理次数减少，修理费用更低。

一、增强纤维

目前，飞机结构用的聚合物基复合材料的增强相主要为高性能纤维，纤维的品种、排布方式和体积含量决定了结构的力学性能，在聚合物基复合材料中，常用纤维分类如图7-6所示。

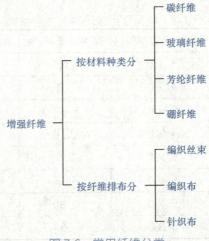

图 7-6　常用纤维分类

(一) 按材料种类分类

1. 玻璃纤维

玻璃纤维以石英砂、石灰石、白云石、石蜡等组分配以纯碱等，有时也掺入 TiO_2、ZrO_2 等氧化物来制备各种玻璃后，经熔炼窑融化拉丝而成。由于其成本低、质量轻、比强度、比模量高以及介电性能优良，得到广泛应用，如应用在运动飞机和通用飞机的主结构、直升机旋翼桨叶结构以及民用客机的次承力或不承力结构上。

玻璃纤维的常见等级主要是"C""A""E"和"S"，代表玻璃纤维中的碱金属含量，"A"代表普通，碱金属含量为 15%，"C"代表中碱，碱金属含量为 11.5%～12%，"E"代表无碱，碱金属含量小于 0.5%，"S"代表高强，碱金属含量微量。其中 E- 玻璃纤维的比强度高、耐疲劳性好、介电性能优异，在 320 ℃下可保持 50% 的拉伸强度，耐化学、耐腐蚀及耐环境性能好，因此被广泛应用于飞机的次要结构，S- 玻璃纤维的性能较 E- 玻璃纤维更加优异，特别是耐强酸性，但其成本也略有提高，其主要性能见表 7-2。

表 7-2 玻璃纤维的主要性能参数

性能	E- 玻璃纤维	S- 玻璃纤维
密度 /($g \cdot cm^{-3}$)	2.54	2.48
拉伸模量 /GPa	72.4～76	86
拉伸强度 /GPa	3.6	4.6
断裂伸长率 /%	2.0	—
线膨胀系数 /($10^{-6} K^{-1}$)	5.0	2.9～5.0

2. 碳纤维

碳纤维由于其性能好、纤维类型和规格多、成本适中等因素，在飞机结构上应用最广泛。根据制造原材料可分为聚丙烯腈基（PAN）碳纤维、沥青基碳纤维和人造丝碳纤维，根据性能可分为通用级碳纤维（拉伸强度＜1.4 GPa，拉伸模量＜140 GPa）、高性能碳纤维，包括中模量（IM）、高模量（HM）、高强度（HS）、超高强（UHS）、超高模（UHM）。主要碳纤维性能见表 7-3。

表 7-3 常见碳纤维品种的性能参数

纤维品种	拉伸模量 /GPa	拉伸强度 /MPa	断裂伸长率 /%	密度 /($g \cdot cm^{-3}$)	纤维直径 /μm
T300	230	3 530	1.50	1.76	7
AS4	248	4 070	1.65	1.80	7
HTA	235	3 600～4 300	1.5～1.8	1.76	7
T700S	230	4 900	2.10	1.80	7
IM6	300	5 100	1.75	1.75	5
IM7	300	5 400	1.85	1.80	5
T800H	294	5 490	1.90	1.81	5
HM63	441	4 600	1.0	1.83	—

碳纤维发展方向主要有 2 个，即中模量高强度碳纤维 T800、T1000 和高模量碳纤维 M50J、M60J，T800 的价格为 T300 的 3～5 倍，因而制约了其应用范围。目前，飞机结构广泛应用的增强纤维仍然是 T300，主要代表品牌有 T300（日本，Toray 公司）、AS4（美国，Hercules 公司）、HTA（日本，Besfight 公司）等。我国碳纤维产业化起步晚，落后于日本等国家 30 年，面对关键技术"卡脖子"问题，国家从"十一五"后投入大量资源进行攻关，在 21 世纪初，实现 T300 碳纤维的规模生产，打破了发达国家对国内碳纤维市场的长期垄断，在 2017 年，国家科技进步一等奖颁发给"干喷湿纺千吨级高强/百吨级中模碳纤维产业化关键技术及应用"，意味着我国 T700/T800 中模量高强碳纤维实现批量化生产，目前，我国自主研制的 T700 与 T800 级碳纤维产品已经应用到航空航天、碳芯电缆等领域。

3. 芳纶纤维

芳纶纤维是芳香族酰胺纤维的总称，是一种轻质高强的高性能有机纤维，具有代表性的是聚对苯二甲酰对苯二胺纤维，其代表商品有凯芙拉（Kevlar）纤维，以及聚间苯二甲酰间苯二胺纤维，其代表商品有 Nomex 纤维。芳纶纤维韧性特别高、能量吸收性能好，拉伸强度与刚度高，但压缩强度低，与碳纤维一起制成混杂纤维，有明显的增韧作用。

芳纶纤维一般分为高强型、高模型，目前世界上主要的芳纶纤维力学性能见表 7-4。

表 7-4 芳纶纤维主要力学性能参数

纤维类型	密度/(g·cm^{-3})	拉伸强度/GPa	拉伸模量/GPa	断裂伸长率/%
Nomex	1.38	0.66	17.4	22
Kevlar	1.43～1.44	3.22	64.8	1.43～1.44
Kevlar-29	1.44	2.82	63.2	3.6
Kevlar-49	1.44	3.82	126.6	2.4

（二）按纤维排布分类

增强材料的基本形式有纤维丝束、编织布和针织布。

1. 纤维丝束（单向带）

纤维丝束是增强材料的最基本形式。纤维丝束一般预浸渍树脂基体，按同一方向（经向）平行排列成纤维束条带，即单向带，如图 7-7 所示。为了改善单向带工艺性能，将纤维丝束用少量维持纤维丝束经向排列的非承载作用的纬向纤维织成一种特殊的单向织物，又称无纬布或无纺布。无纬布浸渍树脂后也称为单向带，其纤维增强作用效果与纤维丝束单向带基本相同，但其铺覆工艺性大为改善。

2. 编织布（织物）

编织布（织物）是由经向纤维与纬向纤维编织而成的，根据经向纤维与纬向纤维的分布和编织方式的不同，可分为平纹布、斜纹布和缎纹布，如图 7-8 所示。平纹布的经向与纬向纤维比例为 1∶1，布形稳定，不易弯折。缎纹布按经线

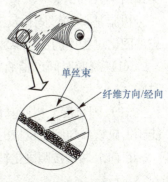

图 7-7 单向带示意

与纬线相交编织时所间隔的纬线数目的不同，可分为 4 综缎、5 综缎、8 综缎等缎纹布，它们各有各的特点。如 8 综缎布浸渍树脂后体现了单向带特点，且整体性好，易铺贴。不同纤维混合编织物，为设计选材提供了更多的便利，织物可制成预浸料使用。

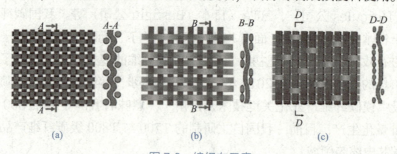

图 7-8　编织布示意
（a）平纹布；（b）斜纹布；（c）缎纹布

3. 针织布

针织布是在织机上用增强纤维（机线）按照某种规则编织在一起形成的织物，通常用于制造三维织物或管状的预成型件。通过控制 X、Y、Z 三向的纤维比例，可以控制各方向的性能，如图 7-9 所示。针织布通常价格高，制造过程复杂，主要用来制作预成型体，后续用于树脂传递模塑和其他液态成型技术。

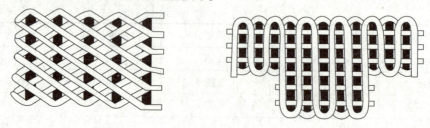

图 7-9　三维针织布举例

二、树脂基体

树脂基体是聚合物基复合材料的重要组分，树脂基体的性能直接决定了结构的使用温度、压缩性能、层间剪切强度、耐湿热性能和抗冲击能力等重要性能指标。飞机结构用复合材料树脂基体的研究与开发有近 60 年的历程，类型与品种很多，常用于飞机结构的种类如图 7-10 所示。

树脂基体通过固化反应成型，在加热过程中，树脂从流体状态因固化反应转变为固态，固化过程中的反应参数是复合材料固化工艺的制定依据，其中：

（1）凝胶时间：指液态树脂在规定的温度下由能流动的液态转变成固体凝胶所需的时间。

（2）固化度：树脂基体的固化反应程度，也就是树脂中已经参与固化反应的活性官能团占应该参与固化反应的活性官能团的百分比。

目前，通常按照固化特性将树脂分为热固性树脂和热塑性树脂，它们的特性见表 7-5。

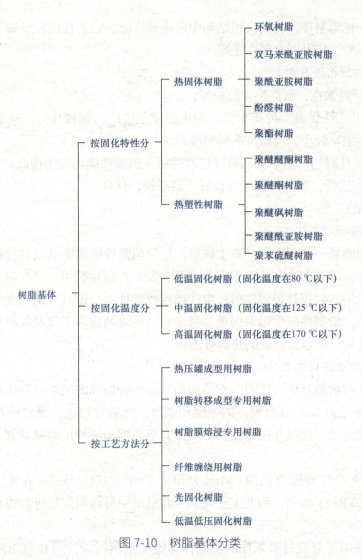

图 7-10 树脂基体分类

表 7-5 热固性与热塑性树脂特点

树脂类型	特性	优点	缺点
热固性树脂	◆ 固化时发生化学反应； ◆ 工艺过程不可逆； ◆ 黏度低，流动性高； ◆ 固化时间长	◆ 工艺温度相对较低； ◆ 纤维浸润性好； ◆ 可成型为复杂形状； ◆ 黏度低	◆ 工艺过程时间长； ◆ 储存时间受限制
热塑性树脂	◆ 无化学反应，无固化要求； ◆ 有后成型能力，可再加工； ◆ 黏度高，流动性低； ◆ 公益时间可能较短	◆ 韧性优于热固性树脂； ◆ 废料可重复利用； ◆ 成型快（成本低）； ◆ 储存没有限制，不须冷藏； ◆ 抗分层能力强	◆ 耐化学溶剂性低； ◆ 工艺温度较高； ◆ 释放的气体有污染； ◆ 工艺不成熟

（一）热固性树脂

1. 环氧树脂

环氧树脂是分子中含有两个或两个以上团的一类高分子化合物，是最早应用于飞机复合材料结构中的树脂基体，目前飞机结构中应用最广泛。它的性能特点如下：

(1) 在 93 ℃下使用，力学性能好；

(2) 与各种纤维匹配性好；

(3) 耐化学腐蚀性、耐湿热性能较好；

(4) 成型工艺性优良、种类丰富、固化温度范围广、铺覆性好、树脂黏度适中、流动性好、固化收缩率较小，可做成多种预浸料；

(5) 属于脆性材料，但增韧环氧经过改性后，抗损伤能力有所提高；

(6) 机械加工性，制孔、切削性良好，易维护、修理；

(7) 价格低。

2. 聚酰亚胺树脂基体

聚酰亚胺树脂是一种芳香杂环新型树脂，是目前高性能树脂基复合材料中耐热性最高的树脂基体之一，可在 250～300 ℃长期使用，350 ℃短期使用，已在航空领域的耐高温部位得到推广应用，它还具备耐辐射、电性能较好等优点，但其成型温度与成型压力高，韧性差，呈脆性，给制件成型带来困难。目前它已成功地应用于飞机发动机的外涵道、中介机匣、导向叶片、尾喷口区域的热端等部位。

3. 双马来酰亚胺树脂基体

双马来酰亚胺树脂基体（BMI，双马树脂）是一种特殊的聚酰亚胺体系，其最高使用温度在 177 ℃～230 ℃，具有很高的强度和刚度，但脆性较大，通过改性，韧性得到提升，能很好地适应新一代战斗机对复合材料树脂基体提出的使用温度要求，但不能用于主承力件。

目前常用的 BMI 树脂有美国 Cytec 公司生产的 5245C、5250 系列，北京航空工艺研究所开发的 QY8911 系列、西北工业大学与北京航空材料研究院研制的 5405 系列。

4. 聚酯树脂

聚酯树脂是用于复合材料基体的热固性非饱和聚酯树脂，可在室温及大气压力下固化，可用于与玻璃纤维复合，形成雷达波穿透性非常好的结构材料，应用于飞机雷达罩。其主要优点如下：

(1) 黏度低，流动性好；

(2) 价格低；

(3) 成型过程对操作者技术要求不高；

(4) 可根据特定应用要求进行改性；

(5) 具有优异的环境耐久性。

缺点如下：

(1) 固化时放热较大，收缩率较大；

(2) 脆性大；

(3) 耐化学性差。

(二) 热塑性树脂

热塑性树脂基体在飞机结构工业中的应用已有多年历史，主要用于飞机机身内装饰和其他非结构性零件上。与热固性树脂相比,热塑性树脂具有较高的层间断裂韧性和冲击后压缩强度,韧性吸湿量也要小得多,其高温力学性能也较好。表 7-6 提供了在航空航天复合材料结构中应用的热塑性树脂。

表 7-6 航空航天复合材料结构中常用的热塑性树脂

种类	代表商品	施工温度 /℃	玻璃化转变温度 /℃	特性
聚醚醚酮（PEEK）	Victrex	400	145	◆ 具有优异的力学性能和韧性; ◆ 优异的耐火性; ◆ 对飞机流体的损伤有高阻抗; ◆ 使用温度高达 160 ℃
聚醚砜（PES）	Victrex	400	230	◆ 工艺性能良好; ◆ 耐溶剂性好
聚苯硫醚（PPS）	Ryton	340	90	◆ 工艺温度低; ◆ 使用温度低
聚酰亚胺（PI）	Kapton	390	320	◆ 耐温性最好; ◆ 黏度高,加工难度大
聚醚酰亚胺（PEI）	Ultem	370	215	◆ 耐温性好; ◆ 成本低于 PI

三、树脂基复合材料在航空中的应用

从 20 世纪 50 年代中期开始,聚合物基复合材料在军用飞机上开始得到应用,经过多年的发展,已成为与铝合金、钛合金、钢并驾齐驱的四大结构材料之一,先进复合材料（特别是树脂基复合材料）的用量已成为飞机先进性的一个重要标志。

（一）在军机中的应用

战斗机是高新技术的综合试验场,各国战斗机上的复合材料结构的应用,代表了飞机复合材料结构技术发展水平的现状。JAS-39、Rafale、EF-2000 和 F/A-18E/F、F-22 等先进高性能战斗机上的复合材料结构质量已占结构质量 23%～30%,B-2 隐形战斗机上的复合材料用量达到了惊人的 37%,并采用了复合材料结构实现了其隐身功能,充分体现了复合材料的优异性能,通过合理的设计不仅能够满足结构需求而且能够实现功能性,国内外军用飞机的复合材料用量及应用部位见表 7-7。

表 7-7 国内外军用飞机的复合材料用量及应用部位　　　　　　　　　　　　　　%

机种	首飞	复合材料	铝合金	钛合金	复合材料种类（应用部位）
F-14	1969	1	39	17	硼/环氧（水平安定面面板）
F-15	1972	1.2	37.3	5.5	硼/环氧（尾翼安定面面板、方向舵面板）
F-16	1976	2	64	3	碳/环氧（垂尾等）
F/A-18	1978	12.1	50	12.6	碳/环氧（机翼、尾翼壁板等）
AV-8B	1982	26	47	15	碳/环氧（机翼、前机身、尾翼壁板等）
F-22	1996	24	15		碳/双马（机翼、前机身、尾翼壁板等）

续表

机种	首飞	复合材料	铝合金	钛合金	复合材料种类（应用部位）
F/A-18E/F	1998	22	27		碳/双马（机翼、前机身、进气道等）
B-2	1989	37	27		碳/双马（机翼、中机身）
JAS 39	1988	30			碳/环氧（机翼、垂尾、鸭翼等）
Rafale	1991	24			碳/双马（机翼、尾翼、鸭翼等）
EF 2000	1994	30	25		碳/双马（机翼、机身、尾翼蒙皮）
Mig 29	1977	7			垂尾
S-37	1997	26			前掠翼、尾翼
Mig 1.42	1994	16			鸭翼、机翼、机身蒙皮
Mig 1.44	2000	30	35		鸭翼、机翼、机身蒙皮、进气道

我国五代战机歼20通过多次关键技术攻关，复合材料的用量达到了27%，应用在鸭翼、垂尾和进气道部位，实现了战机的轻量化、功能化。

（二）在民机中的应用

目前，树脂基复合材料已经在现在民用客机中得到了广泛应用，从雷达罩、整流罩、起落架舱门等次承力结构，发展到中央翼盒、机身、地板梁、垂尾等承力结构，已经成为民用客机制造的主流材料。以波音（Boeing）、空客（Airbus）公司为例，从波音747（1%的复合材料用量）发展到"梦幻飞机"波音787，复合材料的用量增长到了50%，空客公司也从A300的5%复合材料用量发展到A380的25%复合材料用量，并且应用位置也由单一的水平安定面发展到多个部位，见表7-8，如图7-11、图7-12所示。

表7-8 民用客机结构材料用量及应用部位 %

	机型	铝合金	钢	钛合金	复合材料	复合材料应用部位
波音	B-747	81	13	4	1	水平安定面壁板
	B-757	78	12	6	3	方向舵和升降舵
	B-767	80	14	2	3	副翼、内侧扰流板、方向舵和升降舵
	B-777	77	10	7	10	发动机舱、起落架舱门、平尾、垂尾、襟副翼、扰流板
	B-787	20	10	15	50	发动机舱、起落架舱门、平尾、垂尾、襟副翼、机身、扰流板、整流罩
空客	A300	76	13	4	5	襟翼、平尾、垂尾
	A320	76.5	13.5	4.5	5.5	
	A340	75	8	6	8	
	A380	61	10	2	25	机翼、中央翼、垂尾、平尾、尾锥、后增压舱、起落架舱门、整流罩等
	A350	19	6	14	53	机翼、机身、垂尾、平尾、中央翼、后增压舱、尾锥、起落架舱门、整流罩等

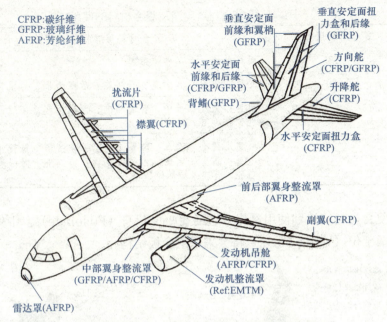

图 7-11　空客 A320 飞机的复合材料应用部位

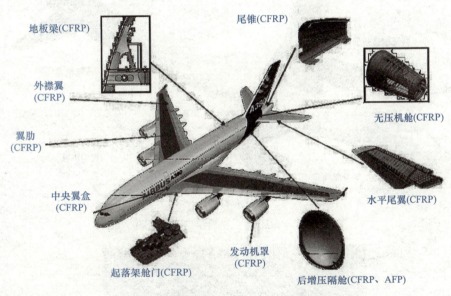

图 7-12　空客 A380 飞机的复合材料应用部位

表 7-9 所示为国内飞机复合材料用量及复合材料的使用情况，我国自主研发的 ARJ21 飞机复合材料用量低于 2%，而新一代国产大飞机 C919 的实际复合材料用量达到 15% 左右，其外部蒙皮、水平安定面、副翼、各类梁腹板均采用层合板结构，如图 7-13 所示，图 7-14 所示为 C919 蒙皮层合板壁板实物。

表 7-9 国内飞机复合材料用量及复合材料的使用情况

机型	复合材料用量	复合材料层合板应用部位
ARJ21	<2%	垂尾前缘、垂尾整流罩等
C919	15%	平尾、垂尾、方向舵、升降舵、后压力框、后机身等
C929（设计）	50%	机身：蒙皮、长桁、普通隔框、窗框、起落架舱门；地板梁、客/货舱门等； 中央翼：蒙皮、长桁、梁； 机翼：翼盒、襟翼、缝翼、副翼、扰流板、翼梢小翼； 尾翼：垂直安定面、水平安定面、方向舵、升降舵； 短舱/吊挂：短舱壁板等

C929 的复合材料的计划使用量将会达到 50%，机身（Fuselage）、中央翼（Center Wing）、机翼部位（Wing Parts）将会采用层合板结构。

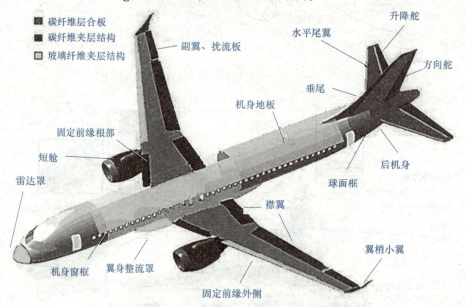

图 7-13 C919 复合材料结构使用情况

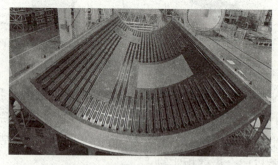

图 7-14 C919 蒙皮壁板（CFRP）实物

（三）在直升机中的应用

直升机主要应用环境为湿/热、干/寒、沙尘/雨淋等恶劣环境条件，具备优良的耐候性、耐蚀性的复合材料将是直升机环境适应性设计的必然选择。在先进直升机的旋翼系统、机身结构中均有复合材料的应用，复合材料的用量现已成为衡量新一代直升机技术先进水平的重要标志。国外直升机复合材料的用量（图7-15）逐年提升，到20世纪80年代已占到结构质量分数的35%～50%。作为全复合材料机体直升机的典型代表，NH90复合材料用量占总质量的95%，仅动力舱平台及其隔板采用金属件，其带来的优点是零件数量减少了20%，质量减轻了15%；空客直升机公司研制的H160直升机是世界首架全复合材料民用直升机，极大降低了机身质量，提升了飞机的整体性能。贝尔公司研制的V-280倾转旋翼直升机也在V-22基础上大量应用了包括热塑性材料在内的复合材料，主要结构件均为复合材料。

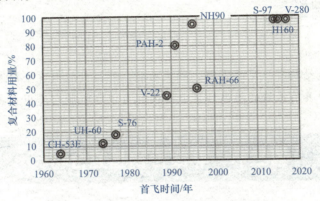

图7-15　国外直升机复合材料结构占比示意

国内直到20世纪60年代才开展碳纤维复合材料研究，1980年引进法国SA365"海豚"直升机并对其进行国产化改造，从而完成了直9型直升机的研制。直9型直升机的复合材料用量达到结构质量的34%左右，其旋翼、涵道垂尾、尾桨叶、机身等部件均由复合材料制造。随着树脂基复合材料国产化工作的开展，国内逐渐建立起完整的复合材料产业链，摆脱了原材料不能自给的困境。材料的设计、制造及无损检测技术的迅速发展，直接推动了树脂基复合材料在国产直升机上的应用。目前国内直升机的复合材料用量已接近50%，斜梁、整流罩、蒙皮、尾梁、舱罩等结构都选用了复合材料。

【情境案例分析】

波音787飞机机身采用了近50%的碳纤维/聚合物复合材料进行制造，由图7-16可见，机身、平尾、垂尾、发动机舱等结构都采用了复合材料，与传统的铝合金结构相比，有以下优势：

（1）减轻了20%的质量，因此可以实现20%的节能目标；

（2）机身等大型部件采用复合材料结构共固化技术，减少了连接件的使用，进一步降低了机身质量和制造成本；

（3）复合材料的机身厚度较薄，机身更为宽敞；

（4）复合材料机身的抗裂纹扩展能力也有所提升，因此可以在机身上采用更大的舷窗开孔；

图 7-16 波音 787 复合材料使用情况示意

（5）复合材料结构有一定的吸振、隔声功能，能提升舱内乘坐舒适度；

（6）复合材料具有很好的防腐蚀性能，因此可以在机舱内使用更高湿度的空气。

第三节　非聚合物基复合材料

【情境导入】

F1 方程式赛车是陆地上速度最快、最精彩刺激的运动赛事，在比赛时，赛车的巅峰时速可以达到 300～500 km/h，赛车手在比赛过程中需要根据赛况多次调整赛车速度，将 0.7 t 的赛车从 300 km/h 刹到 100 km/h，刹车盘的温度能达到 1 200 ℃的温度，且根据赛会规定，不允许采用任何液体主动冷却刹车系统，刹车系统对于任何赛车比赛来说都是取得获胜至关重要的因素，那什么样的刹车系统能够帮助赛车手战胜对手呢？

与 F1 赛车相比，飞机的降落速度一般为 270 km/h，但普通的民航客机的质量为 70～200 t，降落时刹车盘需要吸收的能量可以达到 360 MJ（相当于将 3.6 万 t 的质量举起 1 m），且需要降落时保持平稳，那么飞机的刹车盘又是什么材料能够吸收如此大的能量，还能保持平稳降落呢？

【知识学习】

■ 一、金属基复合材料

金属基复合材料（MMC）是以金属或合金为基体，以纤维、晶须、颗粒等为增强体，采用多种工艺方法制成的复合材料。按基体可分为铝基、镁基、铜基、钛基、高温合金基、金属间化合物基、难熔金属基复合材料；按增强体可分为纤维增强、晶须增强、颗粒增强复合材料。基体与增强体的含量不同，材料的性能具有很大的变化，但金属基复合材料与金属材料本身相比具有以下特点：

(1) 耐高温（部分金属基体可耐 1 100 ℃以上的高温）；
(2) 热膨胀系数较低；
(3) 耐磨性好，尤其是陶瓷纤维、晶须、颗粒增强的金属基复合材料；
(4) 对潮湿敏感度较低，但对腐蚀敏感度较高；
(5) 导电性能和热导率较高；
(6) 对辐射的敏感度低；
(7) 无气体污染物；
(8) 制造困难，制备工序复杂，需要高温、高压、真空等条件，切削加工困难，限制了其应用；
(9) 价格高。

过去的几十年里，金属基复合材料并不像树脂基体复合材料那样发展迅猛，主要是高成本限制了其应用，目前，主要应用集中在硼纤维/铝、石墨纤维/铝以及碳化硅/铝，见表 7-10。

表 7-10　几种金属基复合材料的应用前景

增强体	基体	可能的应用范围
B 纤维 SiC 纤维 C 纤维 SiC 晶须 SiC 颗粒	Al 基	压气机叶片、航天器结构支架和机身构件等； 较高温结构、机翼蒙皮、导弹结构件等； 卫星、导弹、直升机结构件、空间飞行器光学系统支架等； 战术导弹结构、飞机结构、汽车及光学部件、电子部件等； 战术导弹结构、飞机结构、汽车、电子部件等
Gr 纤维	Mg 基	空间站和卫星结构、加强助、导弹光学和制导器件
B-SiC 纤维 SiC 纤维	Ti 基	喷气发动机风扇叶片； 高温结构件、发动机驱动轴、发动机叶片及安定面
SiC 纤维 SiC 晶须或颗粒	钛铝金属间化合物	耐高温结构材料
C 纤维	Cu 基	电接触点或轴承等导热、导电结构件
W 丝	高温合金	高温发动机结构件

（一）制备工艺

金属基复合材料的制造工艺实质上是把增强体（纤维、颗粒、晶须）掺入金属基体，并与基体产生适当粘结的过程，大致可分为液态法和固态法两种，固态法包括热压、热轧、热等静压法、烧结、热拔等；液态法包括压渗、真空吸铸、挤压铸造、锻铸等。

(1) 熔融金属浸渗法。在真空或惰性气体介质中，通过加压或一端减压使熔融状态的金属渗透到排列整齐的纤维束、晶须或颗粒预制块中的缝隙，熔融金属冷凝后，即得到复合材料制品。这种方法的优点是在复合过程中纤维受到的机械损伤小，基体对增强物的润湿效果好，复合材料中的孔隙少，生产周期短，效率高；其缺点是增强物（特别是纤维）与熔融金属在高温下接触时间过长时，容易发生过量的化学反应，这种界面反应会造成纤维的性能降级。

熔融金属浸渗法还可以细分为以下几种：

1）真空液态压渗法：通过压力将熔融金属压渗到增强纤维束，冷却凝固制造复合材料的工艺方法。

2）真空吸铸法：利用负压将液态金属抽入增强纤维束中实现浸渗的工艺方法。

3）挤压铸造法：增强材料（晶须、短纤维、颗粒等）先用粘合剂制成预制体并预热，通过高压将熔融状态的基体金属挤入预成型体，直接得到复合材料构件，但也可制成锭坯，再用常规金属的二次加工方法，如挤制、挤拉、轧制、旋压、锻造或超塑成型加工成构件。

（2）扩散结合法。在低于金属基体熔点 70 ℃～200 ℃下施加静压力，使预复合丝、预复合带长时间接触（或与金属箔片接触）并扩散接合制成复合材料。这种方法的优点是纤维与金属接触温度较低，有害化学反应较熔融金属浸渗法相应减少，对纤维的化学损伤小；这种方法的缺点是对纤维的机械损伤大，生产周期长，效率低，由于事先需要通过物理、化学或机械方法制造预复合丝（或预复合片），因而成本增高。根据工序不同，扩散结合法又可细分为以下几种：

1）电镀法：通过电解沉积使分子状态的基体金属附着在纤维表面形成镀层。其镀层厚度可通过调节电流密度和纤维通过速度来控制。

2）化学气相沉积法：在一定温度下使几种气体在还原气氛下的反应生成物沉积在连续通过的纤维表面上形成涂层，然后通过金属熔池拉出、卷绕，即得到纤维/金属预复合丝。涂层的作用是促进基体金属对纤维的温润；有时也用来改善纤维与基体的化学相容性，此时涂层用作界面反应阻挡层或消耗层。

3）超声振动法：使表面清净化的纤维快速通过超声振动强化的金属熔池制作纤维/金属预复合丝的方法，也可称为振动强化浸渗法。

（3）粉末冶金法。粉末冶金法是硬质合金材料的成型方法，这种方法被改进用来制造金属基复合材料。粉末热压法是将晶须或颗粒与金属粉末均匀混合，在模具内加压烧结而得到复合材料。它适于制造各种晶须、短纤维和颗粒增强金属的复合材料构件和坯件。由于成型温度较低，故对增强材料的化学损伤小，其缺点是热压、混匀过程对增强材料的机械损伤大，整列性不好，体积分数不高，基体金属粉末制备技术要求较高。

（二）铝基复合材料

20 世纪 70 年代铝基复合材料进入实用化阶段，20 世纪 80 年代航空航天工业就开始一定规模地应用铝基复合材料制造航天器的一些零部件，1987 年发射的"哥伦比亚号"航天器货舱桁架就是用硼纤维增强复合材料制造的，这是铝基复合材料在航天器上的首次应用。2018 年美国先进金属基复合材料的生产总值已超过 360 亿美元，其中约 80% 为铝基复合材料。铝基复合材料是目前应用最为广泛的一种工艺成熟、价格低廉的复合材料，其应用实例见表 7-11。

表 7-11 铝基复合材料应用范围

材料	制造公司	使用部位
20%SiC$_p$/A357	CerCast Co.	飞机摄像机万向架,替代钛合金
SiC$_p$/A356	CerCast Co.	飞机液压管,直升机支架、阀体、卫星反动轮、支撑架
25%SiC$_p$/A2009		火箭发动机零件
Al$_2$O$_3$/2024	Dural Co.	刹车盘
Al$_2$O$_3$/6061		活塞、精铸件、板坯达 601 kg
10%~20%SiC$_p$/A356		轮、汽缸、驱动杆
SiC$_p$/2124	D.W.A	活塞、连杆
SiC$_p$/6092	D.W.A	F-16飞机腹鳍(寿命达 7 000 h,比 2124 高 1 倍),导弹椎头
20%SiC$_p$/A359		刹车盘(减重 50%~60%,5 000 h,磨损小,导热性高铸铁 5~7 倍)
SiC$_f$/Al-10Si		飞机垂直安定面、翼面、发动机冷端零件
50%B$_f$/Al	AV Co.	航天飞机货舱、主承力桁架、F-15飞机发动机压气机叶片
20%SiC$_p$/A357		坦克控制镜基片、导弹机翼
50%~70%SiC/Al		电子封装壳体(雷达用)
SiC$_f$/Al-Li		压气机盘
SiC$_f$/Al		飞机 I 形梁、Z 形桁条、导弹尾翼、火箭发动机壳体、飞机蒙皮

1. 颗粒增强铝基复合材料

增强颗粒加入铝合金,引起基体合金微观结构的变化,同时使合金的性能发生改变,常见的增强颗粒有 SiC、Al$_2$O$_3$,加入后复合材料的弹性模量、屈服强度和拉伸强度都得到了明显提高,但延伸率也显著降低了。表 7-12 给出了部分颗粒增强铝基复合材料的力学性能。

表 7-12 部分颗粒增强铝基复合材料的力学性能

材料种类		屈服强度/MPa	抗拉强度/MPa	伸长率/%	模量/GPa
Al$_2$O$_3$/6061	10%(T6)	296	338	7.5	81
	15%(T6)	319	359	5.4	87
	20%(T6)	359	379	2.1	98
SiC$_p$/6061	15%(T6)	405	460	7.0	98
	20%(T4)	420	500	5.0	105
	25%(T4)	430	515	4.0	115
Al$_2$O$_3$/4024	10%(T6)	483	517	3.3	84
	15%(T6)	476	503	2.3	92
	20%(T6)	483	503	1.0	101

续表

材料种类		屈服强度/MPa	抗拉强度/MPa	伸长率/%	模量/GPa
SiC$_p$/2024	7.8%（T4）	400	610	5~7	100~105
	20%（T4）	490	630	2~4	
	25%（T4）	405	560	3	
SiC$_p$/7075	15%（T651）	556	601	2	95
SiC$_p$/7049	15%（T6）	598	643	2	90
SiC$_p$/7090	20%（T6）	665	735	—	105

2. 纤维增强铝基复合材料

碳纤维增强铝基复合材料是金属基复合材料中研究较多、应用较广的一种复合材料，碳纤维是应用较多的增强体，表 7-13 给出了具有代表性的碳纤维增强铝基复合材料的力学性能，它比强度、比模量高，导电、导热性较好，高温强度好，高温下尺寸稳定性好在航天航空领域得到广泛应用，如螺旋桨、叶片基火箭、卫星、飞机上的各类部件等。

表 7-13 碳纤维增强铝基复合材料的力学性能

材料种类	纤维含量/%	抗拉强度/MPa	密度/(g·cm^{-3})	模量/GPa
T300/201	40	1050	2.32	148
碳纤维/6061	41	633	2.44	320
HT/5056	35	800	2.34	120
HM/5056	35	600	2.38	170

（三）钛基复合材料

钛基复合材料以其高的比强度、比刚度和耐高温性能在宇航和航天领域具有广泛的应用前景。钛基复合材料于 20 世纪 70 年代开始研究，20 世纪 80 年代中期开始得到美国航天飞机和整体高性能涡轮发动机技术发展的推动。目前，钛复合材料用以代替传统钛合金和不锈钢、高温合金，可取得减重 40% 的效果，除在军用发动机压气机应用外，还可在低压涡轮和尾喷口应用，应用前景见表 7-14。

表 7-14 钛基复合材料的应用范围

材料	制造公司	使用部位
10%TiC/Ti-6Al-4V	Pyament	导弹壳体、尾翼
20%TiC/Ti-6Al-4V	Cermet	发动机部件
35%SCS-6/Ti-6Al-4V	R.R	风扇叶片、整体叶环、涡轮轴
SiC$_p$/Ti-6Al-4V	R.R	遄达轴、风扇轮子叶片、支柱、壳体，减重 40%
15%TiC/Ti-6Al-4V	A.R.C	F-119 扩散喷管作动器活塞，减重 40%

F-119 发动机的 3 级风扇叶片采用的是 SiC 纤维 /Ti，是一种超塑成型扩散连接工艺制造的宽弦叶片，由复合材料制造的叶片减重 14%。F-22 战斗机上的第一个钛基复合材料零件是发动机扩散喷管的作动器活塞，采用的是 SiC 纤维 /Ti，用其代替不锈钢活塞，可减重 40%，承载能力相比预计的使用荷载高出一倍。

二、陶瓷基复合材料

陶瓷基复合材料是指由两种或两种以上不同化学性质或组织相的材料，以微观或宏观形式组成的以陶瓷为基体的复合材料。相较于树脂基复合材料和金属材料，其优点如下：

(1) 极高的使用温度，通常可到 500 ℃～1 500 ℃；
(2) 极好的耐潮湿、耐腐蚀环境性；
(3) 低导热、低导电；
(4) 热膨胀率极低。

缺点也十分明显：

(1) 陶瓷基体的高熔点和脆性，导致其制造困难且成本高；
(2) 连接困难；
(3) 拉伸强度低、抗冲击性能差、韧性较低；
(4) 在低应变水平容易出现基体微裂纹。

在近几十年，与聚合物基复合材料相比，陶瓷基复合材料的发展缓慢，限制其发展和应用的主要原因在于缺乏与之匹配的具有高弹性模量及强度、化学稳定和在高温下抗氧化的增强纤维，最有前景的陶瓷基复合材料是 SiC 纤维 /SiC、Al_2O_3 纤维 / Al_2O_3。

目前，陶瓷基复合材料已被用于民用、军用飞机、高速铁路的刹车系统，其中包括 F-16、航天飞机、波音 747-400 和 A320 等。一些公司用陶瓷基复合材料生产了原型机的发动机零件、导弹舵面、超声速原型机机身蒙皮等，如图 7-17 所示。由于陶瓷基复合材料的极低的雷达可探测性，还可用作隐身材料，但量产的最大的挑战是陶瓷基复合材料无法进行后续的加工连接，需要预成型后一次成型，因此要研制足够大的熔炉。

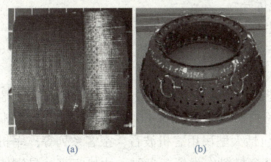

(a)   (b)

图 7-17 Snecma 公司生产的 SiC_f/SiC 发动机部件
(a) 燃烧室内衬；(b) 燃烧室外衬

目前，陶瓷基复合材料的制造工艺主要有以下几种：

(1) 化学气相沉积法（CVD）：化学气相沉积法被认为是制备纤维增强陶瓷基复合材料较有发展的一种方法。它将连续纤维（或晶须）制成预成型体，而后置于化学气相沉积炉内通过高温条件下的气相反应形成复合材料基体物质沉积，填充于骨架纤维中，从而直接获得陶瓷基复合材料制品，原理如图 7-18 所示。

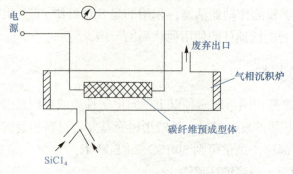

图 7-18　SiC$_f$/SiC 复合材料 CVD 原理

（2）化学气相渗透法（CVI）：此法是利用 CVD 的原理，设法使气相物质在加热的纤维表面或附近发生化学反应，形成基体物质沉积于骨架纤维中，从而获得陶瓷基复合材料制品。与 CVD 相比，其会利用温差或压差的手段，使气相物质渗透到预制体的纤维骨架。

（3）聚合物转化法：也称为溶胶 - 凝胶和有机聚合物先驱体转化法，是利用有机聚合物先驱体在高温下裂解产生无机陶瓷基体的一种新技术。

三、碳 / 碳复合材料

碳 / 碳（C/C）复合材料，即碳纤维增强碳基体复合材料，最初出现于 1958 年，是为了满足航天工业需要而发展起来的一种新型高温结构材料。它以碳纤维为增强体，以石墨为基体，化学组成单一，兼具碳纤维与石墨的性能优势，具有以下优点：

（1）密度低，比强度高，比模量高；
（2）高温强度好，2 200 ℃时仍可保持室温下的强度；
（3）热膨胀系数低，导热率高；
（4）抗热冲击性能优异；
（5）有较高的断裂韧性和疲劳性能；
（6）抗蠕变性能好；
（7）耐磨性好。

由于其优异的性能，碳 / 碳复合材料最初应用于航天飞行器的鼻锥和火箭发动机的喷管，随着应用的推广，现在，全球 60% 的碳 / 碳复合材料被应用于飞机刹车系统，如图 7-19 所示，包括大型民用客机波音、空客系列等，军机 B-1、F-14、F-16、F-18 等，采用碳 / 碳复合材料作为刹车盘时，比热容高（是钢的 2.5 倍以上），高温下的强度是钢的 2 倍，质量减轻 40%，寿命可增加一倍，可完成 1 000 个起落（钢刹车盘只能完成 300～500 个），同时刹车力矩平稳，噪声小，寿命长，是非常理想的刹车材料。

目前，碳 / 碳复合材料的制造过程包括制备预制件和致密化处理两个过程，如果有需

图 7-19　A320 客机用碳/碳刹车盘

要,则还可进行高温石墨化处理,致密化工艺主要有液相浸渍法和化学气相沉积/化学气相渗透法。致密化工艺的周期长,需要反复多次才可达到最终需要的密度,关键技术控制点多,因此世界上能进行生产的公司主要有 5 家,分别是美国的 Hollywell 公司、B. F. Goodrich 公司、ABS 公司,法国的 Messier-Bugatti 公司,英国的 Dunlop 公司。2003 年起,中南大学研制的碳/碳高性能刹车片获得中国民航局颁发的零部件制造人批准书,意味着,中国成为第四个能够独立生产飞机刹车片的国家。

【情境案例分析】

F1 方程式赛车所使用刹车盘是 C/C-SiC 复合材料,即碳纤维增强碳化硅基体的复合材料,与传统汽车的灰铸铁刹车片相比,其质量减轻了 60%,制动时的摩擦系数有非常大的提升,且刹车反应速度提高,并且在较高温度下也不会出现性能衰减。F1 赛车为了进一步提高刹车盘的性能,为刹车系统设计了科学的通风散热系统,刹车盘侧面的排气孔可达到 1 400 个,如图 7-20 所示。目前,碳纤维/陶瓷基复合材料的应用越来越广泛,中国的高铁、坦克以及载重汽车也开始配备。

图 7-20　F1 赛车所使用的碳纤维/陶瓷基复合材料刹车片

目前,几乎所有的民用飞机、新研制的军机均确定制动材料为 C/C 复合材料,即碳纤维增强碳基复合材料,它质量轻、比热容高、散热快、高温稳定性好、抗热震性好、热膨胀小，可超载使用，刹车过程平稳，寿命长。但制造周期长，价格高，使其只能用于较贵的客机和军机，在民用领域的应用还较少。

【学习小结】

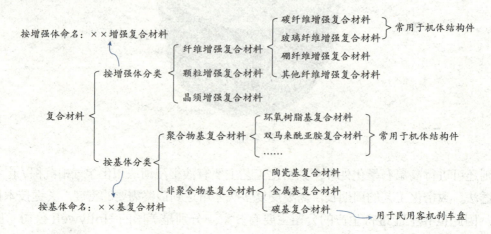

【拓展知识】

飞机复合材料的常见结构

1. 层合板

层合板是由若干层湿铺层或者预浸料铺层按照某种铺层设计以铺叠粘结的形式，经加温加压、固化而成的多层板材，如图 7-21 所示，也称为层压板、叠层板或实心层合板（Solid Laminate）或者整体层合板（Monolithic Laminate）。

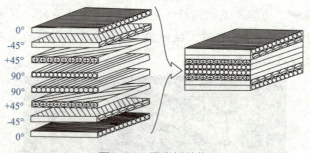

图 7-21 层合板结构

层合板结构通常为纤维增强树脂基复合材料，由一层层的纤维织物铺叠而成。民用客机中已经得到广泛的应用，如波音某型飞机的水平安定面尖端，详细构造如图 7-22 所示。

水平安定面尖端的每一铺层的铺层角均有不同的方向，根据结构荷载设计，铺层表见表 7-15。

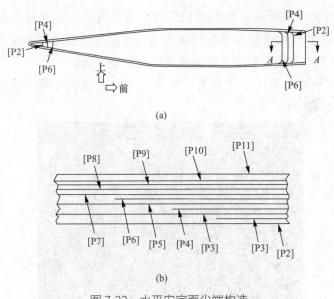

图 7-22 水平安定面尖端构造
(a) 平面图; (b) 剖面图

表 7-15 层合板结构铺层表

铺层代号	方向	材料
P1、P2、P5、P6、P7、P9	0°/90°	玻璃纤维预浸料
P3、P4、P8	+45°/-45°	玻璃纤维预浸料
P10	0°/90°	玻璃纤维湿铺层
P11	—	复合材料表面膜

2. 夹层结构

夹层结构是由上、下两层高强度、高模量的薄面板和中间较厚的轻质芯材（Core）所组成的整体结构，如图 7-23 所示。

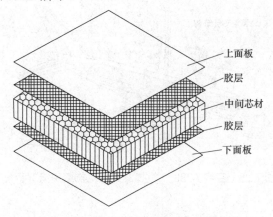

图 7-23 夹层结构的组成示意

（1）面板。面板材料可以是复合材料层合板或金属板。复合材料层合板一般由碳纤维和玻璃纤维增强预浸料或湿铺层铺叠固化而成。金属板一般是铝合金、钛合金、镁合金成型的板材。目前飞机上常用夹芯结构面板为复合材料面板。

（2）芯材。芯材有蜂窝芯、泡沫芯、复合夹芯、波纹板芯等多种形式，其中用得最多的是蜂窝芯，如图7-24所示。

图7-24　Nomex蜂窝芯

（3）胶层。连接面板和芯材的胶层可使用胶膜、发泡胶，也可使用树脂类胶粘剂，如改性环氧树脂胶粘剂、改性酚醛树脂胶粘剂和聚氨酯胶粘剂等。

轻质芯材主要承受面外剪切荷载，同时尽可能降低结构的质量，而面板主要承受面内荷载和弯曲荷载。面板通过胶膜粘接在芯材上，从而实现荷载在芯材和面板之间的传递。夹层结构与普通单一材料相比不仅具有比强度高、比模量大等特点，一般还具有隔声、防热和吸振等功能特性。

复合材料夹层结构在机翼前缘方向舵、后缘壁板、尾翼壁板、全高度舵面、起落架舱门等各种舱门、翼身和翼尖整流罩、机身地板等部件上应用。单机用量最大的为A380飞机，其蜂窝夹层结构用量达4 000 m^2，图7-25所示为空客A380中蜂窝夹层结构的使用情况，典型应用包括腹部整流罩及地板这类大尺寸结构件。

图7-25　空客A380飞机蜂窝夹层结构使用情况示意

【学习自测】

一、填空题

1. 复合材料按基体材料类型分为_____、_____和_____三大类。
2. 树脂基体按固化特性可分为_____树脂和_____树脂。
3. 聚合物基复合材料中常见的增强纤维类型有_____、_____、_____等。
4. MMC 表示_____复合材料。

二、选择题

1. 复合材料中往往有一种作为基体,另一种作为( )。
   A. 增塑剂　　B. 发泡剂　　C. 防老剂　　D. 增强体
2. 在复合材料结构所用增强纤维中,使用最广泛、成本低、主要用于次承力结构和功能结构的增强纤维是( )。
   A. 玻璃纤维　　B. 碳纤维　　C. 芳纶纤维　　D. 陶瓷纤维
3. 下列树脂中,属于热固性树脂的是( )。
   A. 聚丙烯　　B. 环氧树脂　　C. 聚醚砜　　D. 聚苯硫醚
4. 下列不是聚合物基复合材料普遍具有的特点的是( )。
   A. 减振性能好　　　　　　B. 比强度高
   C. 过载时安全性好　　　　D. 耐老化性能好
5. 玻璃钢是( )。
   A. 玻璃纤维增强铝基复合材料　　B. 玻璃纤维增强塑料
   C. 碳纤维增强塑料　　　　　　　D. 氧化铝纤维增强塑料
6. 在神舟七号载人航天飞行中,中国宇航员首次出舱活动成为人们关注的焦点。宇航员出舱服外层防护材料采用了高性能纤维,即高聚物基体+纳米金属粉末增强材料,这种高性能纤维属于( )。
   A. 金属材料　　B. 无机非金属材料　　C. 合成材料　　D. 复合材料
7. 下列材料属于复合材料的是( )。
   A. 塑料　　B. 合金　　C. 不锈钢　　D. 钢筋混凝土
8. 材料是生产、生活的物质基础,下列物品与材料类别对应关系错误的是( )。
   A. 钢筋混凝土——复合材料
   B. 涤纶衣服——有机合成材料
   C. 玻璃钢——金属材料
   D. 陶瓷假牙——无机非金属材料

三、简答题

1. 与传统材料相比,复合材料的优点体现在哪些方面?
2. 复合材料增强相的结构形态有哪些?
3. 按基体分类,复合材料可分为哪些种类?
4. 金属基复合材料的种类与一般特性是什么?

5. 列举几种金属基复合材料的应用前景。
6. 列举金属基复合材料的增强体及其典型性能。
7. 聚合物基复合材料中的树脂基体有哪些种类？
8. 聚合物基复合材料中的增强纤维有哪些种类？
9. 列举聚合物基在飞机结构上的应用。
10. 碳/碳复合材料有哪些应用？

第八章 飞机结构腐蚀与防护

【学习目标】

【知识目标】
1. 掌握腐蚀的定义及机理；
2. 掌握飞机结构常见的腐蚀类型和特征；
3. 熟悉飞机结构腐蚀控制措施；
4. 掌握飞机结构腐蚀防护方法。

【技能目标】
1. 能辨识出飞机结构的腐蚀类型；
2. 能对常见的飞机结构腐蚀进行修理；
3. 能对易腐蚀的飞机结构进行防腐处理。

【素质目标】
1. 具备"敬仰航空、敬畏生命、敬重装备"精神；
2. 具备良好的质量意识；
3. 具有较强的安全生产、环境保护意识。

腐蚀是一个存在已久的老问题，亚热带高温潮湿的环境更有利于腐蚀的发生。航空技术发展到今天，人们已能充分认识到，飞机结构腐蚀在一定意义上是比纯粹的机械疲劳更为严重的飞机结构损伤，防止飞机的腐蚀对于保证飞行安全和设计使用寿命显然有重要的意义。另外，实践证明飞机维修当中与腐蚀有关的修理费用十分可观。根据美国国防部2012年的一份研究报告，2008—2009年，美国空军每年在处理腐蚀上的花费接近50亿美元，占美国空军年度维护经费近四分之一，由此可见腐蚀所导致的巨大经济损失。所以有效地减轻和防止飞机的腐蚀，不仅可以降低维修成本、减少经济损失，还可以防止飞机因腐蚀而出现的事故、延长飞机的使用寿命。

第一节　腐蚀理论基础

【情境导入】

目前飞机的服役期一般在 20 年以上，从飞机的整体情况来看，飞机结构腐蚀比机械疲劳问题更为严重。在航空史上，因腐蚀问题造成的飞行事故，屡屡发生。如 1985 年 8 月 12 日，日本一架 B747 客机因应力腐蚀断裂而坠毁，死亡人数达 500 余人；而英国彗星式客机和美国 F111 战斗机坠毁事件，则是国际上著名的应力腐蚀典型事故。因此飞机机体的腐蚀往往会造成灾难性事故，危及人们的人身和财产安全。

那么什么是腐蚀？飞机结构为什么会发生腐蚀呢？

【知识学习】

一、金属腐蚀的定义

金属腐蚀是指金属材料受周围介质的作用而损坏。金属腐蚀在生活中非常普遍，钢铁生锈、铜器表面生成的铜绿、铝制品表面出现白斑、银器表面变黑等都属于金属腐蚀。金属腐蚀问题遍及各行各业，不仅造成了资源的严重浪费，阻碍经济增长；而且在工业生产过程中易导致较大的安全隐患，对人身和财产安全造成巨大威胁。据估算，全世界各国每年因金属发生腐蚀造成的直接经济损失为国内生产总值的 2%～4%，损耗的钢材约为年产量的 1/3，每年因金属腐蚀造成的经济损失比水灾、火灾、风暴和地震等自然灾害的损失的总和还大。

腐蚀的发生、发展程度主要取决于其结构设计、材料、制造、环境条件和采取的保护措施等综合因素。腐蚀一般可按以下方式分类：

(1) 按腐蚀的机理，可分为化学腐蚀和电化学腐蚀；
(2) 按腐蚀的形式，可分为全面腐蚀和局部腐蚀；
(3) 按产生腐蚀的条件，可分为应力腐蚀、大气腐蚀、海水腐蚀和微生物腐蚀等。

二、金属腐蚀的机理

(一) 化学腐蚀

化学腐蚀是指金属表面和非电解质发生纯化学反应而引起的损伤。该反应通常在一些干燥气体及非电解质溶液中进行。其反应过程的特点是金属表面的电子与非电解质中的氧化剂直接发生氧化还原反应，生成腐蚀产物，腐蚀过程中没有电流产生。

1. 高温氧化

在高温条件下，金属与周围气态介质发生化学反应而遭到破坏的过程，称为高温氧化。金属化学腐蚀主要是指金属的高温氧化，如飞机发动机燃烧室的火焰筒，在高温燃气中的烧蚀就属于高温氧化。

2. 氧化膜及其保护作用

金属在干燥的氧化性介质中被氧化时,最终会在金属表面形成一层致密的或疏松的氧化膜,它通常称为锈皮或氧化皮。这层氧化膜在不同程度上阻挡了金属与环境介质的接触,阻滞了它们之间物质的传递,对金属表面有一定的保护作用。

氧化膜若能真正具有保护作用,还应满足以下条件:致密、完整,能把金属表面遮盖住;与基体金属之间有较强的附着力,有一定的塑性和强度;具有与基体金属相近的热膨胀系数;在介质中稳定性好、熔点高。

(二)电化学腐蚀

金属在电解质溶液中的腐蚀是一种电化学腐蚀过程。在电化学腐蚀过程中,存在着由于电子流过金属而产生的电流。电化学腐蚀比化学腐蚀更为普遍,如飞机机体金属结构件在潮湿的、含有有害物质的空气中产生的腐蚀,就属于电化学腐蚀。

通常所见的金属腐蚀产物如红褐色的铁锈、白粉状的铝锈、绿色的铜绿等,就是电化学腐蚀的结果。金属的电化学腐蚀就是金属在电解液作用下产生的腐蚀,例如金属在电解质溶液(酸、碱、盐水溶液)以及海水中发生的腐蚀,金属管道与土壤接触的腐蚀,在潮湿的空气中的大气腐蚀等,均属于电化学腐蚀。飞机上的金属零件所产生的腐蚀一般都属于电化学腐蚀,其特点是腐蚀过程中有电流产生。现以铜锌原电池为例来说明电化学腐蚀的实质。

如图 8-1 所示,把大小相等的锌(Zn)片和铜(Cu)片同时置入盛有稀硫酸(H_2SO_4)的容器里,并用导线通过毫安表连接起来形成原电池装置。观察毫安表,可以看到指针偏转,表明有电流沿导线通过。产生这种现象的原因是铜的电位比锌的电位高。锌片上的电子通过导线向铜片运动,从而产生电流。电流方向与电子运动方向相反,即由铜片到锌片。在原电池装置中,铜片为正极,锌片为负极。在腐蚀学里,通常规定电位较低的金属为阳极,电位较高的金属为阴极。在这里,Zn 片为阳极,Cu 片为阴极。在产生电流的同时,电池中发生的电化学反应如下:

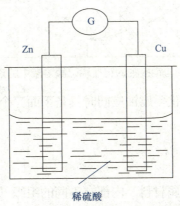

图 8-1　锌与铜在稀硫酸溶液中构成的腐蚀电池

阳极反应：$Zn-2e \rightarrow Zn^{2+}$。锌原子失去电子，变成带正电的离子游离到溶液。

阴极反应：$2H^+ + 2e \rightarrow H_2\uparrow$。从阳极通过导线运动过来的电子，被溶液中的氢离子吸收，生成氢气。

电池中的反应：$Zn + 2H^+ \rightarrow Zn^{2+} + H_2\uparrow$。

从以上反应式可以看出，在电化学腐蚀中，电位较低的阳极会失去电子，成为带正电的离子，游离到溶液，并生成腐蚀沉淀物。所以，在电化学反应中，阳极金属会逐渐溶解受到腐蚀，其原理如图 8-2 所示。

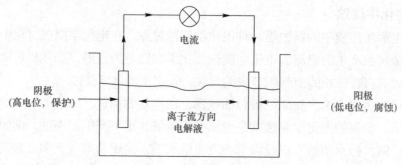

图 8-2　电化学腐蚀原理

如果将铜片和锌片两块金属直接接触，并浸入稀硫酸溶液，同样也会观察到，在锌表面被逐渐溶解的同时，铜表面有大量氢气析出。因为两金属直接接触，形成短路，也为电子由锌运动到铜提供了通路。类似这样的电池称为腐蚀电池。它的特点就是只能使金属材料破坏，而不能对外做有用功，且为短路电池（图 8-3）。

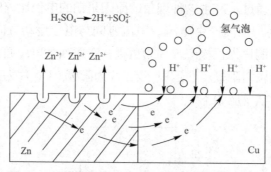

图 8-3　与铜接触的锌在稀硫酸溶液中的溶解示意

从上可知，金属要产生电化学腐蚀应同时具备下面三个条件：

（1）有两种不同的金属；

（2）两种金属互相接触；

（3）有电解液存在。

实际上，即使是同一种金属材料，内部有不同的组织（或杂质），这些不同组织的电极电位也是不等的，当有电解液存在时，就会构成原电池，从而产生电化学腐蚀。

碳钢是由铁素体和渗碳体两相组成的，铁素体的电极电位低，渗碳体的电极电位高。在潮湿空气中，钢表面蒙上一层液膜（电解质溶液），两相组织又互相接触而导通，从而形成微电池，铁素体成为阳极而被腐蚀，最后碳钢的表面形成腐蚀产物即铁锈，铁锈很疏松，无保护作用，因此碳钢在大气中会一直腐蚀下去。

飞机上两种不同金属的零件接触的情况是很多的，而且飞机上的金属制品多数是用合金做的，组织中已包含不同成分。即使是纯金属制品，一般也含有杂质，所以产生电化学腐蚀的前两个条件在飞机上已经具备了。飞机在使用过程中又经常接触到空气中的水分以及受到雨水、霜、露等电解液的浸润。可见，飞机上的金属零件很容易同时具备产生电化学腐蚀的三个条件，容易产生电化学腐蚀。飞机上的铝制件不允许与铜合金或镍合金制件直接接触，否则会因它们的电位差大而加速铝制件的腐蚀。

常见金属在 25 ℃时的标准电极电位见表 8-1。

表 8-1　常见金属在 25 ℃时的标准电极电位

金属元素	Mg	Al	Zn	Fe	Sn	H	Cu	Ag	Pt	Au
电极电位 /V	−2.375	−1.66	−0.763	−0.409	−0.01364	0	+0.340 2	+0.799 6	+1.2	+1.42

【情境案例分析】

金属腐蚀是指金属材料受周围介质的作用而损坏。

从飞机设计和制造来看，飞机设计师尽量采用质量轻、强度大的高效材料，如高强度铝合金、钛合金、复合材料、超高强度合金钢等材料。其中，高强度铝合金本身由多种金属熔炼而成，不同金属元素之间存在较高的电位差，如遇到电解质溶液，极易发生电化学腐蚀。不同的金属相接时，造成不同金属之间的电位差和导电通路。而各个部件组装在一起时，缝隙会存水和脏物形成电解质。有些结构处于高应力状态形成应力腐蚀的根源。在制造过程中，由于生产工艺不当、操作失误等原因，导致保护性涂层质量不高，缺乏腐蚀控制措施等，都可能造成腐蚀。另外，飞机的各个零部件组装在一起时，由于没有密封或密封失效，结构缝隙中会残留水和污垢而形成电解质溶液，容易产生电化学腐蚀。

在飞机使用过程中，由于环境恶劣，如雨、雪、雾、沙尘天气较多，空气潮湿、盐雾、工业大气等，容易造成飞机表面涂层损坏，进而发生化学腐蚀、电化学腐蚀、应力腐蚀。当大气中的相对湿度大于65%时，物体表面会附着一层 0.001 μm 厚的水膜，相对湿度越大，水膜越厚。当相对湿度为 100% 时，物体表面就会产生冷凝水。这些导电的水溶液便是引起结构件腐蚀的最主要、普遍的环境介质。

第二节　飞机结构的腐蚀

【情境导入】

1988 年 4 月 28 日，美国阿罗哈（Aloha）航空公司一架波音 737-200 机身前段大片上蒙皮于飞行途中脱落，幸而驾驶员的技术高超而平安落地，如图 8-4 所示。飞机失事前，已累积了 35 496 飞行小时，89 680 次起降，是此型飞机全世界起降次数排名第二的飞机（第一名是阿罗哈航空公司的 N73712）。

图 8-4　美国阿罗哈航空公司一架 B737 客机前机身蒙皮因应力腐蚀裂纹而飞脱

波音 737 飞机的经济服役寿命为 20 年，51 000 飞行小时和 75 000 次的舱压周期。根据阿罗哈航空公司的飞行记录，大约每 1 飞行小时会发生 3 次舱压周期，而波音的经济寿命预测，是根据每 1 飞行小时 1.5 次的舱压周期，因此阿罗哈航空公司的累积舱压周期数是波音预测的两倍，而在加舱压的机身内，舱压周期是造成疲劳裂纹的最主要因素。失事后的调查结果也发现机身上下蒙皮连接处多颗铆钉孔边，早已各自存在着相当长度的应力腐蚀裂纹，如图 8-5 所示。这些裂纹在失事时的舱压作用下串连成一条长长的裂纹，毫无阻力地继续向前延伸，引起舱内失控的泄压，造成蒙皮撕裂而飞脱。

图 8-5　阿罗哈航空公司失事客机的蒙皮应力腐蚀裂纹形态

事故根源为铆钉孔边的应力腐蚀裂纹，那么什么是应力腐蚀？怎样能控制飞机结构应力腐蚀的发生呢？

【知识学习】

一、飞机常见腐蚀类型

（一）全面腐蚀

全面腐蚀是指腐蚀发生在整个金属材料的表面，其结果是导致构件整体变薄，最后破坏。全面腐蚀通常表现为均匀腐蚀，即金属表面各处的减薄速率相同，因此，全面腐蚀的腐蚀速率常以失重或减薄法表示。

化学腐蚀和电化学腐蚀都有可能造成均匀腐蚀，人们通常所说的全面腐蚀是特指由电化学腐蚀反应引起的。由电化学反应所导致的全面腐蚀的特点是腐蚀电池的阴、阳极面积非常小，其位置也随时间变幻不定。因此材料遭腐蚀后，从外观上来看，其表面形态是较为均匀的。

全面腐蚀尽管导致金属材料的大量流失，但由于其易于检测和察觉，通常不会造成金属设备的突发性失效事故。根据较简单的试验所获数据，就可以准确地估算设备的寿命，从而在工程设计时通过采取预先留出腐蚀裕量的措施，达到防止设备发生过早腐蚀破坏的目的。

在大气中，铁生锈、钢件失去光泽以及金属的高温氧化均属于全面腐蚀。在工程结构发生的腐蚀破坏事故中，全面腐蚀占较小的比例；另外，全面腐蚀虽然会造成金属的大量损伤，但不会造成突然破坏事故，与局部腐蚀相比危险性小一些。全面腐蚀的特征、形成原因和应对措施如下：

（1）特征：金属件的表面变得粗糙、刻蚀和斑痕累累，且往往伴生粉末状沉积物。

（2）形成原因：①飞机外部。由于未加涂层的铝件、紧固件表面受外界侵蚀而产生腐蚀，因此大气污染起主要作用。②飞机内部。最易发生腐蚀的地方是厨房或洗手间，原因是液体的凝聚、溢出和泄漏；还有弯管处，因该处液体排放常因堵塞而不通畅。

（3）应对措施：控制全面腐蚀的技术措施也较为简单，可选择合适的材料或涂镀层、缓蚀剂和电化学保护等。

（二）局部腐蚀

腐蚀只集中在金属表面特定部位进行，在其余大部分区域几乎不发生，这种腐蚀称为局部腐蚀。

局部腐蚀的特点是阳极区和阴极区截然分开，腐蚀电池中的阳极反应、缓蚀剂的还原反应可以在不同的区域发生。通常阳极区域较小，阴极区域较大，加剧了局部腐蚀中阳极区的溶解损伤速度。据统计，局部腐蚀造成的事故远比全面腐蚀造成的事故多，危害性也更大。

飞机常见的局部腐蚀类型主要有应力腐蚀、点腐蚀、电偶腐蚀、缝隙腐蚀、丝状腐蚀、晶间腐蚀、剥离腐蚀、腐蚀疲劳、微生物腐蚀、工业介质腐蚀等。

1. 应力腐蚀

（1）定义及特征。应力腐蚀是指金属或合金在腐蚀介质及机械应力同时作用下所导致的腐蚀破坏现象。应力腐蚀是危害最大的腐蚀形态之一。应力腐蚀是电化学腐蚀和应力机械破坏互相促进裂纹的生成和扩展的过程。在腐蚀过程中，若有微裂纹形成，则其扩展速度比其他类型的局部腐蚀速度要快几个数量级，其开裂过程如图 8-6 所示。

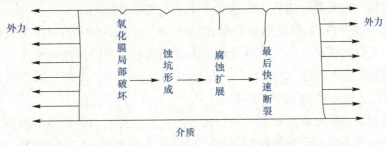

图 8-6　应力腐蚀开裂过程示意

应力腐蚀一般出现在承受大负荷的飞机结构部分，如龙骨梁上下缘条、机翼前后翼梁上下缘条。国航 B747-400 飞机在 D 检时，出现龙骨梁下缘条的腐蚀（图 8-7）。腐蚀出现在下缘条水平和垂直边上，由于腐蚀比较严重，无法进行修理，所以对整个下缘条进行了更换。

图 8-7　B747 龙骨梁下缘条水平和垂直边的腐蚀

一般的腐蚀以材料被剥蚀的形态出现，而应力腐蚀以裂纹的形态出现，且表面几乎没有任何腐蚀物堆积的现象，因此很容易被忽略，形成潜伏的危险因素。造成应力腐蚀的四个基本条件：敏感性合金、侵蚀环境、施加或残余拉伸应力、时间。

应力腐蚀常见于多种材料及环境，根据统计，应力腐蚀损坏最常出现于低合金钢、锆、黄铜、镁及铝合金。这些材料应力腐蚀损坏的外表及行为都不相同，不过一般而言都具有一些共同的特性：

1）大部分破断面在宏观下是脆性带有少量的韧性撕裂现象，有些材料的破坏模式会介于韧性和脆性之间。

2）一定是拉伸应力和环境同时作用的结果，轮流作用不会产生应力腐蚀，且应力大小没有绝对的关系。应力大，环境的因素就比较小；应力小，环境的因素就比较大。

3）材料表面的氧化膜受到机械或化学外力的破坏形成小凹洼，应力腐蚀初始裂纹就由小凹洼的根部开始成长，这段时间应力的影响很小，腐蚀是主要的原动力，裂纹方向和主应力方向一致，与一般疲劳裂纹和主应力方向垂直的情况大不相同。

4）裂纹走向会在沿着晶粒边界或穿透晶粒中二选一，根据材料、环境、应力大小这三者的组合而定。在不锈钢材里，裂纹通常会穿透晶粒，且会造成一特别的晶体面，但在某些介质中，特别是腐蚀性溶液或是高氧化物漂白剂中，裂纹会沿着晶粒边界。在高强度合金钢中，裂纹会沿着晶粒边界；铝合金基本上也是如此。

5）裂纹成长的过程本身就有自我催化的作用，正在成长中的裂纹尖端局部的成长速率至少为疲劳裂纹的百倍，所以一旦发现应力腐蚀裂纹后就得尽快处置。

6）形成裂纹需特定的合金和环境，虽然许多环境都能产生相近的腐蚀生长速率，但不同的合金对应力腐蚀的敏感度差异很大。

应力腐蚀裂纹必须在腐蚀表面上有拉伸应力，此拉伸应力可以是外加应力，也可以是残余应力，其中残余应力更是问题的所在，因为它是隐藏的，在设计时常会被忽略。残余应力可能来自制造过程，如冷加工时变形不均匀、热处理后退火冷却速率不同；或来自装配时的紧配，铆钉、螺栓变形等。

1970年前后进入美国空军服役的F-5型战斗机，因前机身上纵梁使用材料为对应力腐蚀十分敏感的7075-T6铝合金，以致在服役相当时间后发生了应力腐蚀裂纹，如图8-8所示，美国空军不得不在20世纪90年代中期进行全机队结构返厂修改，更换改变热处理方式而提升抗腐蚀能力的7075-T73新制上纵梁。

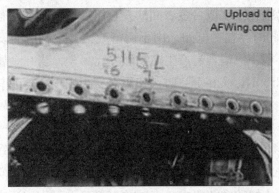

图8-8　F-5前机身上纵梁应力腐蚀裂纹

（2）控制措施。由于应力腐蚀必须是应力、敏感性合金，以及特定环境下三者同时作用才会产生，故若要防止应力腐蚀，可从改变这些因素来着手。

1）降低应力。这有好几种方法，如增加材料厚度或降低负载都是可行的方式。如果零件因质量关系无法增厚，可在表面上用珠击或滚压的方式加上压缩残余应力。

2）改变环境。抹去结构表面上沉积的水汽、污物、清洁剂残痕等，都是很有效的预防措施。

3）更换材料。这是最方便的做法，若无法改变应力和环境，这也是唯一的对策。一般是改用不同热处理方式以增强抗腐蚀能力的同型号材料，但若改用其他材料，如铝合金改用铝锂合金、钢改用钛合金等，就得一并考虑更改材料后全机重心改变、振动模态变更、与邻近材料的异电位腐蚀等相关问题。

4）表面处理。阳极化或阴极化表面处理都会在材料表面形成一层保护膜，降低外界的腐蚀作用，但此种处理会降低铝合金的疲劳强度，且阴极化处理也不能用在高强度钢材上，或是对氢脆化敏感的材料上，因为表面阴极化会增加氢侵入的速度。若表面有裂纹，局部处理的效果也不好。

2. 点腐蚀

（1）定义及特征。金属材料在某些环境介质中，经过一定时间后，大部分表面不发生腐蚀或腐蚀很轻微，但在表面上个别点或微小区域内会出现孔穴或麻点，且随着时间的推移，蚀孔不断向纵深方向发展，形成小孔状腐蚀坑，这种现象称为点腐蚀，简称点蚀。由于蚀点最终发展成腐蚀孔洞，因此，它又称为小孔腐蚀或孔蚀，如图8-9所示。

图8-9　B747地板梁上的点蚀

点蚀是破坏性和隐患较大的腐蚀形态之一，它在失重很小的情况下，就会导致构件发生穿孔破坏，造成介质泄漏，甚至导致重大危害性事故发生。由于点蚀是向深度方向迅速发展的，这给腐蚀物的清除和修复也带来一定的困难。此外，在承受应力的情况下，点蚀会成为应力腐蚀源，诱发构件腐蚀开裂。

点蚀通常发生在易钝化金属或合金表面，并且腐蚀环境中往往有侵蚀性阴离子（最常见的是 Cl^-）和氧化剂同时存在。例如，由不锈钢或铝合金制成的设备，在含有氯离子及其他一些特定的介质环境中，很容易产生点蚀破坏。另外，当在金属材料表面镀上阴极性防护镀层（如钢上镀 Cr、Ni、Cu 等）时，如果镀层上出现孔隙或其他缺陷而使基体金属暴露时，将会形成大阴极（镀层）、小阳极（孔隙处裸露的基体金属）结构特征的腐蚀电池，导致表面缺陷处产生点蚀。

点蚀形成的小孔形状各种各样，如图 8-10 所示。在金属表面分布有些较分散，有些较集中，形成一些"麻坑"。多数的腐蚀坑被腐蚀产物覆盖，也有的腐蚀小孔是开口的，表面可以看到一小撮一小撮的白色粉末。点蚀的直径可大可小、深度可深可浅、分布可孤立可密集，这与材料、溶液以及保护层状况有关。

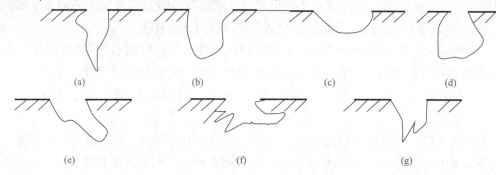

图 8-10 点蚀的几种形貌示意

(a) 窄深；(b) 椭圆形；(c) 宽浅；(d) 在表面下面；(e) 底切形；(f) 水平宽；(g) 垂直形

从外观来看，点蚀坑的凹坑壁常与金属表面几乎保持垂直，蚀孔的深度远大于蚀孔的直径，且多数蚀坑被腐蚀产物覆盖，大多呈闭口状。这些给腐蚀的发现带来了较大的难度。蚀坑的发展受重力的影响比较大，其在多数情况下发生在水平放置的板材上，只有在很少的情况下发生在垂直放置的板材上。

点蚀具有浓差电池的特征，它是由于防护层不适当或被损坏而产生的局部表面腐蚀。这种腐蚀常常沿着加工纹理的边缘，或在掺杂物处、含杂质的位置以及结构表面的缺陷处分布。

（2）控制措施。点蚀的控制可以从材质、环境、表面处理等几个方面考虑，具体如下：

1) 合理选择耐蚀性材料。选择耐蚀合金，如铝合金、钛合金等。钛及钛合金具有优异的抗点蚀性能，在经济条件许可时应尽量选用。对于不锈钢材料，适当增加抗点蚀的合金元素（如 Cr、Mo），可以显著提高其抗点蚀性能。

2) 改善介质条件。降低 Cl^- 含量、介质的温度，提高介质的流速。

3) 电化学保护。用阳极抑制点蚀，把金属的极化电位控制在临界孔蚀电位以下。

4）使用缓蚀剂。对于封闭的体系，添加缓蚀剂是防止点蚀的一种非常有效的方法。如对于不锈钢，可以选用含硫酸盐、硝酸盐、钼酸盐、铬酸盐、磷酸盐、碳酸盐等成分的缓蚀剂。需要说明的是，采用此方法防腐时，应保证足够的缓蚀剂用量，确保钝化膜遭破坏处已被完全修复，否则会因"大阴小阳"的问题导致腐蚀进一步加剧。

5）改善材料的表面状态。一般光滑、清洁的表面抗点蚀能力高，而有灰尘或杂质覆盖的表面，易产生点蚀。因此从防腐的角度出发，经常对零部件表面进行清洁是非常必要的。另外，如对飞机结构主要用合金材料（如铝合金）进行包铝处理，将会显著改善其耐点蚀性能。

注意：普通表面腐蚀的发展，或微生物侵蚀，可引起点蚀。点蚀的发展要比表面腐蚀快得多，如任其发展将会导致结构部件的承载能力严重减弱。

3. 电偶腐蚀

（1）定义及特征。两种不同的金属在电解质溶液中接触时，它们之间若存在电位差，则在两金属接触部位会产生电偶电流，使电位较低的金属遭到腐蚀、电位较高的金属得到保护，这种腐蚀叫电偶腐蚀，有时也称为双金属腐蚀或异种金属接触腐蚀，如图 8-11 所示。这也是一种常见的局部腐蚀的类型，它的腐蚀原理就是腐蚀电池的作用。

飞机结构中只要存在由两种不同材料相互连接的情况，就有可能出现电偶腐蚀。如当用钛合金紧固件将不锈钢蒙皮与铝合金蒙皮连接在一起（图 8-12）时，若两块蒙皮同时暴露在电解质溶液中，在一定的条件下（如两者间的绝缘密封胶遭到破坏），铝合金蒙皮就会遭到电偶腐蚀破坏。

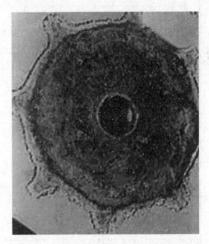

图 8-11 镁合金表面与不锈钢件接触面产生的电偶腐蚀

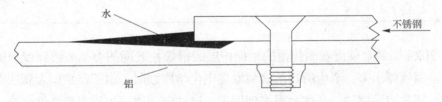

图 8-12 不锈钢蒙皮与铝合金蒙皮连接后的电偶腐蚀

产生电偶腐蚀时，电位低（或负）的金属成为电偶腐蚀电池的阳极，其腐蚀速率较连接前大大提高（有时会增加数十倍）；而电位高的金属成为电偶腐蚀电池的阴极，其腐蚀速率大大降低，甚至不再发生腐蚀（受到电化学保护）。

在某种腐蚀介质中，将一些金属或合金的电位由低到高排列起来，得到电化排序表（表 8-2），也称为电偶序。利用金属电化排序表可以定性地比较金属腐蚀的倾向：排在前面的金属电位比较低，在电偶腐蚀中通常作为阳极受到腐蚀；而排在后面的金属电位比较高，在电偶腐蚀中通常作为阴极不受到腐蚀。两种金属在表中排列的位置相距越远，电位差越大，它们之间发生的电偶腐蚀越严重，即电位低的金属往往被快速腐蚀。但应注意的是，在不同腐蚀介质中，金属的电位会有所差异。

表 8-2　某介质中金属与合金电偶序

金属或合金	电位排序
镁	
锌	
7075 铝合金	
6061 铝合金	
包覆铝 2024 铝合金	
7075-T6 铝合金	电位低 ↑
镉	
2024-T3 铝合金	
钢铁	
锡	
铜	
钛	
蒙乃尔钢	
镍	
不锈钢	电位高
银	
铬	
金	
铂	
CFRP（碳纤维复合材料）	

如果 2024 铝合金蒙皮表面包覆的铝保护层或钢螺栓表面的镀镉或镀锌保护层受到损坏，基体金属裸露出来，当电解质溶液中发生电化学腐蚀时，由于保护层金属的电位比基体金属低，将先遭到腐蚀，基体金属得到保护，这种电偶腐蚀也称为牺牲性腐蚀。而表面镀镍或铬的钢螺栓，若镀层破坏，发生电化学腐蚀时，受腐蚀的则是钢螺栓。可见，虽然镉、锌镀层和镍、铬镀层都对基体金属钢起保护作用，但一旦保护层受到损坏，由于镍、铬比钢的电位要高，基体金属被腐蚀的情况就会完全不同。

产生电偶腐蚀应同时具备下述三个基本条件：

1) 具有不同电极电位的材料。电偶腐蚀的推动力是相互连接的两种材料间的电位差。

2) 存在离子导电通路。电解质溶液构成了电偶腐蚀电池离子导电的通路，相互接触的两种材料必须同时处于电解质溶液之中。对于飞机结构而言，电解质溶液主要的存在形式是凝聚在结构件表面上的、含有某些杂质（氯化物、硫酸盐等）的水膜或海水。

3）存在电子导电通路。其最常见的形式是两者直接接触。

（2）控制措施。由于电偶腐蚀中阳极金属腐蚀电流分布的不均匀性，造成电偶腐蚀的典型特征是腐蚀主要发生在两种不同金属或金属与非金属导体相互接触的边缘附近，而在远离接触边缘的区域，其腐蚀程度要轻得多，据此可很容易地识别电偶腐蚀。实际中，可以通过设法控制或消除电偶腐蚀产生的三个基本条件，达到控制电偶腐蚀的目的。其主要技术措施如下：

1）不应把电位属性相差过大的金属连接在一起。在设计相互耦合的两个结构时，应尽可能选用电位差小的两种金属材料。

2）采用合理的表面处理技术来提高相互接触的两种材料的相容性。例如，在钢构件与铝合金构件接触前，应首先对钢构件表面进行镀锌、镀镉处理。钛合金铆钉铆接铝合金板材，虽然不属于大阴极、小阳极的结构，但由于钛合金与铝合金在电偶序中相距较远，两者间电位差较大。因此，对于钛合金铆钉铆接铝合金板材的结构，从降低腐蚀倾向性的角度出发，需要采取一定的措施。常用方法是，在连接之前，对钛合金铆钉表面采用真空离子镀铝处理，这样就可以改善相互接触的两种材料的相容性。

3）应避免出现大阴极、小阳极的不合理结构。为了防止电偶腐蚀的发生，在进行结构设计时，应尽量避免不同金属相互接触，特别是避免形成大阴极、小阳极面积比的组合。例如，在螺接或铆接时，所选择的螺栓、螺母或铆钉材料的电极电位不应低于被连接构件材料的电极电位。

4）用绝缘材料将两金属隔开。在异类材料连接处或接触面采取绝缘措施，采用适当的涂层或金属镀层进行保护。在组装金属结构前，在相互配合的接触面上应首先进行绝缘处理，如放置绝缘衬垫或涂绝缘胶（如密封胶）。飞机结构组装中广泛采用的"湿安装"工艺正依据于此。

5）如条件许可，还可通过在设计阶段有意识地增大阳极构件的尺寸来产生一定的"大阳小阴"效果，以延长整个结构的使用寿命。

6）使水分不在接触点积聚和存留，用防腐漆或沥青涂覆接触区及其周围。

4. 缝隙腐蚀

（1）定义及特征。缝隙腐蚀是水分进入缝隙后，由于缝隙口边的水分含氧量与位于缝隙中间及底部的水分含氧量不同，因此形成电位差。在含氧量高的缝隙口处，金属就成为阳极而被腐蚀，如图 8-13 所示。

图 8-13　波音 747 飞机机身起落架舱门加强角材与内蒙皮之间的腐蚀

在结构中不可避免会出现缝隙,如螺母压紧面、铆钉头底面等,但存在缝隙并不是产生缝隙腐蚀的充分条件,产生缝隙腐蚀狭缝的宽窄程度必须符合这样的特点:既要能够保证腐蚀介质能够流入其中,又要满足缝外介质与缝内介质间的相互补充难以进行。因此,缝隙腐蚀通常发生在宽度范围为 0.025～0.1 mm 的缝隙处。而对于那些宽的沟槽或缝隙,腐蚀介质可在内、外自由流动,因此一般不发生缝隙腐蚀。

缝隙腐蚀机理示意如图 8-14 所示,腐蚀的总反应如下:

阳极溶解:$M \rightarrow M^+ + e$

阴极还原:$O_2 + 2H_2O + 4e \rightarrow 4OH^-$

从上式中可以看出,每生成一个金属离子,即产生一个氢氧根离子。随着反应的进行,缝隙内部的氧很快被耗尽,氧气的还原终止,于是,还原反应只在氧供应比较充分的缝隙外部进行,而缝隙内只进行氧化反应,金属继续溶解。随着缝内阳极反应的进行,缝内金属离子数量增多,为了使溶液保持电中性,缝隙外部的氯离子会很快地迁移到缝内,从而在缝隙内会形成高浓度的氯化物盐类。金属盐类在水中水解:

$$MCl + H_2O \rightarrow MOH \downarrow + H^+ + Cl^-$$

结果生成一种不溶的氢氧化物和游离酸,使缝内酸度升高,从而使缝内腐蚀加速,金属的溶解速率加快,溶液增加,又使迁移增加,出现明显的加速和自动催化过程。缝隙腐蚀进行时,流向缝隙外部的电流使缝隙外部受阴极保护,所以缝隙外部表面很少腐蚀,甚至不发生腐蚀。

缝隙腐蚀的机理可解释为缝隙内外氧浓度和金属离子的浓度存在差异,进而形成了自我催化的闭塞电池,使腐蚀加剧。

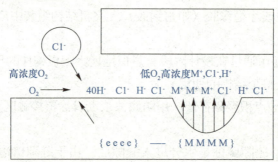

图 8-14 缝隙腐蚀机理示意

(2)控制措施。控制或减缓缝隙腐蚀的根本方法是消除缝隙。有效方法是使用防腐剂,排除水分,并阻止水分再进入缝隙,常采用以下控制措施:

1)合理设计。在设计和制造工艺上应尽可能避免造成缝隙结构。如尽量用焊接取代铆接或螺栓连接,采用连续焊取代点焊。连接部位法兰盘的垫圈要采用非吸湿性材料(如聚四氟乙烯等)。

2)合理选择耐蚀性材料。选择合适的耐缝隙腐蚀材料是控制缝隙腐蚀的有效方法之一,如含 Cr、Mo、Ni、Nb 量较高的不锈钢和镍基合金、钛及钛合金、某些铜合金等,具有较好的抗缝隙腐蚀性能。

3）采用缓蚀剂。采用此方法时要注意，通常需要使用较高浓度的缓蚀剂才能有效，因为缓蚀剂进入缝隙时的阻力较大，若缓蚀剂用量不足或浓度过低，则不仅不能保证缝内活化的金属再度钝化，反而可能会导致腐蚀的加剧。

5. 丝状腐蚀

（1）定义及特征。丝状腐蚀被认为是缝隙腐蚀的一种特殊形式，在有涂层的钢、锌、铝、镁等金属表面上经常可以看到。金属表面由于涂层渗透水分和空气而引起腐蚀，腐蚀产物呈细丝状纤维网的形状，这种腐蚀称为丝状腐蚀。因其多发生在涂层下面，又称为膜下腐蚀。

在飞机结构中，铆钉头部的周围和沿着蒙皮的搭接缝处常常可以先观察到丝状腐蚀。一旦表面涂层破裂，就可以看到由丝状腐蚀生成的腐蚀产物——白色粉末引起的隆起。图 8-15 所示就是在蒙皮涂层下面产生的丝状腐蚀。从图中可以看到由于丝状腐蚀引起涂层隆起很多小包，该腐蚀可看成一种轻微的表面腐蚀。在腐蚀初期，在紧固件孔附近表面漆膜已经损坏的区域出现小的鼓泡，泡内由于腐蚀介质的作用而产生电化学腐蚀。腐蚀产物的增加使得漆膜和金属之间产生间隙，间隙处的贫氧催生氧浓差电池，致使腐蚀不断地向前扩展。显然，漆膜破损并存在氯离子这一类的活化剂将会促生丝状腐蚀。

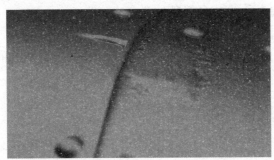

图 8-15　飞机蒙皮表面丝状腐蚀

丝状腐蚀与大气相对湿度有很大的关系，当相对湿度大于 65% 时，丝状腐蚀开始形成。随着湿度增加，丝状腐蚀的形成迅速加快，丝的宽度增大。当相对湿度达到及超过 95% 时，腐蚀丝线使漆层明显隆起。出现丝状腐蚀的结构部件主要为机身后部的下蒙皮。大部分飞机的机身后部下蒙皮出现大面积丝状腐蚀。

（2）控制措施。

1）降低环境中的相对湿度，如采用密封包装。

2）消除空气中或磷化工艺带来的腐蚀介质，提高磷化膜质量。

3）合理选择涂料和预处理工艺，采用透水率低的涂料，降低涂层的孔隙率。

6. 晶间腐蚀

（1）定义及特征。晶界腐蚀是金属材料在特定的腐蚀介质中，沿材料晶界发生的一种局部腐蚀。这种腐蚀会在金属表面无任何变化的情况下，使晶粒间失去结合力，金属强度完全丧失，导致构件发生突发性破坏。如果有应力存在，会以晶间腐蚀为起源，形成晶间型应力腐蚀，导致结构件破坏。对于航空金属构件（图 8-16），晶间腐蚀是危害性较大的腐蚀形式之一。

图 8-16　厕所客舱地板结构发生的晶间腐蚀

晶间腐蚀常在不锈钢、镍基合金、铝基合金以及铜合金上发生。晶间腐蚀不仅会导致材料的承载能力下降，而且是晶间型应力腐蚀开裂的诱因之一。

产生晶间腐蚀的根本原因是晶界及其附近区域与晶粒内部存在电化学腐蚀的不均匀性。这种不均匀性是金属材料在冶炼、焊接和热处理等过程中造成的，例如：

1）晶界容易形成新相，造成晶界某种合金成分的贫化；

2）晶界析出阳极相，优先遭受腐蚀；

3）晶界新相的析出造成该处有较大的内应力，使得该处原子的活性较高，首先遭到腐蚀。

奥氏体不锈钢，尤其是 1Cr18Ni9 不锈钢，在氧化性或弱氧化性介质中产生晶间腐蚀，多数是由于热处理不当造成的。当不锈钢在 450 ℃～ 850 ℃受热时（例如焊接时，钢材的受热影响区），过饱和的碳从奥氏体中析出，形成铬的碳化物，分布在晶界上，结果使晶界附近区域含铬量大大下降，形成贫铬区（图 8-17）。当晶界附近贫铬区的含铬量低于形成钝化所需要的铬元素含量时，就会造成晶间腐蚀。

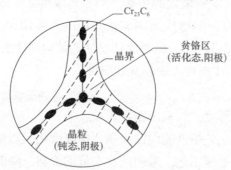

图 8-17　不锈钢晶间腐蚀晶界示意

铝合金的晶间腐蚀是由热处理不当造成的。当对铝合金加热进行固溶处理时，在要求的温度下保温热透后，从炉中取出，应立即进行淬火处理，从而得到细化的晶粒。若没有及时处理，哪怕只推迟几分钟，铝合金晶粒就会长大，并在晶界形成铜化物，使晶粒边缘处含铜量下降，形成贫铜区。贫铜区的电位较低，在外界腐蚀介质作用下，晶间腐蚀就会发生。图 8-18 所示就是和钢接触的 7075-T6 铝合金件上出现的晶间腐蚀。

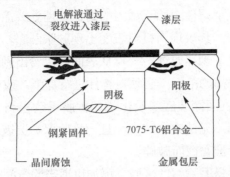

图 8-18　发生在 7075-T6 铝合金件上的晶间腐蚀

（2）控制措施。

1）降低含碳量。对于飞机结构中的钢构件，一般采用重熔等多种方式尽可能地降低碳元素，如超低含碳量的不锈钢。

2）稳定化处理。加入固定碳的合金元素，加入与碳亲和力大的合金元素。Ti、Nb 与不锈钢中的 Cr 相比，它们与碳的亲和力更高。因此钢中的碳会优先与这两种元素结合，避免了贫铬的产生，消除了晶间腐蚀的倾向。

3）适当热处理。焊接奥氏体不锈钢构件时应快速进行，焊后应快速冷却，避免在敏化温度区间停留时间过长。焊接件产生晶间腐蚀时，应重新进行固溶处理，即首先把构件重新加热至 1 050 ℃～1 100 ℃，使晶间附近的碳化铬重新溶解，然后淬火防止其再次沉积。

4）合理选材。选材时，采用双相钢（如奥氏体 - 铁素体不锈钢）。

7．剥离腐蚀

（1）定义及特征。剥离腐蚀是晶界腐蚀的一种特殊情况。发生剥离腐蚀的结构主要为滚压板件、挤压型材件及锻压件。锻造、挤压型材拉长的晶粒呈层形排列，腐蚀从金属表面开始，进入晶间后，沿锻压平面的晶界继续进行，造成金属内部产生分层剥落，称为剥离腐蚀（简称剥蚀）。机身下部桁条及蒙皮、地板梁经常发现严重的剥离腐蚀，使蒙皮外表局部隆起。机翼下蒙皮也曾发生过这种腐蚀，如图 8-19 所示。

图 8-19　波音 747 飞机机翼后缘下蒙皮上表面的腐蚀

具有晶间腐蚀倾向的铝合金经轧制或锻压后，晶粒会变成宽长而扁平的形状。在腐蚀介质作用下，腐蚀沿与型材表面平行的方向发展，生成腐蚀产物的体积比铝材本身的体积大很多，体积的膨胀导致张应力产生，其方向垂直于型材表面。随着腐蚀的扩展以及张应力的增大，已失去结合力的晶粒会向上翘起，严重时铝材表面会呈层状翘起或产生剥落。

剥离腐蚀发生的位置是在金属件表面不适当的防护处理处或涂层破裂处。剥离腐蚀通常用目视检查的方法即可发现，其表现为材料表面出现肿胀凸起。如果紧固件头偏斜、头部拔出或破坏，就可能是发生了剥离腐蚀。一旦从表面可以看出剥离腐蚀时，剥离腐蚀造成的损伤就已经超过了允许损伤的范围，必须对构件进行加强，或更换构件。

（2）控制措施。在材料表面涂装底漆及化学保护膜可改善剥离腐蚀抵抗力，不过这只能延缓剥离腐蚀发生的时间，无法完全防止，且一旦此保护层被腐蚀，则底下的材料将处于无保护状态，短时间内会被腐蚀而破碎。

剥离腐蚀的一般处理原则是磨除腐蚀区域，再加以适当的表面防蚀处理。

8. 腐蚀疲劳

（1）定义及特征。腐蚀疲劳是指材料或构件在交变应力与腐蚀环境的共同作用下，产生脆性断裂的一种破坏形式。

由于腐蚀介质与交变应力的联合作用，材料抗疲劳能力明显下降，甚至发生疲劳断裂。腐蚀疲劳的破坏要比单纯的交变应力或单纯的腐蚀作用造成的破坏严重得多。

与应力腐蚀不同的是，腐蚀疲劳时材料受到的是交变应力而不是静应力的作用，而且不需要某种金属与某种环境介质的特定组合。腐蚀疲劳与单纯的机械疲劳不同之处就在于断口是否有腐蚀产物。

腐蚀疲劳的特征是裂纹通常短粗且多。影响腐蚀疲劳的因素如下：

1）力学因素。一般包括以下几项：频率，周期应力的频率对裂纹扩展影响很大；应力比 R 值，R 值增加，疲劳寿命下降；加载方式，一般来说，扭转疲劳大于旋转弯曲疲劳，旋转弯曲疲劳大于抗压疲劳。

2）材质因素。耐蚀性较高的金属及合金（如钛、铜及其合金等），以及耐点蚀的不锈钢对腐蚀疲劳的敏感性小；而高强铝合金、镁合金对腐蚀疲劳的敏感性较大。

3）介质因素。pH 值对腐蚀疲劳的影响很大；如介质中含氧量增加，腐蚀疲劳寿命降低（氧主要影响裂纹扩展速度）；温度对腐蚀疲劳也有显著影响。

4）电流、电位。在一定极限内，阴极保护可推迟裂纹形成时间，提高疲劳寿命。

（2）控制措施。

1）改进设计和选用合理的热处理工艺消除残余应力，或用喷丸处理等方法改变应力为压应力。

2）加入足够量的缓蚀剂，在金属表面覆盖金属涂层（用电镀、浸镀、喷镀等）。

3）采用阴极保护的方法来提高条件疲劳极限。

9. 微生物腐蚀

（1）定义及特征。由微生物产生的分泌物对飞机结构造成的腐蚀称为微生物腐蚀。对于飞机结构来说，微生物腐蚀主要发生在结构油箱，图 8-20 所示为某飞机铝合金燃油箱底部微生物腐蚀形貌。影响结构油箱微生物繁殖的主要因素是霉菌孢子、燃油、水和温度。

图 8-20　飞机铝合金燃油箱底部微生物腐蚀形貌

航空燃油是霉菌的主要培养物。霉菌孢子、真菌等有机物存在于我们生活的环境，容易在燃油运输过程中进入燃油，并在适宜的生长环境下大量繁殖。

飞机油箱中的游离水及油、水分界面处是微生物繁殖的主要地方。

水主要来自燃油的自身分解和空气的冷凝，由于水的密度比燃油大，会在油箱底部形成积水。尽管飞机整体油箱都设计有排水装置，但由于长桁等结构件的影响，使得积水不能有效、彻底地排除。

微生物的生存除水外，还需要一定的有机和无机营养物质。燃油是一种碳氢化合物，其本身就是这些微生物合适的营养物。一些高分子材料耐微生物腐蚀的能力不是很强，如大多数飞机整体油箱的密封胶防护严重的微生物腐蚀的性能不足，也成为某些微生物的营养源。

霉菌分泌物能破坏油箱铝合金结构的表面保护涂层和密封胶。微生物对防护涂层的腐蚀：一方面把防护涂层的有机物作为营养源，附着在其上生长繁殖，对其进行腐蚀，使其失去防护作用；另一方面，某些微生物的代谢产物也会对防护涂层造成腐蚀。在严重的微生物腐蚀环境中，防护涂层一旦遭到破坏，便会使得基体金属（一般是2024-T3型铝合金）进一步受到腐蚀（一般呈点腐蚀形式）穿透油箱壁板，导致油箱渗漏。

另外，随着油箱结构内微生物滞留时间的增长，其腐蚀性也在增强，会造成油箱内部大面积腐蚀。大量的微生物、微生物分泌物及其腐蚀产物凝结成黏稠的团状或絮状物会堵塞油滤、油泵、燃油调节器和燃油系统其他附件，直接影响发动机的正常供油。因此，及时对油箱内微生物的滋生情况进行认真的检查并进行相应的维护是十分必要的。

（2）控制措施。

1）排除水分。水是微生物生长的必要条件，因此要严格按照维修手册，做好燃油中水分的排放工作。加油前保证加油车中油、水分离；随时检查、清洗微生物污染沉积物，确保排水通畅。

2）油箱清洁。清洁油箱可以根除油箱内的微生物污染，防止死去的真菌残余物堵塞油滤，避免死去的真菌成为营养源。如果油箱中受污染区域不大，可采用人工清洁油箱的方式。如果受污染区域较大，或受污染区域无法接近，则可以使用压力清洁的方式对油箱进行清洁。

3）油箱杀菌。控制整体油箱微生物腐蚀的方法当中，最有效的方法便是使用生物杀

菌剂。虽然杀菌剂的种类很多,但真正适用航空燃油的不多,因为用于航空燃油的杀菌剂要求相当高,主要有以下几点要求:

①能充分溶于油中,并能迁移到水相;
②对航空燃油本身性能无影响;
③燃烧时对发动机性能无影响;
④毒性必须使人能够接受,且不污染环境;
⑤必须具有合适的抗菌谱。

目前,航空公司普遍使用的生物杀菌剂有 Kathon FP1.5 和 Biobor JF。无论使用哪种杀菌剂,都必须严格遵守杀菌时间、剂量的限制,杀菌前按要求调好生物杀菌剂的浓度。表 8-3 规定了发动机所允许的杀菌剂的最大浓度,如果所加的浓度远远低于规定的最大浓度,则必须延长杀菌剂在燃油中的浸泡时间。

表 8-3 发动机所允许的生物杀菌剂的最大浓度

种类	浓度/($mg \cdot L^{-1}$)
Biobor JF	270
Kathon FP1.5	100

通常将杀菌剂按照一定的比例加入燃油,放置足够的时间以保证杀菌。之后,随着燃油的燃烧消耗,杀菌剂也随之挥发出去。

4) 改进整体油箱防护涂层。防护涂层与微生物的接触是最直接的。为防止微生物长期大量繁殖后破坏整体油箱防护涂层进而腐蚀金属蒙皮,人们也在不断改进整体油箱防护涂层,但是仍然不能有效预防严重的微生物腐蚀。因此,防护涂层只能作为一种辅助措施。

5) 加强维护。维护工作主要包括严格控制燃油质量;完善地面储油及排放水系统,以减少燃油中的水分、杂质和微生物的污染;按规定排放油箱中的沉淀,定期检查油箱微生物腐蚀情况等。

10. 工业介质腐蚀

(1) 定义及特征。

1) 酸碱溶液腐蚀。在飞机上,最容易发生工业介质腐蚀的部位是电瓶舱和排放口。目前飞机上使用的电瓶有铅-酸电瓶和镍-镉电瓶。电瓶中的电解质溶液和蒸气都会对电瓶舱及排放口的金属造成腐蚀。

2) 汞(水银)腐蚀。(汞)水银对铝合金有很强的腐蚀作用,它会与铝合金进行化学反应,也就是产生汞齐化作用。在这个过程中,汞会沿着铝合金晶界进行腐蚀,使铝合金在很短时间内破坏。如果在工作中,不小心将水银洒到飞机结构上,水银会散成很光滑的小圆粒,沿细小缝隙进入内部结构,并在结构内部散开,造成大面积损伤,因此在处理时要格外小心。可以用带有水银收集袋的真空吸尘器吸收;绝不能用压缩空气把洒在结构件上的水银吹掉,否则会使水银扩散开,造成受损面积进一步扩大。

(2) 控制措施。为了防止酸碱溶液腐蚀，铅-酸电瓶区域必须用耐硫酸蒸气腐蚀的材料进行防护；而镍-镉电瓶区域必须用耐碱侵蚀的涂层进行保护，最好使用聚氨酯涂层。

水银对黄铜材料的钢索松紧螺套筒体的腐蚀最严重。如果发现筒体上有因水银侵蚀而产生的褪色痕迹，就必须把受损零件更换下来。

(三) 氢脆、镉脆和其他脆性损伤

1. 氢脆

由于氢渗入金属内部导致损伤，从而使金属零件在低于材料屈服极限的静应力作用下导致的失效称为氢致损伤，也称氢脆。氢脆是飞机结构中高强度结构件（如紧固件等）的重要失效的形式之一。由于氢脆多为脆性断裂，失效无法预先判知，危害很大。

氢脆根据氢的来源不同，可分为内部氢致损伤和环境氢致损伤。内部氢致损伤是指材料在冶炼、电镀、酸洗等工艺过程中，由于氢渗入金属内部，同时在工作应力或残余应力的作用下出现的氢致损伤。环境氢致损伤是指紧固件在使用环境下氢渗入金属内部，并在拉应力作用下出现的氢致损伤。

氢脆断裂多发生在应力集中处，断口微观形貌一般显示沿晶断裂，也可能是穿晶断裂，断裂具有延迟性，并且其工作应力主要是拉应力，特别是三向静拉应力。影响紧固件氢致延迟开裂的因素较多，包括氢含量、工艺因素、材料组织状态、材料强度、应力因素等。

避免和消除氢脆的措施包括以下几项：

(1) 减少金属中渗氢的数量。在除锈和氧化皮时，尽量采用喷砂的方法。若对硬度等于或大于 32 HRC 的紧固件进行酸洗时，需在酸洗液中添加缓蚀剂，应尽量降低酸液的浓度，并保证零件在酸中浸泡的时间不超过 10 min。在除油时，宜采用清洗剂或溶剂除油等化学除油方式，渗氢量较少；若采用电化学除油，应先阴极后阳极；高强度零件不允许阴极电解除油。在电镀时，碱性镀液或高电流效率的镀液渗氢量较少。

(2) 采用低氢扩散性和低氢溶解度的镀涂层。一般认为，电镀 Cr、Zn、Cd、Ni、Sn、Pb 时，渗入钢件的氢容易残留下来；而 Cu、Mo、Al、Ag、Au、W 等金属镀层具有低氢扩散性和低氢溶解度，渗氢较少。在满足产品技术条件要求的情况下，可采用不会造成渗氢的涂层。如达克罗（Dacromet）涂覆层不会发生氢脆，附着力好，耐蚀性比镀锌层的高 7～10 倍，膜厚仅 4～8 μm，不会影响装配。

(3) 镀前去应力和镀后去氢以消除氢脆隐患。零件经淬火、焊接等工序后内部残留应力较大，镀前应进行回火处理，减少发生严重渗氢的隐患。

(4) 控制镀层厚度。由于镀层覆盖在紧固件表面，镀层在一定程度上会起到氢扩散屏障的作用，这将阻碍氢向紧固件外部的扩散。当镀层厚度超过 2.5 μm 时，氢从紧固件中扩散出去就非常难。因此，对于硬度 < 32 HRC 的紧固件，镀层厚度可以要求在 12 μm 以内；对于硬度 ≥ 32 HRC 的高强度螺栓，镀层厚度应控制在 8 μm 以内。

在航空器维修中，预防氢脆的措施有以下几项：

(1) 正确选择表面处理和热处理工艺，严格控制酸洗和电镀工艺。

(2) 烘烤。常用的脱氢方法是在较低温度（200 ℃～300 ℃）下烘烤。

(3) 选择合适的焊接工艺。

2. 镉脆

镉是一种典型的低熔点（312 ℃）金属，即使零部件的使用温度低于镉的熔点温度，镉也有很强的扩散能力。镉一旦接触到敏感材料（低合金高强度钢和钛合金），便以很快的速度向其内部扩散，导致敏感材料发生预先毫无征兆的脆性断裂，即镉脆。镉脆断裂是一种延迟断裂，是在裂纹发生并扩展到一定程度后，基体材料承受不了外力荷载而发生的断裂。

镉镀层柔软，对钢具有较高的保护能力，且电镀过程中对基体金属产生的氢脆性比镀锌的小，因此广泛应用于紧固件、弹性件及重要承力件的防护。但镀镉的钢零件在使用温度较高，承受的荷载达到一定数值时易产生脆断，且使用温度越高，承受荷载越大越容易产生镉脆。为避免发生镉脆断裂事故，FAA（美国联邦航空管理局）规定表面有镉镀层零件的使用温度不得超过 450 ℉（≈ 232 ℃），我国航标规定其使用温度不得超过 230 ℃。

钢的含碳量越高，强度也就越高，越容易在更低的温度下产生镉脆。

镉与钛合金或高强度合金钢直接接触是产生镉脆的重要条件。脆化效应能在镀镉的钢或钛合金上发生，也能在与镉镀层相接触的钢或钛合金上发生。相对于高强度钢而言，钛合金镉脆更为敏感。因此，通常情况下维护手册有如下规定：钛合金构件表面不允许镀镉，也不允许其与表面镀镉的钢零件直接接触，装配钛合金构件时不允许使用表面镀镉的工具。

有时为了防腐的需要，需对高强度钢构件表面进行镀镉处理，以起到牺牲阳极的阴极保护效果，可以选择铜或镍作为防止钢产生镉脆的阻挡层，这时可以采取如下措施：先在钢构件表面镀上一层铜镀层或镍镀层，然后再行镀镉。铜或镍可以阻止镉渗入钢基体，同时镍、铜对钢不产生有害作用，这样就可以利用中间镀层的阻挡效应，避免了镉元素向钢基体内部直接渗透，可有效地避免镉脆。

判断镉脆的依据如下：

(1) 零件有镀镉层，或表面有镉的污染物，或与镀镉零件相接触，并同时承受一定的温度和应力作用。

(2) 断口起源于钢、钛合金与镉接触的部位。

(3) 用扫描电镜观察断口的微观形貌，脆断区为岩石形貌的沿晶断裂。

3. 其他脆性损伤

研究证明，Sb、Zn、Cd、Pb、Bi、Sn、In 等低熔点元素都是脆化元素。在大约 3/4 的绝对熔化温度到熔化温度范围内，这些脆化元素由于自身拉伸韧性的降低，会引起亚晶界间的临界裂纹稳定扩展，从而造成基体材料的脆化。

二、飞机腐蚀环境

(一) 大气腐蚀环境

1. 潮湿空气腐蚀环境

潮湿空气是造成飞机结构腐蚀的重要因素之一。潮湿空气与地理环境是紧密相连的，我国地理环境和气候条件十分复杂，受季风影响明显，全国大部地区处在温暖而潮湿的东南季风和西南季风控制下，暖季节时比世界上同纬度的国家和地区的温度高，相对湿度和降雨量大。这是我国各机场的飞机腐蚀问题较为严重的一个非常重要的原因。

2. 海洋大气腐蚀环境

海洋大气的特点是湿度高、含盐量高，也就是说含有大量的氯离子。这些氯离子沉降在飞机上，对结构件起到催化腐蚀的效果。所以，海洋大气中的氯离子对飞机结构有很大的腐蚀作用。

3. 工业大气腐蚀环境

工业大气中含有大量的腐蚀性气体，这些污染物中对金属腐蚀性最大的是 SO_2 气体。如果大气中含有超过 1% 的 SO_2 时，腐蚀会急剧加快，特别是相对湿度超过 76% 时，腐蚀急剧加速，同时对镀锌、镀镉层也有相当严重的腐蚀作用。

（二）机上腐蚀环境

（1）当地面气温高、湿度大时，机内空气在地面处于水饱和状态。另外，乘员的呼吸和出汗也会排出水分。飞机起飞后，随飞行高度上升，机舱内温度逐渐下降，潮气就凝结成水分，停留在隔声层和蒙皮之间。这些水分是飞机结构的严重腐蚀环境。

（2）运输活牲畜、活海鲜可能会导致飞机的严重腐蚀。这有三方面原因，一是牲畜的粪便具有较强的腐蚀性；二是牲畜比人产生的热量多，使飞机内部温度增高，湿度增大；三是运输活海鲜时，容易出现海水的泄漏，而海水腐蚀性极强。另外，运输瓜果蔬菜，水分大，也容易造成飞机结构的腐蚀。

（3）厕所地板密封不严，污水会流到飞机结构；厨房中食品和饮料发生意外泼溅，也可能会流淌到飞机结构；前、后登机门和服务门区域，经常受到雨水和污物的影响，地板梁也容易受到腐蚀，如图 8-21 所示。

图 8-21 波音 747 主舱地板加强肋腐蚀损伤

（4）飞机执行短程飞行时，油箱内燃油较少，含有大量的潮湿空气。随着飞行高度升高，气温下降，油箱内会凝结大量水分。一种细菌会在燃油和水面之间滋生、繁殖，形成一种黏稠的酸性物质，对飞机结构有严重的腐蚀作用。

（5）非金属材料挥发出来的气体，有可能使一些金属以及镀锌、镀镉层产生腐蚀。

（6）飞机在沙石或草坪跑道上起降，会使飞机蒙皮，特别是起落架舱蒙皮光洁程度降低，积存腐蚀介质，引起腐蚀。

三、飞机易腐蚀部位

1. 内表面（搭接处）

搭接处一定要包括那些排水口堵住的区域，接头处、支柱、附件在飞机及结构中形成的角板、加强筋和拱起的物质会存有一些不想要的物质或湿气形成腐蚀，如图8-22所示。

图 8-22 起落架舱腐蚀情况

2. 外蒙皮

外蒙皮是指机身、机翼及尾翼的表皮部分，包括紧固件及板的边缘部分。如果发现紧固件装配的位置有腐蚀，确认拆下紧固件，寻找紧固件头下的腐蚀及孔中的腐蚀。只去除紧固件周围的腐蚀，而不移走紧固件，就不能阻止紧固件下的腐蚀。图8-23所示为机翼下部腐蚀情况。

图 8-23 机翼下部严重表面腐蚀

3. 暴露的接头处

暴露的接头及支架会磨损并损坏表面防护层，从而产生腐蚀。这样的零件所在区域如下：

(1) 水平安定面及垂直尾翼的连接处；
(2) 发动机架的连接处；
(3) 液力及电力支架的轮孔处；
(4) 液力及电力支架的敞口区域在前后机翼的桅杆处。

4. 地板梁和压条

对于地板下的溅洒痕迹，应调查并确定地板梁是否被腐蚀。厨房周围、入口、门、厕所及电池组件也要特别注意。

5. 整流包皮和整流包皮的另一面

一旦整流包皮移开，进行例行维护，隐藏在整流包皮下的结构就要进行防腐检查及深层检查。特别是玻璃钢布的整流包皮，要检查深层的损坏。玻璃布板材要检查涂层的损坏，包括铝的火焰喷条或者导电涂层。

6. 座椅轨道

座椅轨道的沟槽会集中灰尘等污物，以及湿气而易被腐蚀。

7. 货机地板下的舱底

货机地板下的桁与纵梁，会从货物中集聚一些污物、湿气及溅洒物，可从这些痕迹中找到腐蚀处。

8. 铝组件、暴露的管子的 B 螺栓及液力组件、编制软管等

铝组件、暴露的管子的 B 螺栓及液力组件、编制软管等都要进行腐蚀的探测。输送空气管的内表面，特别是输送管（图 8-24）的一面还是结构件的情况下，要做防腐检查。

图 8-24 飞机输送管路发生应力腐蚀开裂

9. 吸湿的物质

吸湿材料（如皮革、纸张、橡胶）、泡沫隔声材料和绝缘材料黏附在金属结构上，在有这些物质的地方存在部分（少量）的空气循环，存在腐蚀的可能性，为了探测是否腐蚀就要先除去这些物质。

10. 整体油箱

要定期地对油箱检查是否有凹陷和气泡在内表面形成。对内壁进行防腐检查，表面发黑的区域要进行表面腐蚀检查。

11. 控制电缆

有计划地检查电缆，当作为保护层的油脂消失后，电缆就会发生腐蚀。

【情境案例分析】

飞机的应力腐蚀是指构件在腐蚀介质及机械应力同时作用下所导致的腐蚀破坏现象。由于涉及环境、应力和材料三方面，预防控制飞机结构应力腐蚀的措施也应从这三方面入手：

（1）降低应力。降低应力有好几种方法，如增加材料厚度或降低负载都是可行的。

如果零件因质量关系无法增厚，可在表面上用珠击或滚压的方式加上压缩残余应力。

（2）改变环境。抹去结构表面上沉积的水汽、污物、清洁剂残痕等，都是很有效的预防措施。

（3）更换材料。这是最方便的做法，若无法改变应力和环境，这也是唯一的对策。一般是改用不同热处理方式以增强抗腐蚀能力的同型号材料。

（4）表面处理。阳极化或阴极化表面处理都会在材料表面形成一层保护膜，降低外界的腐蚀作用。

第三节　飞机结构的防护

【情境导入】

埃及空军对某型机定检时发现 25～27 LD5 铝合金框接头耳片裂纹，普查发现大量飞机存在类似裂纹。25～27 框采用表面阳极化处理。失效分析结果表明，接头耳片裂纹性质为应力腐蚀裂纹，接头耳片螺栓孔与钢衬套的过盈配合量过大导致耳片受到较大的拉应力，以及耳片厚度大于钢衬套配合段长度，导致在耳片内侧的螺栓孔内表面有长 0.5～1 mm 暴露在空气中失去保护，这是导致应力腐蚀裂纹产生的主要原因。此外，螺栓孔打孔是在接头阳极化处理后再进行的，导致在耳片内侧表面产生金属卷边和阳极化膜局部破裂，这也促进了应力腐蚀裂纹的产生。

类似的故障在我国歼 8 飞机也出现过，这类故障的出现一方面是由于海洋恶劣的腐蚀性环境等外部因素；另一方面，更主要的是结构设计中存在缺陷，在设计中没有充分考虑对导致腐蚀的因素进行有效控制。主要是过大的过盈配合导致拉应力、衬套与孔配合导致金属裸露、打孔工艺不合理等多个不合理的设计因素。

某型飞机用不锈钢卡箍钢带使用一段时间后表面出现大量的裂纹，钢带使用状态为冷硬态。失效分析结果表明，钢带裂纹性质为应力腐蚀裂纹（图 8-25）。金相组织分析表明，2Cr13Mn9Ni4 钢带在冷硬态状态下使用，具有明显的晶间腐蚀倾向，而该钢带经过重新固

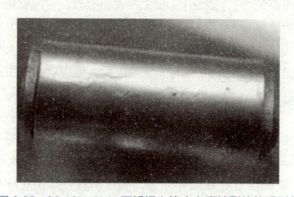

图 8-25　2Cr13Mn9Ni4 不锈钢卡箍应力腐蚀裂纹外观形貌

溶处理后晶间腐蚀倾向消失,说明该钢带选用了不合理的工艺状态(冷态)是导致其发生应力腐蚀的主要原因。

某型飞机30CrMnSiNi2A结构钢螺栓在使用中多次断裂,失效分析结果表明,螺栓断裂性质为应力腐蚀,主要原因是螺纹部位接触 БФ-2 胶,并有雨水环境。试验表明,БФ-2 胶中除含有大量的酒精和水外,还含有游离酚(石炭酸)。这种游离酚对多种合金尤其是高强度钢具有腐蚀作用,说明选材不合理是导致螺栓发生应力腐蚀的主要原因。

上述案例表明,飞机结构的防腐蚀设计应从哪些方面着手呢?

【知识学习】

一、腐蚀防护的基本方法

(一)改善金属的本质

根据不同的用途选择不同的材料组成耐蚀合金,或在金属中添加合金元素,提高其耐蚀性,可以防止或减缓金属的腐蚀。例如,在钢中加入镍制成不锈钢可以增强防腐蚀能力。在冶炼金属本身的过程中,加入一些合金元素,如铬、镍、锰等,以增强其耐蚀能力,还可利用表面热处理(如渗铬、渗铝、渗氮等),使金属表面产生一层耐蚀性强的表面层。

(二)形成保护层

在金属表面覆盖各种保护层,把被保护金属与腐蚀性介质隔开,这是防止金属腐蚀的有效方法。工业上普遍使用的保护层有非金属保护层和金属保护层两大类,可采用化学方法、物理方法和电化学方法实现。一是用电镀、喷镀等方法镀上一层或多层金属;二是用油漆、搪瓷、合成树脂等非金属材料覆盖在金属表面上;三是采用发蓝、磷化等氧化方法,使金属表面自身形成一层坚固的氧化膜,以防止金属的腐蚀。

1. 金属的磷化处理

钢铁制品去油、除锈后,放入特定组成的磷酸盐溶液中浸泡,即可在金属表面形成一层不溶于水的磷酸盐薄膜,这种过程叫作磷化处理。磷化膜呈暗灰色至黑灰色,厚度一般为 $5 \sim 20\ \mu m$,在大气中有较好的耐蚀性。膜是微孔结构,对油漆等的吸附能力强,若用作油漆底层,耐腐蚀性可进一步提高。

2. 金属的发蓝处理

将钢铁制品放到 NaOH 和 $NaNO_2$ 的混合溶液中,加热处理,其表面即可形成一层厚度为 $0.5 \sim 1.5\ \mu m$ 的蓝色氧化膜(主要成分为 Fe_3O_4),以达到钢铁防腐蚀的目的,此过程称为发蓝处理,简称发蓝。这种氧化膜具有较大的弹性和润滑性,不影响零件的精度。故精密仪器和光学仪器的部件、弹簧钢、薄钢片、细钢丝等常用发蓝处理。

3. 非金属涂层

用非金属物质(如油漆、塑料、搪瓷、矿物性油脂等)涂覆在金属表面上形成保护层,称为非金属涂层,也可达到防腐蚀的目的。例如船身、车厢、水桶等常涂油漆,汽外壳常喷漆，枪炮、机器常涂矿物性油脂等。用塑料（如聚乙烯、聚氯乙烯、聚氨酯等）喷涂金属表面，比喷漆效果更佳，其覆盖层致密光洁、色泽艳丽，兼具防蚀与装饰的双重功能。

搪瓷是含 SiO_2 量较高的玻璃瓷釉，具有极好的耐腐蚀性能，作为耐腐蚀非金属涂层，广泛用于石油化工、医药、仪器等工业部门和日常生活用品。

4. 金属保护层

以一种金属镀在被保护的另一种金属制品表面上所形成的保护镀层，叫金属保护层。前一金属常称为镀层金属。金属镀层的形成，除电镀、化学镀外，还有热浸镀、热喷镀、渗镀、真空镀等方法。

热浸镀是将金属制件浸入熔融的金属中以获得金属涂层的方法，作为浸涂层的金属是低熔点金属，如 Zn、Sn、Pb 和 Al 等。热镀锌主要用于钢管、钢板、钢带和钢丝的防腐，应用最广；热镀锡用于薄钢板和食品加工等贮存容器的防腐；热镀铅主要用于化工防蚀和包覆电缆；热镀铝则主要用于钢铁零件的抗高温氧化等。

（三）改善腐蚀环境

改善环境对减少和防止腐蚀有重要意义。例如，降低腐蚀介质的浓度，除去介质中的氧，控制环境温度、湿度等都可以减少和防止金属腐蚀。也可以采用在腐蚀介质中添加能降低腐蚀速率的物质（称缓蚀剂）来减少金属腐蚀。如干燥气体封存法，采用密封包装，在包装空间内放干燥剂或充入干燥气体（如氮气），使包装空间内相对湿度≤35%，从而使金属不易生锈。目前，已有许多国家采用此法包装整架飞机、整台发动机及枪支等，收到良好效果。

（四）电化学保护法

电化学保护法是根据电化学原理在金属设备上采取措施，使之成为腐蚀电池中的阴极，从而防止或减轻金属腐蚀的方法。

1. 牺牲阳极保护法

牺牲阳极保护法是用电极电势比被保护金属更低的金属或合金做阳极，固定在被保护金属上，形成腐蚀电池，被保护金属作为阴极而得到保护，如图 8-26 所示。

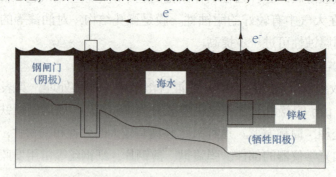

图 8-26　牺牲阳极保护法示意

牺牲阳极一般常用的材料有铝、锌及其合金。此法常用于保护海轮外壳，海水中的各种金属设备、构件和防止巨型设备（如贮油罐）以及石油管路的腐蚀。

2. 外加电流法

将被保护金属与另一附加电极作为电解池的两个极，使被保护的金属作为阴极，在外加直流电的作用下使阴极得到保护，如图 8-27 所示。此法主要用于防止土壤、海水及河水中金属设备的腐蚀。

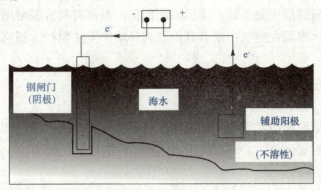

图 8-27 外加电流法示意

二、飞机结构腐蚀防护方法

（一）设计阶段做好防腐蚀工作

飞机的腐蚀问题一般出现在使用阶段，为了能够有效避免飞机使用过程中出现腐蚀问题，应加强飞机设计阶段的防腐蚀工作，避免在飞机使用过程中因飞机发生腐蚀再采取相关的处理措施，增加维修费用并且降低飞机飞行的安全系数。

（1）对腐蚀敏感部位应有维护口盖，以便清洁和及早发现腐蚀损伤。

（2）易腐蚀的结构连接处，其贴合表面应采用适合的隔离层和端缘密封予以保护。

（3）室温固化的胶粘剂系统，大气中湿气会沾到胶接线逐渐侵入而引起腐蚀，因此应尽量限制。如果必须采用，零件胶接表面需经阳极化处理后涂上底胶。

（4）应力腐蚀多发生在晶粒方向的横断向，应避免在短横向上有残余应力。

（5）尽量避免不同电势金属的接触连接，不可避免时，其接触表面必须采取相应的保护措施或隔离层等措施。

（二）采用先进的防腐蚀材料

1. 内部连接件防护材料

飞机内部连接件防护材料的渗透性和水置换性比较好，能够将飞机结构缝隙处、机体材料孔隙中的水分及水性腐蚀介质置换到外边，并在这些孔隙内部和结构缝隙处形成一层防止腐蚀介质再次进入这些位置造成腐蚀的保护膜。对于已经被腐蚀的飞机构件或部位，使用内部连接件材料可有效减缓腐蚀的进一步发展。该种材料目前已经在国内外的民用飞机和军用飞机设计制造中得到广泛的应用。

2. 飞机表面清洗剂

飞机表面清洗剂是一种合成清洗剂，清洗剂中含有表面活性剂、无机缓蚀剂、有机缓蚀剂和少量的辅助剂。这类清洗剂的主要作用是去除飞机表面上的油污和抑制飞机表面金属腐蚀，并且对除金属材料外的其他材料无任何影响。此外，该种材料不含有毒物质和污染环境的物质，是一种绿色环保、性能稳定的表面清洗剂，该清洗剂已在航空领域得到广泛的使用，防腐蚀效果良好。

3. 表面硬膜脱水防锈剂

表面硬膜脱水防锈剂主要是针对飞机表面损伤、基体材料外漏时所使用的临时性防护材料，避免飞机机体裸漏在空气中或者其他恶劣环境中发生腐蚀。通常该防锈剂的防护周期为半年到一年。

（三）采用先进的防腐蚀技术

1. 提高金属的抗氧化能力

在飞机设计制造过程中对飞机的铝质构件或铝合金构件进行热处理，使这些构件表面形成氧化膜（氧化铝氧化膜），可有效提高这些构件的抗氧化能力。

2. 对于应力腐蚀的处置

目前，科研领域已开发了多种耐应力腐蚀的不锈钢，比如高纯度奥氏体镍铬钢、高硅奥氏体镍铬钢、奥氏体双相钢等。这些钢材的质量轻、强度和韧性好。其中奥氏体双相钢能够在高温高压环境中发挥其抗腐蚀性能。此外，该钢材还具有抗小孔腐蚀和抗缝隙腐蚀性能。该钢材已在国内外的飞机制造领域中得到广泛的应用。

喷丸处理是一种新型的防应力腐蚀技术，将该项技术运用到飞机金属设备结构中可使金属设备结构表面的拉应力转化为压应力。

3. 大气腐蚀飞机的防护措施

飞机腐蚀最为常见的就是大气腐蚀。特别是高温、高湿及高盐分空气对飞机的腐蚀更为严重。关于大气腐蚀飞机的防护措施，目前比较常用的有两个，即暂时性大气腐蚀防护和长期大气腐蚀防护。

（1）暂时性大气腐蚀防护常用的防护方法：

1）水溶液缓蚀法。该方法主要是利用缓蚀剂分子在飞机金属构件表面生成不溶性保护膜，变金属表面活化态为钝化态。比较常用的缓蚀剂主要有亚硝酸盐、磷酸盐、苯甲酸等。

2）防锈油缓蚀法。防锈油是以矿物质为基体，添加油性溶液缓蚀剂及辅助剂配置而成的，辅助剂一般有抗氧化剂、防霉剂以及消融剂等；将防锈油喷涂或涂刷到飞机金属构件表面上可抑制其被腐蚀。该种方法在飞机的制造环节、运输环节和贮存环节中使用得较多。

（2）长期大气腐蚀防护措施。长期大气腐蚀防护措施一般是在飞机的制造过程中通过电镀、添加有机涂层、热镀金属、磷化或钝化等方式对飞机的铝合金或铝材料设备或构件进行处理，可达到长期防止大气腐蚀的目的。

（四）做好飞机的常规防腐蚀维护工作

1. 定期对飞机进行清洗

飞机在飞行过程中不可避免地会在其机体结构表面留有灰尘、细小的金属碎屑以及其他腐蚀性介质等物质，这些物质吸收空气中的水分会加剧飞机结构局部环境的腐蚀。

此外，如果飞机结构表面的金属碎屑不及时清理掉，在下次的飞行中金属屑可能在气流作用下会划伤飞机表面，对飞机表面的防护层造成破坏，进而降低飞机表面的防腐蚀性能。

2. 定时对飞机进行检查和修复

飞机零部件的防护层通常厚度比较薄，易受外力作用划伤，所以应在日常的飞机检查维护工作中仔细地检查这些部位，发现有划伤应及时修复。

三、飞机结构腐蚀修理流程

随着飞机的老龄化以及对整个航空维修中问题的分析发现，铝合金、钛合金、钢构件等腐蚀普遍，其危害成为阻碍航空工业发展的首要问题。构件的腐蚀不仅影响飞机结构的完整性，而且影响飞机的寿命与安全。为此，在飞机的服役中，必须做好飞机构件的腐蚀检查，对已经发生腐蚀的构件，更要做好腐蚀的去除与再防护工作。

（一）腐蚀检查

1. 飞机常用合金的腐蚀特征

（1）颜色特征。

1）铝合金和镁合金：腐蚀初期呈灰白色斑点，发展后出现灰白粉末状腐蚀产物，刮去腐蚀产物后底部出现麻坑。

2）合金钢及碳钢：腐蚀刚开始时，金属表面发暗，进一步发展变成褐色或棕红色。

【教学视频】
腐蚀检查

3）铜合金：氧化铜是黑色，氧化亚铜是棕红色，硫化铜是黑色，氯化铜是绿色，因此铜腐蚀后可呈现出棕红、绿、黑色。

4）镀锡、镀镉、镀锌零件：腐蚀产物呈白色、灰色、黑色斑点或白色粉末薄层，如果基体金属腐蚀，则腐蚀产物与基体金属的腐蚀产物相同。

5）镀铝零件：腐蚀产物呈白色或黑色，严重时表面脱落，裸露出基体金属。

6）不锈钢：腐蚀后往往会出现黑色斑坑点。

7）钛合金：白色或黑色的氧化物。

（2）外表特征。通常，当飞机结构件具有以下特征时，就要引起重视：

1）铝合金的腐蚀常在蒙皮边缘或铆钉头周围呈现白色或灰白色粉末。对于机身增压舱蒙皮上的铆钉，如果其头的后部出现黑色尾迹，表明该铆钉的连接和密封作用已降低。由于铆钉孔漏气，当机身内充压时，就很容易使潮气进入蒙皮接缝，从而产生腐蚀。

2）腐蚀产物的体积通常比原金属的体积大，因此，积累的腐蚀产物可使蒙皮鼓起，从而使蒙皮在铆钉处呈现微凹现象。当蒙皮内部存在严重的腐蚀时，铆钉头周围可呈现出明显的凹坑现象。

3）铆钉断头或变形，说明蒙皮内表面可能产生腐蚀。

4）如果蒙皮上出现针眼大小、目视可见的小孔，说明蒙皮可能产生腐蚀。

5）金属材料（特别是沿接缝处）表面的涂层变色、剥落、隆起、裂纹，表示可能产生腐蚀。

6）结构变形或连接缝隙变宽，表示可能产生腐蚀。

7）用手触摸构件，可通过手感鼓起发现剥层腐蚀。这种发现剥蚀的方法比目视更可靠。

8）存在碎屑或污染物处，可能会产生腐蚀。

2. 检测方法

（1）光学目视检查。腐蚀的初步检查，可以采用目视和触摸的方法。

目视检查使用的工具包括手电筒、长柄反光镜、放大镜（10倍）、塑料刮刀、管道窥探器、合适的工作台架和梯子等。

目视检查用作一般检查，可检测金属的表面腐蚀情况。对于日常的光学目视检查需要放大镜、反光镜、手电筒、抹布和规定的画笔等。外部条件要照明条件好，接近方便；必要时应清洁结构表面、去除密封剂，检查完后要恢复原样；检查者应熟悉飞机的结构、腐蚀的迹象，通过看、摸、拍、碰和摇等方法来协助判断腐蚀的情况。例如，铆钉断头或变形，说明蒙皮内表面可能产生腐蚀；由于腐蚀产物的体积通常比原金属的体积大，蒙皮鼓起、剥落、裂纹、涂层变色等，都表示可能发生腐蚀。

金属材料的应力腐蚀及氢脆、镉脆等裂纹损伤，没有明显的外观特征，不易目视检查。通常采用手电筒，按照图8-28所示的要求进行检查。当在铝合金构件上使用了钢紧固件时，如果钉头出现黑圈或尾迹，则表明可能产生了电偶腐蚀。

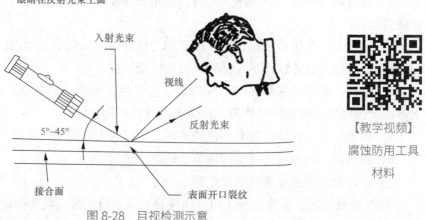

图8-28 目视检测示意

（2）无损探伤检查（NDT）。虽然检测飞机结构的腐蚀损伤主要依靠目视检查，但当腐蚀异常严重时，须用专门的设备进行特殊的检查。在一些目视检查无法检测出来或对一些特殊部位需要做进一步检查时，还有对许多内部结构检测时，都必须使用无损检测，原因如下：

1）避免在检查隐蔽区域时，为了得到检查通道而进行昂贵、复杂的拆卸；

2）测量和估算材料腐蚀的损失总量；

3）查核腐蚀是否已经完全排除；

4）探测和确定怀疑有破裂的区域。

常用的无损探伤检查手段包括涡流检测、X射线检测、超声波检测、磁粉检测和渗透检测以及发动机孔探检查等。

（二）腐蚀清除

如果在航空器的维修检查中发现腐蚀，必须及时清除腐蚀产物，原因如下：

（1）腐蚀产物是一种或多种多孔盐类，其吸潮性较强，起加速腐蚀的作用。如果不及时清除腐蚀产物，将会使腐蚀变得越来越严重。

【教学视频】
清除腐蚀产物

（2）如果结构的腐蚀严重，可能会危及飞行安全。在日常维护中，应确保航空器结构中的全部腐蚀产物已被清除。如果没有清除所有腐蚀产物，留下的部分残余腐蚀产物将会继续腐蚀构件。

腐蚀清除前应做好以下准备工作：

（1）彻底清洁机体表面。清除腐蚀前，首先要彻底清洁机体的表面，这是非常重要的一步。要将机体表面上的污垢灰尘、排气管的残余物以及滑油、润滑脂沉积物等全部清除掉。

（2）清除油漆保护层。为了检查漆层下面是否发生了腐蚀，必须先将漆层清除掉。

使用油漆清除剂清除漆层时，应注意以下几个方面的问题：

1）使用不熟悉的油漆清除剂时，应先在与需要清除漆层金属相类似的金属上进行试验，确认对金属没有产生有害的作用后才能在机体表面上使用。

2）必须用较厚的铝箔将不需要清除的漆层部位遮盖住，防止油漆清除剂与这些部位接触。

3）油漆清除剂对橡胶和合成橡胶都有侵蚀作用，清除时必须对机轮轮胎、软管、密封剂等进行保护，防止油漆清除剂与它们接触。

4）油漆清除剂对风挡和观察窗的透明塑料件有较强的侵蚀作用，清除机体表面漆层时必须严格按照要求对透明塑料件进行保护。

5）油漆清除剂有毒，对人体有害。因此使用时必须小心，不要将清除剂弄到皮肤上或眼睛里。一旦碰到，则应立即用水冲洗，并找医生进行及时处理。

1. 铝合金腐蚀产物的清除

一旦发现铝合金产生腐蚀，应将腐蚀产物——灰色或白色粉末全部清除掉。采用的方法视腐蚀的轻重而定。

轻微的腐蚀可以采用研磨剂或尼龙擦垫来清除，研磨剂中不能含有氯成分。

中等的腐蚀可以采用铝棉或铝丝刷来清除，也可以采用小于500目的小玻璃珠进行表面喷丸来清除凹陷处的腐蚀产物。在用研磨剂、铝刷、喷丸等方法清除掉腐蚀产物之后，要用放大倍数为5～10倍的放大镜进行仔细检查，以确保所有腐蚀的痕迹都已被清除干净。

注意：不能使用钢丝棉或钢丝刷清除铝合金表面的腐蚀产物，因为钢材的微粒会留在铝合金中引起更严重的腐蚀。

对于已发生严重腐蚀的铝合金，可以采用锉刀锉掉腐蚀产物，或浸沾铝氧化物对腐蚀部位进行打磨。在进行清除腐蚀产物操作时，应注意进行目视检查，争取在去掉最少材料的情况下，把所有腐蚀产物清除掉。清除后用 5～10 倍的放大镜仔细检查，观察是否还残留腐蚀的痕迹，如果确定腐蚀产物已被彻底清除掉，就再多打磨掉 2/1 000 in（1 in ≈ 2.54 cm）的金属材料。这样做的目的是保证借助放大镜肉眼观察不到的晶间裂纹的末梢也能被清除掉。

当紧固件孔边或附近有腐蚀损伤时，如果构件较厚（如机翼蒙皮），则可采用适当锪窝和加大紧固件孔尺寸的办法清除腐蚀产物。对于丝状腐蚀，可用手提式喷丸机（采用玻璃弹丸）喷丸，清除腐蚀产物。

腐蚀产物清除以后，先用 280 目、再用 400 目砂纸将表面打磨光滑，用清洁剂溶液清洗，再用 5% 的铬酸溶液进行中和处理。

注意：对于飞机构件表面的轻度腐蚀，采用打磨器等机械打磨方法是飞机修理中最常用、最有效的腐蚀清除方法。

彻底清除结构表面的腐蚀产物后，可能还需要去除部分未腐蚀区域的材料以确保结构件的耐久性，因为这样可以消除腐蚀引起的结构表面次应力以及结构表面的微裂纹。打磨清除结构表面的腐蚀后，如果构件表面粗糙度不满足要求，会降低结构修理的耐久性。粗糙的构件表面是应力集中源，在交变荷载作用下，粗糙的结构表面会加速疲劳裂纹的产生。打磨清除结构腐蚀之后，还可能会在结构表面形成凹坑。因此必须按照规定的斜率对这些凹坑进行打磨过渡（表 8-4），才不会导致结构表面产生较高的应力集中。

表 8-4 打磨最小过渡斜率

结构类型	过渡斜率
机身蒙皮以及其他承受拉应力结构	20：1
接耳孔以及其他承受压应力结构	10：1

2. 钛合金构件的腐蚀清除

对于已经腐蚀的钛合金构件，要彻底清除其腐蚀产物。钛合金的腐蚀产物是白色或黑色的氧化物。清除腐蚀产物时，采用铝丝绵或不锈钢丝绵打磨。注意钛合金的粉尘易引起火灾或爆炸。其工艺如下：

（1）砂纸打磨。

1）对钛合金，可以进行手工或者砂纸打磨。动力工具不能将砂纸夹持得太紧，此操作不能产生火花或熔化的微小颗粒。

2）动力打磨工具的表面速度最大为 2 000 表面英尺/min（打磨时测量）。

3）打磨时不要一直停留在一个位置，不要使表面变得太热。如果颜色改变且无法用溶剂去除，则部件报废。

4）表面打磨后必须喷丸。

（2）其他表面操作。

1）用 120 目或更细的磨石，以小于 150 表面英尺/min 的速度进行珩磨。

2）使用刮刀或锉刀去除尖锐的圆角或去毛刺。如果不使表面过热或导致颜色改变，则可以使用旋转锉刀。

(3) 应力释放。按照要求进行修理加工后，不必对钛工件进行烘烤来进行应力释放。

注意事项：在大多数形态下，钛合金不是可燃的，但若是经过非常细微地分割的钛，比如非常薄的机加碎片或研磨的粉尘，可以起火并燃烧。虽然钛合金碎片不会像镁那么容易起火，也不会像镁那样剧烈燃烧，但在有些状况下，它们会起火燃烧，而且很快变成一团炽热的金属。

3. 钢构件的腐蚀清除

如果有可能，最好将飞机合金钢构件离位以清除腐蚀产物。清除钢或合金钢部件表面锈斑的方法是用研磨砂纸或刷子进行手工和动力的打磨。对于没有电镀层的钢件最好方法是用细砂、铝氧化物、玻璃珠进行喷砂去掉腐蚀产物（特别是凹坑底部的腐蚀产物）。如果钢件有镉或铬镀层，进行喷砂时应小心保护镀层，防止镀层受到损伤。

对于高强度合金钢件，如起落架、发动机受力构件，清除时要小心操作，使清除腐蚀造成结构件材料损失最少。清除的方法可以使用细油石、细研磨砂纸进行打磨，也可以使用很细的玻璃珠、研磨料进行喷砂去除。但绝不能用钢丝刷来清除，因为刷子会在钢件表面留下划痕，高强度钢对这些划痕非常敏感，很浅的划痕就会产生应力集中，大大削弱钢件的疲劳性能。

对于拉伸强度达到 1 517 MPa 以上的合金钢，应当用砂纸打磨或喷丸清除腐蚀产物，不能使用动力工具，以免合金钢构件表面过热，产生未回火马氏体；也不能使用金属刷清除腐蚀产物，因为金属刷容易划伤表面，产生应力集中，降低疲劳寿命。

对于拉伸强度在 1 517 MPa 以下的合金钢，可用钢丝刷，并允许用手持的动力工具或喷丸方法清除腐蚀产物，但进给速度和动力工具转速应符合维修手册中的有关规定。如果不知道合金钢构件的热处理方式，可假定它的拉伸强度在 1 517 MPa 以上。

采用喷丸法清除合金钢构件的腐蚀产物是最有效的方法。注意弹丸要采用非常细的砂粒或玻璃丸，但要注意保护没有损伤的镉镀层或铬镀层。

不锈钢通常用于制作飞机薄壁管件，其腐蚀产物是黑色的。通常可用钢丝刷、钢丝棉砂纸清除腐蚀产物，而不能使用动力工具打磨或喷丸清除腐蚀产物。

（三）表面防腐工艺

1. 铝合金构件表面防腐工艺

为了防止腐蚀发生，飞机结构中使用的金属构件表面都应包覆防腐蚀保护层，铝合金表面的镀层与涂层如图 8-29 所示。飞机铝合金常用的防腐方法有包覆纯铝、表面生成氧化膜和涂漆法。

(1) 包覆纯铝。用滚轧工艺将纯铝轧制在飞机铝合金板表面，纯铝和铝合金紧密结合在一起，形成一个整体，这个工艺叫作包覆纯铝。包铝层厚通常占板厚的1.5%～5%。

纯铝和氧有较强的亲和力，并能很快与氧产生作用，生成 Al_2O_3 薄膜。这种薄膜具有银灰色的光滑外表，而且具有保护性氧化膜所应具有的一切特点，保护铝合金不被进一步

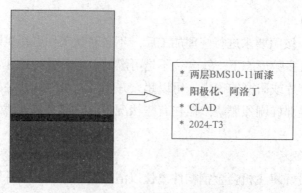

图 8-29　铝合金表面的镀层与涂层

氧化。对于 7075 超硬铝合金应在外表面包覆含 1% 锌的铝锌合金，而不能包覆纯铝，因为在电解液中，7075 铝合金的电极位比纯铝的电极位还低。

（2）表面生成氧化膜。在铝合金表面生成氧化膜的方法有两种：一种是电解法；另一种是化学转化处理方法，飞机最常用的化学转化处理方法就是使用阿洛丁。

1）电解法（又称阳极化）。电解法是将金属材料浸入适当的电解质溶液中作为阳极，通电处理使表面形成氧化膜的方法，此过程也称为阳极化。金属材料在经过阳极化处理后，其耐腐蚀性、硬度、耐磨性、耐热性等性能都会大幅度提高。阳极氧化的电解液可以分为酸性液、碱性液以及非水溶液，当前工业上以酸性电解液为主。酸性电解液包括硫酸、铬酸、草酸、磷酸等。如将已处理的铝合金件作为阳极放入铬酸电解液中，经过电解处理，会在铝合金件表面形成一层氧化膜。无色阳极化生成的氧化膜是浅灰色的，也可以进行着色阳极化，生成不同颜色的氧化膜，作为零件的标志颜色。

2）化学转化处理方法。铝合金表面氧化膜破损或被清除，可以采用化学处理方法修复，也就是在氧化膜受损的表面上使用阿洛丁。例如，波音飞机的一般结构使用阿洛丁 1200，外部、金属光面使用阿洛丁 1500，燃料箱使用阿洛丁 600。

在铝合金表面生成的转化膜，可以提高零件的耐蚀性；同时，转化膜也可以作为漆层的基体。转化膜包括两种，即无色转化膜和多色转化膜。

（3）涂漆。在金属表面形成保护层的各种方法中，使用最多的是在金属表面涂漆。在涂漆之前必须对金属表面进行处理，以使金属表面粗糙，为漆层提供牢固的粘结面。如果涂漆前的表面处理工作做得不好，容易使漆层破裂、脱落，起不到保护作用。对于铝合金，可以用弱铬酸溶液蚀洗表面，为漆层提供粘结面；用电解法生成的氧化膜和用化学方法生成的阿洛丁涂层也能为漆层提供粘结面。

如果表面涂层使用清漆或瓷釉漆，应使用黄绿色的铬酸锌作为底层涂料。它可以在表面涂层和金属之间起到很好的粘结作用，并且在透水汽的同时，使铬离子达到涂层表面，起到很好的防腐作用。如果使用聚氨酯瓷釉作为表面涂层，就必须使用环氧树脂作为底层涂料。对于其他要求有较强抗蚀能力的表面涂层，也可以使用环氧树脂作为底层涂料。铝合金使用阳极化、阿洛丁、涂漆等表面处理，其耐腐蚀性能差异如图 8-30 所示。

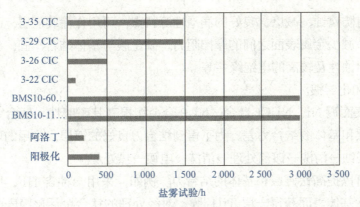

图 8-30　各种表面处理的铝合金盐雾试验

2. 钛合金构件表面防腐工艺

（1）表面转化处理技术。为了提高钛及钛合金的耐磨性、耐蚀性，可在其表面进行转化处理。表面转化处理可生成与基体结合牢固的膜层，赋予表面耐磨、耐蚀、润滑、良好的性能。目前，钛及钛合金表面转化处理的方法主要有化学氧化处理、阳极氧化处理、磷酸盐转化处理等。

1）化学氧化处理。钛及钛合金的化学氧化处理是指将金属置于反应液，经化学反应在其表面形成一层以 TiO_2 为主要成分的膜层，主要包括酸（HNO_3、HF、HCl、H_2SO_4 及其混合酸等）处理和 H_2O_2 处理等。

化学氧化处理的工艺和操作简单、成本低，但形成的氧化膜层较薄，一般不宜单独使用。目前，钛及钛合金的化学氧化处理主要用作后续处理的基底，或者仅仅作为一种预处理手段。

2）阳极氧化处理。阳极氧化处理是一种传统的金属表面电化学处理方法。该方法需借助电场的作用，在阳极表面反应形成氧化膜层。具体来说，钛表面阳极氧化处理就是用钛做阳极，用不锈钢或铝做阴极，以水溶液、非水溶液或熔盐做电解液，以电化学方式使阳极上生成氧，并与阳极钛在表面进行反应形成氧化膜的方法。

阳极氧化过程比较简单，氧化产物纯度高，形成的膜层比自然膜更厚、更硬，因此其耐磨、耐蚀性有明显提高；同时，它对于改善材料的高温加工润滑性、黏着性和耐久性均具有重要的意义。但是，阳极氧化需要外加电源设备，投资大，生产成本高，且氧化膜层的致密性不理想，表面多孔性使其容易吸附污物，尤其是腐蚀介质。

3）磷酸盐转化处理。磷酸盐转化处理（磷化处理）是指将金属基体与磷酸盐溶液接触，通过化学反应在基体的表面生成一层稳定的、难溶性的磷酸盐化合物膜的方法。磷化处理工艺最初主要用于钢铁材料，其表面形成的一层磷酸盐保护膜，起耐腐蚀、保护基体的作用。磷化膜具有耐腐蚀、耐磨、良好的润滑性、较好的电绝缘性等优异特性，还可在形状复杂零件的内、外表面获得保护膜。另外，磷酸盐转化处理所需设备简单，操作方便，成本低，生产效率高。因此，该工艺也被逐渐应用于铝、镁、钛及其合金等有色金属的表面防腐。但是，磷化处理过程中有沉渣出现，会造成一定的环境负担。

磷酸盐转化处理是在钛及钛合金中用得较多的一种化学转化膜处理。磷酸盐转化处理形成的膜层具有防腐蚀、减磨、良好的润滑性等特点，可用作涂装底层，改善钛表面的润滑及耐磨效果，减少金属表面之间的摩擦阻力。磷化膜与基体结合牢固，具有良好的吸附性、润滑性、耐蚀性及较高的电绝缘性等。

(2) 电镀和化学镀。

在钛合金表面镀 Ni、Ni-Cr 合金、Ni-P 合金能提高其耐磨性。钛合金直接电镀的主要困难在于镀层和基体的结合力差。为了得到结合力良好的镀层，常用的电镀工艺流程为除油→清洗→浸蚀→清洗→镀前处理→清洗→电镀→热处理。

镀前处理可以提高钛镀层和基体的结合力。例如，采用一种含 HF、甲酰胺的溶液进行活化，可在钛基体表面获得一层 TiH_2 膜，对经处理的钛合金活化膜表面直接进行化学沉积或电沉积，均能得到结合力良好的镀覆层。

热处理对钛镀层性能也有很大的影响。例如，在 Ti-6Al-4V 合金镀 Ni 后，经 800 ℃，40 h，表面硬度达 900 HV，硬化层大于 300 μm。对于钛基材料化学镀 Ni-P 合金镀层，分别经 250 ℃，1 h 以及 400 ℃，1 h 后，前者的耐腐蚀性能较好，后者的耐磨性能更优。

(3) 微弧氧化。微弧氧化是一种在基体金属表面原位生长陶瓷膜的新技术，能有效地改善钛合金在苛刻环境中的耐磨、耐蚀和抗高温氧化性能。例如，对 Ti-13Cr-3Al-1Fe 合金进行微弧氧化处理，在 NaH_2PO_4 溶液中合金表面可制备得到氧化物薄膜。经微观结构分析发现，该陶瓷膜层极大地提高了钛合金的耐蚀能力。

(4) 表面纳米化技术。表面纳米化技术是利用各种物理或化学方法，将材料的表层晶粒细化至纳米量级，制备出具有纳米晶结构的表层，而使基体仍保持原有的粗晶状态，以提高材料的疲劳强度、抗蚀性等表面性能的方法。

钛合金经表面纳米化后，表面硬度、耐腐蚀性能提高。例如，采用高能喷丸法对钛合金表面进行纳米化处理后，材料表面的平均晶粒尺寸可达到纳米量级，表面硬度有明显增加。利用喷射电沉积法对 Ti-48Al-2Ag 材料表面进行纳米化处理，可在合金表面获得 Al_2O_3 的纳米结构组织，分别在 900 ℃下的 $Na_2SO_4+K_2SO_4$ 和 Na_2SO_4+NaCl 溶液中进行研究后，结果显示，经纳米化处理后，钛合金的耐蚀性显著提高。采用喷射纳米沉积法还可得到纳米单金属层、纳米合金层和纳米复合镀层。

3. 钢构件表面防腐工艺

钢构件表面防腐工艺包括电镀金属保护层、金属喷涂和涂漆层等。

(1) 电镀金属保护层。可在钢件表面镀镍或镀铬，也可以在钢件表面镀镉。这些镀层在钢件表面形成致密的保护层将基体金属与空气、水等腐蚀介质隔离开，防止基体金属发生腐蚀。对于一些特殊的部位，例如防火墙，可用镀锌的方法形成保护层。

电镀的分类方法有多种，一般按镀层的获取方式可分为挂镀（槽镀）、滚镀和刷镀。飞机维修中常常用到的是电刷镀。电刷镀是将表面处理好的工件与专用的直流电源的负极相连，作为刷镀的阴极；镀笔与电源的正极连接，作为刷镀的阳极。刷镀时，使棉花包套中浸满电镀液的镀笔以一定的相对运动速度在被镀零件表面上移动，并保持适当的压力。这样，在镀笔与被镀零件接触的那些部分，镀液中的金属离子在电场力的作用下扩散到零件表面，在表面获得电子被还原成金属原子，这些金属原子沉积结晶就形成了镀层。随着刷镀时间的延长，镀层逐渐增厚，直至达到需要的厚度。因此对于磨损的零部件，电刷镀修复技术显得更有生命力。该技术具有工艺简单、镀层种类多、沉积快、性能优良等特点。

（2）化学镀技术。化学镀是一种不需要通电，依据氧化还原反应原理，利用强还原剂在含有金属离子的溶液中，将金属离子还原成金属而沉积在各种材料表面形成致密镀层的方法。化学镀根据镀液不同，常分为化学镀银、镀镍、镀铜、镀钴、镀镍磷液和镀镍磷硼液等。化学镀技术以其工艺简便、节能、环保日益受到人们关注。化学镀使用范围很广、镀层均匀、装饰性好，在防护性能方面，能提高产品的耐蚀性和使用寿命，在功能性方面，能提高加工件的耐磨导电性、润滑性能等特殊功能，因而成为全世界表面处理技术的一个新的发展里程碑。

（3）化学转化处理。钢构件的化学转化处理包括发蓝和磷化。

1）发蓝。发蓝是将钢在空气中加热或直接浸入浓氧化性溶液，使其表面产生极薄的氧化膜的材料保护技术，也称发黑。发蓝现在常用的方法有传统的碱性加温发蓝和出现较晚的常温发蓝两种。钢表面经发蓝处理后所形成的氧化膜，其外层主要是 Fe_3O_4，内层为 FeO。

钢铁零件的发蓝可在亚硝酸钠和硝酸钠的熔融盐中进行，也可在高温热空气及 500 ℃ 以上的过热蒸气中进行，更常用的是在加有亚硝酸钠的浓氢氧化钠中加热。发蓝时的溶液成分、反应温度和时间依钢铁基体的成分而定。发蓝膜的成分为磁性氧化铁，厚度为 $0.5 \sim 1.5$ μm，颜色与材料成分、工艺条件有关，有灰黑、深黑、亮蓝等。单独的发蓝膜的抗腐蚀性较差，但经涂油、涂蜡或涂清漆后，抗蚀性和抗摩擦性都有所改善。发蓝时，工件的尺寸和光洁程度对质量影响不大，故其常用于精密仪器、光学仪器、工具、硬度块等。

2）磷化。

磷化是一种化学与电化学反应形成磷酸盐化学转化膜的过程，工件（钢铁或铝、锌件）浸入磷化液（某些酸式磷酸盐为主的溶液），在表面沉积形成一层不溶于水的结晶型磷酸盐转换膜。

磷化是常用的前处理技术，原理上应属于化学转换膜处理，主要应用于钢铁表面磷化。磷化的主要目的是给基体金属提供保护，在一定程度上防止金属被腐蚀；用于涂漆前打底提高漆膜层的附着力与防腐蚀能力；在金属冷加工工艺中起减摩润滑作用。

钢铁磷化主要用于以下方面：

①防护用磷化膜。用于钢铁件耐蚀防护处理，膜单位面积质量为 $10 \sim 40$ g/m^2，磷化后涂防锈油、防锈脂、防锈蜡等。

②油漆底层用磷化膜。用于增加漆膜与钢铁工件附着力及防护性，磷化膜类型可用锌系或锌钙系。磷化膜单位面积质量分别为 $0.2 \sim 1.0$ g/m^2（用于较大形变钢铁件油漆底层）、$1 \sim 5$ g/m^2（用于一般钢铁件油漆底层）、$5 \sim 10$ g/m^2（用于不发生形变钢铁件油漆底层）。

（4）涂漆层。涂漆层也被广泛用来作为钢件的表面保护层。但在涂漆层之前，必须对要涂漆的金属表面做处理。首先要彻底清洗表面，去掉钢件表面所有氧化膜，并使表面有一些粗糙度，以便为漆层提供粘结基础；然后对已镀镉的钢件使用弱铬酸蚀洗。

【情境案例分析】

情境案例表明，在飞机结构的腐蚀防护上，要从防腐设计、工艺和材料选择等多方面进行。防腐设计层面，对腐蚀敏感部位放置维护口盖，对易腐蚀的结构连接处，采用适合的隔离层和端缘密封予以保护，尽量避免不同电势金属的接触连接等；工艺设计层面，对飞机的铝质或铝合金构件进行合理的热处理，对金属结构件进行喷丸、电镀、添加有机涂层、热镀金属、磷化或钝化等操作；材料选择层面，选择渗透性和水置换性比较好的内部连接件防护材料、飞机表面清洗剂、表面硬膜脱水防锈剂等材料，减缓飞机结构的腐蚀等。

【学习小结】

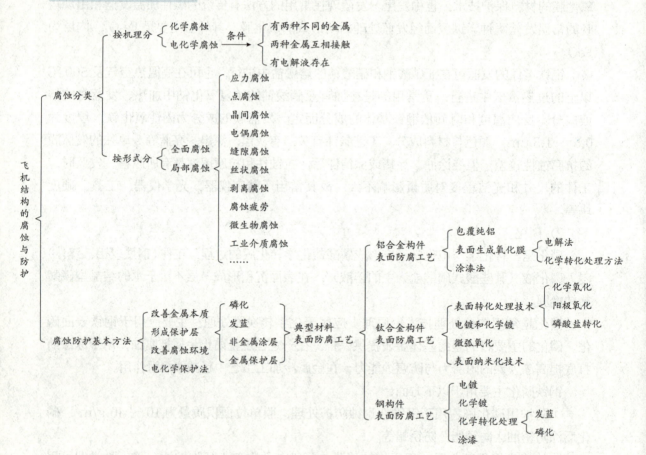

【拓展知识】

飞机复合材料结构的腐蚀与防护

飞机复合材料采用的主要纤维品种有碳纤维、硼纤维等，主要基体材料有环氧树脂。飞机中复合材料结构的形式大致包括以下几种：附加于金属结构上的增强铺层、缠绕管件组成的框架、复合材料夹层结构、加强或不加强的蒙皮结构、缠绕旋转壳体或压力容器。复合材料结构须满足飞行温度、湿度、紫外线等介质的大气腐蚀环境的要求。

复合材料腐蚀主要包括树脂基体腐蚀、增强材料腐蚀、界面腐蚀、应力腐蚀和腐蚀疲劳。众所周知，碳纤维复合材料在通常环境下呈现惰性，但是碳纤维导电，故其显示出贵金属的特性，对飞机上用的各种金属材料几乎全起阴极作用，当其与各种材料相连接时，会形成电偶腐蚀。因此，在装配时，应优先选用钛合金、不锈钢等材料与碳纤维复合材料相接触。其他金属材料与碳纤维复合材料构件直接接触时，应在接合界面设置不吸湿、不含有腐蚀性成分及不导电的隔离层。金属材料可用涂镀层表面处理，或用密封剂将复合材料与金属接触的表面密封，不让其暴露在腐蚀介质中。安装紧固件应采用湿装配。复合材料切割边须用密封剂有效密封，防止湿气及腐蚀介质从加工面侵入。

对于复合材料的构件及机翼前缘、雷达罩等易受雨蚀的部位，飞机在雨中飞行时，其迎面受到雨滴的直接撞击，使复合材料构件表面脱黏、破裂且受雨水浸蚀，形成蚀坑甚至使复合材料产生剥离。对于这些部位，应采用有效的防雨蚀涂料进行表面防护。

结构油箱中容易产生细菌、真菌、霉菌等微生物。微生物在水/油交界面上繁殖，在油箱中迅速、成倍地形成黏质物或缠结的滋生物。当油箱表面上的保护涂层大面积、连续经受含微生物缠结网和排泄物（草酸、乳酸等）的浸泡时，保护涂层最终会破裂，产生腐蚀。对于复合材料油箱，彻底排除油箱中的水，定期监测燃油供应系统、油箱积污槽（清理污物系统），将油及时过滤且除水，改进涂层系统，在燃油中加入防霉剂等，均可防止微生物的形成，控制生物腐蚀的发生。对长期处于无油状态的整体油箱，须用润滑剂加以保护，既可防止密封剂及涂层干裂，又可防止微生物穿透复合材料形成腐蚀。

对有导电要求（如防雷击）的复合材料结构应采用搭接线，不可通过复合材料与金属材料（如铝合金）的直接接触或通过紧固件传导电流。

飞机复合材料的防护要求如下：
（1）材料应满足飞机结构温度、湿度、紫外线和大气等腐蚀环境要求；
（2）应优先选与之电位相当的钛合金等；
（3）匹配时，应在接合界面设置不吸湿、不腐蚀和不导电的隔离层；
（4）在易受雨蚀的部位，应采用有效的防雨蚀涂料进行表面防护。

【学习自测】

一、判断题

1. 铝在大气中生成致密、不吸湿的 Al_2O_3 保护膜，耐蚀性较好。（　　）
2. 应力腐蚀（SCC）对环境是有选择性的。（　　）

3. 电偶腐蚀防护在结构上切忌组成小阴极、大阳极的面积比，这样不利于防护。（ ）

4. 金属材料与周围介质发生化学、电化学和物理等反应而引起的变质和破坏称为金属的腐蚀。（ ）

5. 飞机结构发生电化学腐蚀的过程中没有电流通过。（ ）

6. 点腐蚀的潜在危害性较大。（ ）

7. 晶间腐蚀没有明显的表观形貌。（ ）

8. 电偶腐蚀发生在电位相同的两种金属之间。（ ）

9. 飞机结构发生化学腐蚀的过程中没有电流通过。（ ）

10. 飞机上最常见的腐蚀类型是电化学腐蚀。（ ）

二、选择题

1. 铝合金的丝状腐蚀（ ）。
   A. 金属表面发生的均匀腐蚀　　B. 由于金属暴露在氧中而发生的腐蚀
   C. 由于热处理不当而发生的腐蚀　　D. 其特征是漆层下面有隆起

2. 下列说法错误的是（ ）。
   A. 化学腐蚀是金属与环境介质直接发生化学反应而产生的损伤
   B. 化学腐蚀过程中有电流产生
   C. 高温会加速化学腐蚀
   D. 如果腐蚀产物很致密，则能形成保护膜，减慢腐蚀速度，甚至使腐蚀停止下来

3. 电化学腐蚀中，（ ）。
   A. 电位高的金属容易被腐蚀
   B. 电位低的金属容易被腐蚀
   C. 两种金属同时发生化学反应
   D. 无论是否有电解质溶液存在，只要有电位差，就会发生腐蚀

4. 金属电偶腐蚀（ ）。
   A. 与两种相互接触金属之间的电位差无关
   B. 与是否存在腐蚀介质无关
   C. 发生在电极电位相同的两种金属之间
   D. 取决于两种相接触金属之间的电位差

5. 下面四种说法，正确的是（ ）。
   A. 在合金钢构件上使用铝合金铆钉，合金钢构件易产生电偶腐蚀
   B. 两种金属之间电位差越大，两者相接触时，电位低的金属越容易腐蚀
   C. 在合金钢构件上使用铝合金铆钉铆接，会形成大阳极、小阴极现象
   D. 在铝合金构件上使用合金钢紧固件，会形成大阴极、小阳极现象

6. 下列哪一项不是常见的防腐手段？（ ）
   A. 金属的磷化处理　　B. 非金属涂层
   C. 阳极氧化处理　　D. 阴极氧化处理

7. 应力腐蚀容易发生在（　　）。
    A. 受拉应力的纯金属中　　　　B. 受拉应力作用的铝合金中
    C. 受压应力作用的纯金属中　　D. 受压应力作用的铝合金中
8. 燃油箱底部容易发生（　　）。
    A. 晶间腐蚀　　　　　　　　　B. 点状腐蚀
    C. 微生物腐蚀　　　　　　　　D. 丝状腐蚀
9. 下列哪种说法正确？（　　）
    A. 化学腐蚀发生在有电位差的两种金属接触面处
    B. 对于化学腐蚀来说，电位低的金属容易被腐蚀
    C. 温度对化学腐蚀没有影响
    D. 化学腐蚀是金属与环境介质直接发生化学反应而产生的损伤
10. 下列哪一项不是电化学反应的必要条件？（　　）
    A. 需要加热到一定温度
    B. 金属间存在电位差
    C. 有电解液存在
    D. 存在两种电位差的两种材料相互接通
11. 工业上常用的防腐方法有（　　）。
    A. 添加合金元素　　　　　　　B. 形成保护层
    C. 改善腐蚀环境　　　　　　　D. 以上都是
12. 构件外观可能没有明显变化的腐蚀是什么腐蚀？（　　）
    A. 表面腐蚀　　　　　　　　　B. 丝状腐蚀
    C. 磨损腐蚀　　　　　　　　　D. 晶间腐蚀
13. 下列哪项不属于电化学腐蚀？（　　）
    A. 缝隙腐蚀　　　　　　　　　B. 电偶腐蚀
    C. 晶间腐蚀　　　　　　　　　D. 氧化腐蚀
14. 下列哪项潜在危害性最大？（　　）
    A. 点腐蚀　　B. 全面腐蚀　　C. 剥蚀　　D. 应力腐蚀
15. 飞机机翼容易发生（　　）。
    A. 应力腐蚀　　B. 全面腐蚀　　C. 电化学腐蚀　　D. 以上都是

三、简答题

1. 金属产生电化学腐蚀的条件是什么？
2. 工业中常用的防腐工艺有哪些？
3. 金属腐蚀的类型有哪些？
4. 燃油箱中易发生什么腐蚀？请提出几种控制措施。
5. 根据你学到的航空材料学知识，谈谈航空材料的防腐方法。
6. 列举航空工程材料常见的腐蚀类型，并列举几种常用的腐蚀防护方法。

参考文献

[1] 王立军,原梅妮.航空工程材料与成型工艺基础[M].2版.北京:北京航空航天大学出版社,2015.

[2] 刘文斑,贺小帆,等.飞机结构腐蚀/老化控制与日历延寿技术[M].北京:国防工业出版社,2010.

[3] 崔忠圻,覃耀春.金属学与热处理[M].2版.北京:机械工业出版社,2007.

[4] 郦正能,程小全,贾玉红,等.飞机部件与系统设计[M].2版.北京:北京航空航天大学出版社,2021.

[5] 徐吉林.航空材料概论[M].哈尔滨:哈尔滨工业大学出版社,2013.

[6] William D. Callister, David G. Rethwisch. Materials Science and Engineering[M]. John Wiley & Sons Inc,2014.

[7] [美]塞缪尔·贝纳维德斯.航空航天腐蚀控制[M].杨智,雍兴跃,张小明,译.北京:化学工业出版社,2014.

[8] 任仁良,张铁纯.涡轮发动机飞机结构与系统[M].北京:乐器工业出版社,2006.

[9] 胡赓祥,蔡珣,戎永华.材料科学基础[M].3版.上海:上海交通大学出版社,2010.

[10] 黄传勇.飞机结构与系统[M].大连:大连海事大学出版社,2017.

[11] 王昆林.材料工程基础[M].2版.北京:清华大学出版社,2012.

[12] 刘智恩.材料科学基础[M].5版.西安:西北工业大学出版社,2019.